GAOZHIGAOZHUAN

YUANYI ZHUANYE XILIE GUIHUA JIAOCAI 高职高专园艺专业系列规划教材

植物组织培养

ZHIWU ZUZHI PEIYANG

主　编　张永福

副主编　刘　磊　赵　晖

参　编　李金月　李育川

重庆大学出版社

内容提要

本书吸取了近年来植物组织培养方面所取得的最新成果和先进技术,重点介绍了植物组织培养的基本原理和技术、植物组织和器官培养、生殖细胞培养、细胞培养及次生代谢物质生产、离体快繁及无病毒苗木繁育、种质离体保存及组培苗的工厂化生产,并列举了20多种我国南北方常见园艺植物的组培实用技术。本书还增设了16个实践技能训练以及各章复习思考题,力在培养学生的实践操作和及时思考的能力,使学生学习理论知识的同时得到相应的实践训练,掌握实际操作技术。

本书可供高职高专及本科院校的生物、园林、园艺、植保及相关专业师生使用,也可供中专学校、大专函授、成人高校等相关专业师生使用,同时还可作为植物组织培养培训教材以及相关从业者参考用书。

图书在版编目(CIP)数据

植物组织培养/张永福主编. —重庆:重庆大学出版社,2013.8
高职高专园艺专业系列规划教材
ISBN 978-7-5624-7547-7

Ⅰ.①植… Ⅱ.①张… Ⅲ.①植物组织—组织培养—高等职业教育—教材 Ⅳ.①Q943.1

中国版本图书馆 CIP 数据核字(2013)第 147012 号

高职高专园艺专业系列规划教材
植物组织培养

主 编 张永福
策划编辑:袁文华

责任编辑:袁文华　　版式设计:袁文华
责任校对:秦巴达　　责任印制:赵 晟

*

重庆大学出版社出版发行
出版人:邓晓益
社址:重庆市沙坪坝区大学城西路 21 号
邮编:401331
电话:(023) 88617190　88617185(中小学)
传真:(023) 88617186　88617166
网址:http://www.cqup.com.cn
邮箱:fxk@ cqup. com. cn(营销中心)
全国新华书店经销
万州日报印刷厂印刷

*

开本:787×1092　1/16　印张:17.75　字数:443千
2013 年 8 月第 1 版　2013 年 8 月第 1 次印刷
印数:1—3 000
ISBN 978-7-5624-7547-7　定价:36.00 元

GAOZHIGAOZHUAN

YUANYI ZHUANYE XILIE GUIHUA JIAOCAI

高职高专园艺专业系列规划教材

参加编写单位

（排名不分先后，以拼音为序）

安徽林业职业技术学院　　　　湖北生态工程职业技术学院

安徽滁州职业技术学院　　　　湖北生物科技职业技术学院

安徽芜湖职业技术学院　　　　湖南生物机电职业技术学院

北京农业职业学院　　　　　　江西生物科技职业学院

重庆三峡职业学院　　　　　　江苏畜牧兽医职业技术学院

甘肃林业职业技术学院　　　　辽宁农业职业技术学院

甘肃农业职业技术学院　　　　山东菏泽学院

贵州毕节职业技术学院　　　　山东潍坊职业学院

贵州黔东南民族职业技术学院　山西省晋中职业技术学院

贵州遵义职业技术学院　　　　山西运城农业职业技术学院

河南农业大学　　　　　　　　陕西杨凌职业技术学院

河南农业职业学院　　　　　　新疆农业职业技术学院

河南濮阳职业技术学院　　　　云南临沧师范高等专科学校

河南商丘学院　　　　　　　　云南昆明学院

河南商丘职业技术学院　　　　云南农业职业技术学院

河南信阳农林学院　　　　　　云南热带作物职业学院

河南周口职业技术学院　　　　云南西双版纳职业技术学院

华中农业大学

自 20 世纪 70 年代以来,植物组织培养技术在世界各国迅速发展,并逐步走向大规模产业化的道路,成为当代生命科学中最有生命力的学科之一,相继大规模地应用于农业、林业、工业和医药等行业。同时,植物组织培养技术也是现代生物技术和现代农业技术的重要组成部分。

目前,我国从事组织培养的人员数量和实验室面积均居世界第一,该技术在植物组培快繁、植物脱毒、植物育种、生物制药等各个领域均已得到了广泛的应用,并取得了显著的经济效益。随着我国农业现代化进程的加快,决策层和学术界已经看到,加强现代化建设的重要措施之一就是要以现代生物技术来提升农业。因此,作为生物技术之一的植物组织培养技术已显得越来越重要。发展植物组培产业不仅能为农业提高效益,为农民增加收入,同时也能为生物基础研究、城市绿化、医药、食品等领域作出重要的贡献。

为了适应我国高职高专园艺专业教学实践和人才培养的需要,促进园艺专业的学科建设与教材建设,我们决定组织编写高职高专园艺专业《植物组织培养》教材。本书按照高职高专教育教学改革的要求,从生产和教学实际出发,本着科学性、先进性和适用性的原则进行编写。本书基于工作过程导向理念,按照工作过程导向课程开发思路进行课程设计,努力使学校教学过程最大限度地趋近实际的工作过程,满足市场对人才的需要,并改变传统的理论教学与实践教学分离的状况,努力实现理论和实践教学一体化,让学生在干中学,在学中干。本书紧密结合我国大多数高职高专学校目前的学生特点、师资状况、教学条件,注重适用性、实用性、针对性。全书语言简练、条理清晰、图文并茂、通俗易懂,适于学生学习。

为培养更多的高级应用型植物组织培养技术人才,满足农业发展、农民致富、新农村建设和社会经济发展的需要,我们联合几所高等院校共同组织编写这本书。本书由昆明学院张永福老师拟订编写提纲和编写体例,在广泛征求各位老师意见后达成共识共同编写而成。编写的具体分工如下:绪论、项目 1、项目 3 的任务 3.1 和 3.2、项目 4、项目 7、项目 8 的任务 8.2、实训 5、实训 6、实训 7、实训 8、实训 9、实训 10、实训 11、实训 14 和附录由昆明学院张永福编写;项目 2、项目 6、项目 9、项目 12、实训 1、实训 2、实训 3 和实训 4 由信阳农林学院刘磊编写;项目 5、项目 10、项目 11、实训 12、实训 13、实训 15 和实训 16 由甘肃农业职

业技术学院赵晖编写;项目3的任务3.3和3.4、项目8的任务8.1和8.3由毕节职业技术学院李金月编写;项目13由昆明学院李育川编写。

在本书的编写过程中,得到了昆明学院、信阳农林学院、甘肃农业职业技术学院和毕节职业技术学院的鼎力支持,在此表示衷心的感谢。此外,教材中的引文、图表及其他相关资料,由于时间久远难以一一注明出处,在此,我们对这些资料的制作者表示诚挚的感谢。

由于编者水平有限,加之时间仓促,书中难免有谬误和遗漏之处,恳请各位读者和同行批评指正。

编　者

2013年4月

绪 论

　　植物组织培养技术始于20世纪初期,近40年来取得了引人瞩目的发展。一方面,随着现代植物组织培养技术的不断完善及分子生物学、分子遗传学的发展,突变体的选择和利用,原生质体杂交,遗传转化,次生代谢物质的生产以及植物基因库的建立等研究均取得了一定的成果,植物组织培养的技术和方法已成为现代生物技术研究的有力工具;另一方面,植物组织培养快速繁殖和培养无病毒苗木也正应用于商品化生产,逐渐成为当今世界各国工农业生产的一种新的重要技术手段,产生了巨大的经济和社会效益。

0.1　植物组织培养的概念、特点、研究类型及任务

0.1.1　植物组织培养的概念

　　植物组织培养(plant tissue culture)是指在无菌和人工控制的环境条件下,利用适当的培养基,对离体的植物器官、组织、细胞及原生质进行培养,使其形成再生细胞或完整植株的技术。由于培养的植物材料已脱离了母体,因此又称为植物离体培养(plant culture *in vitro*)。

　　广义的植物组织培养包括对植物器官、组织、细胞及原生质体的离体培养,而狭义的植物组织培养只包括对植物组织及培养产生的愈伤组织(callus)进行的离体培养。植物组织培养中所谓的无菌(asepsis)是指用于培养的器皿、器械、培养基和培养材料等均处于无真菌、细菌、病毒等微生物的状态,以保证培养材料在培养器皿中能够正常生长和发育。人工控制的环境条件是指光照、温度、湿度、气体等,以满足植物培养材料在离体条件下的正常生长发育。在植物组织培养中,使用的各种器官、组织和细胞统称为外植体(explant)。愈伤组织是指外植体因受伤或在离体培养时,未分化的细胞和已分化的细胞进行活跃的分裂增殖而形成的一种无特定结构和功能的组织。

0.1.2　植物组织培养的特点

　　随着植物组培快繁技术及其理论研究的不断深入,现已成为生物工程中的重要组成部分,是当前植物细胞工程中应用最广泛、最有成效的技术之一。植物组织培养的主要特点

是采用微生物学的实验手段来操作植物的离体器官、组织和细胞,具体包括以下几个方面:

①植物组织培养的整个过程都是在无菌条件下进行的,外植体、培养基及接种环境都需要经无菌处理。

②植物组织培养在多数情况下是利用成分完全确定的人工培养基进行的,除少数情况外,培养基中包含了植物生长所需的水分和无机营养元素、有机营养成分及植物生长调节剂,培养基的 pH 值和渗透压也是人为设定的。

③植物组织培养的起始材料可以是植物的器官、组织,也可以是单个细胞,它们都是处于离体状态下的。

④植物组织培养物通过连续继代培养可以不断增殖,形成克隆(clone)的无性系,或通过改变培养基成分,特别是其中的植物生长调节剂的种类和配比,从而达到不同的实验目的,如茎、芽增殖或生根。

⑤植物组织培养是在封闭的容器中进行的,容器内的气体可通过瓶塞或其他封口材料进行交换。容器内的相对湿度一般达100%,因此,组培苗叶片表面一般都无角质层或蜡质层,且气孔保卫细胞功能缺乏,气孔始终处于张开状态。

⑥植物组织培养的环境温度、光照强度和时间等均为人为设定,找出这些最适的物理参数对植物组培的成功也很重要。

0.1.3　植物组织培养的研究类型和任务

1)研究类型

根据外植体来源和培养对象的不同,植物组织培养的研究类型可分为以下几类:

(1)组织培养

对植物体的各个组织进行离体培养。有效并常用的植物组织有分生组织、形成层组织、薄壁组织、韧皮部组织等。

(2)器官培养

对植物体各器官及器官原基进行离体培养。用于离体培养的植物器官有根、茎、叶、花、果实和种子。

(3)胚胎培养

对植物成熟或未成熟胚及具胚的器官进行离体培养。包括幼胚培养、成熟胚培养、胚乳培养、胚珠培养和子房培养等。

(4)细胞培养

对植物单个细胞或较小细胞团进行离体培养。常用于细胞培养的有性细胞、叶肉细胞、根尖细胞、韧皮部细胞等。

(5)原生质体培养

从植物细胞中分离出原生质体,并采用适宜的方法对这些原生质体进行培养。

随着研究工作的不断深入及扩展,上述 5 种类型的研究理论和技术体系逐渐完善,促使植物组织培养的应用范围日益广阔,延伸出多个研究领域,如生产细胞次生代谢物、克服远缘杂交不亲和、植物快速繁殖、培育无病毒苗木、生产人工种子以及种质离体保存等(图 0.1)。该课程涉及的学科有植物学、细胞学、植物生理学、植物遗传育种学、植物病理学等,在各学科的发展中相互依赖、相互促进、相互渗透,不断发展壮大。因此,植物组织培养是综合多门学科的知识发展起来的理论应用性学科。

2)研究任务

植物组织培养是研究离体条件下,细胞、组织或器官所需营养条件和环境条件,细胞、组织或器官的形态发生和代谢规律,植物脱毒方法和机理,快速大量繁殖,细胞融合方法和机理,再生个体的遗传和变异,种质资源离体保存的机理和方法等,从而改良植物品种,创造植物新种质,造福人类。

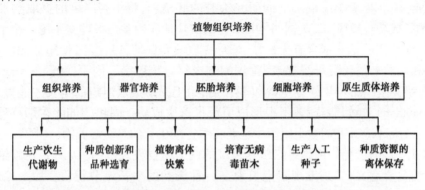

图 0.1　植物组织培养的研究领域

0.2　植物组织培养的发展简史

0.2.1　植物组织培养的开创(20 世纪初至 30 年代中)

在 Schwann 和 Schleiden 创立的细胞学说的基础上,1902 年 Haberlandt 提出,高等植物的器官和组织可以不断分割,直至成为单个细胞。预言植物细胞在适宜条件下,具有发育成完整植株的潜力,即植物细胞全能性的设想。为了证实这一观点,他在加入了蔗糖的Knop 溶液中培养了小野芝麻和风眼莲的栅栏组织以及虎眼万年青的表皮细胞等。但限于当时的技术水平,结果只观察到细胞的生长和细胞壁的加厚,并未观察到细胞分裂。然而,Haberlandt 作为植物细胞培养的开创者,其贡献不仅在于首次进行了离体细胞的培养,还提出了胚囊液在细胞培养中的作用和细胞的看护培养等科学预见。

1904 年,Hanning 在无机盐和蔗糖溶液中首次成功地培养了萝卜和辣根的胚。1909年,Kuster 将植物原生质体进行融合,但融合产物未能存活下来。1922 年,美国 Robbins 和德国 Kotte 分别报道了离体培养根尖获得一些成功,这是有关根培养的最早实验。1925 年和 1929 年,Laibach 将亚麻种间杂交形成的幼胚在人工培养基上培养至成熟,从而证明了胚培养在植物远缘杂交中利用的可能性。

0.2.2 植物组织培养的奠基(20世纪30年代末至50年代中)

20世纪30至50年代,影响离体培养材料生长和发育的一些重要物质,如天然提取物、B族维生素、生长素、细胞分裂素等的发现,促使植物组织培养的迅速发展。特别是细胞分裂素与生长素的比例控制器官分化模式的建立,使植物组织培养技术与理论体系得以形成。

1933年,我国学者李继侗和沈同研究银杏的胚培养,将银杏胚乳的提取物加入培养基,并获得了成功。1934年,美国的White首次成功地应用番茄根建立了第一个活跃生长的无性系,他使用的培养基含有无机盐、酵母提取液和蔗糖,1937年,他用盐酸吡多醇、盐酸硫胺素和烟酸来替代酵母浸提液,首先配制成综合培养基。同年,法国的Gautheret发现,只有在培养基中加入B族维生素和IAA后,山毛榉形成层组织的生长才能显著增加。1939年,Gautheret连续培养胡萝卜根形成层获得首次成功。同年,White在烟草种间杂种的瘤组织中、Nobecourt在胡萝卜组织中也获得了连续生长的组织培养物。

20世纪30年代,植物细胞组织培养领域的两个重要发现:一是认识了B族维生素对植物生长的重要意义;二是发现了生长素是一种天然的生长调节物质。加上Gautheret、White、Nobecourt三者建立的培养方法,奠定了之后各种植物细胞组织培养的技术基础。

1941年,Overbeek等在曼陀罗心形胚的培养基中加入椰子汁,获得了成熟胚。1944年Skoog、1951年Skoog和崔澂等发现,腺嘌呤或腺苷不但可以促进愈伤组织生长,而且还能消除IAA对芽分化的抑制作用,诱导芽的形成,从而确定了腺嘌呤与生长素的比例是控制芽和根形成的重要条件。

1955年,Miller等发现了激动素的活性比腺嘌呤高3万倍。1957年,Skoog和Miller提出改变细胞分裂素/生长素的比率能够调节植物器官的形成。1958年,Steward等报道通过培养胡萝卜根韧皮部细胞,形成了体细胞胚,并发育成完整植株(图0.2),第一次证实了植物细胞全能性。

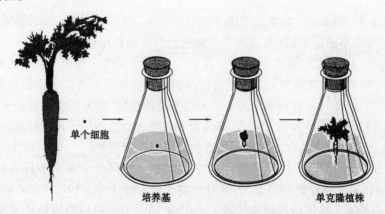

单个细胞　　　　　培养基　　　　　单克隆植株

图0.2　胡萝卜单细胞发育成植株

0.2.3 植物组织培养的建立与逐步实用化（20世纪50年代末至今）

近几十年来,植物组织培养技术得到了迅速发展,并广泛应用于生物学和农业科学,逐步走向大规模的应用阶段。

1958年,Steward把胡萝卜髓细胞培养成为一个完整的植株,人类第一次实现了人工培养体细胞胚,Haberlandt的愿望得以实现,也证明了植物细胞的全能性。这是植物组织培养的第一大突破,它对植物组织和细胞培养产生了重大而深远的影响。

1960年,英国学者Cocking用酶法分离原生质体获得成功,开创了植物原生质体培养和体细胞杂交的研究,这是植物组织培养的第二大突破。同年,Morel通过对兰花茎尖的培养而获得了脱毒苗。其后,国际上相继建立了兰花工业,在其高效益的刺激下,植物离体微繁技术和脱毒技术得到了迅速发展,实现了组培苗的产业化,取得了巨大的经济和社会效益。1964年,印度学者Guha和Maheshwari成功地从曼陀罗花粉培养中获得了单倍体植株,从而促进了植物花药单倍体育种技术的发展,这是植物组织培养的第三大突破。

20世纪70年代以来,植物组织培养技术蓬勃发展,规模不断扩大,到20世纪90年代已基本遍及世界各国。无论是发达国家还是发展中国家,几乎所有的大学、科研机构、农林单位都有人从事这方面的工作。主要表现在以下5个方面:

(1)原生质体培养取得重大突破

在Cocking等(1960)用真菌纤维素酶分解植物原生质体获得成功以后,1971年Takebe等首次通过原生质体培养获得了烟草再生植株。这不仅从理论上证明了除体细胞和生殖细胞外,无壁的原生质体同样具有全能性,而且在实践中可以为外源基因的导入提供理想的受体材料。1980年以后,禾本科粮食作物,如水稻、小麦、大麦、高粱、小米等的原生质体培养相继成功。在这方面中国学者作出了重要贡献。

(2)细胞融合技术应运而生

原生质体培养的成功,很大程度上促进了体细胞融合技术的发展。1972年,Carlson等通过两个烟草物种之间原生质体的融合,首次获得了体细胞杂种。1978年,Melchers等获得了马铃薯和番茄的体细胞杂种。高国楠等建立的用聚乙二醇(PEG)处理促进细胞融合的方法得到了广泛的应用。

(3)花药培养取得了显著成绩

在Guha和Maheshwari(1964)的开创性工作之后,花药培养的研究得到了迅速发展,获得成功的植物种类也不断增加。尤其是在烟草、水稻和小麦的单倍体育种方面,中国学者做出了突出的贡献。

(4)离体快繁和脱毒技术得到广泛应用

20世纪70年代以来,通过离体无性繁殖的兰花已达到35个属150种。除兰花外,在其他很多园艺植物及经济作物中,组培快繁已形成了工厂化的生产规模。通过组培快繁与茎尖脱毒相结合,产生了可观的经济效益。

(5)植物组织培养与分子生物学联姻

作为组织培养与分子生物学结合的产物,转基因育种技术在20世纪70年代中期得以诞生,从而为定向改变植物性状以满足人类需求开辟了一条崭新的途径,成为当今植物遗

传改良领域的研究热点。

从上述发展简史中可以看到,植物组织培养也和其他学科一样,在开始阶段只是一种纯学术性的研究,主要解决植物生产和发育中的某些理论问题。但其发展结果却显示出了巨大的应用价值,某些技术已在生产实践中产生了明显的经济效益,随着科学技术的进步,今后必将产生更大的经济效益。

0.3　植物组织培养的应用及展望

0.3.1　植物离体快繁

植物离体快繁是植物组织培养在生产上应用最广泛、产生较大经济效益的一项技术。离体快繁的特点是繁殖系数大、速度快、不受季节影响、苗木整齐一致等,因此这项技术可以使一个单株一年之内扩繁出几万到几百万的植株。例如,一株葡萄一年可以繁殖3万多株,一株兰花一年可繁殖400万株,草莓的一个顶芽一年可以繁殖10^8个芽。这对于一些繁殖系数低、不能用种子繁殖的名贵、新奇、优良新品种具有重要意义。对于脱毒苗、新育成、新引进、稀缺品种、优良单株、濒危植物和基因工程植物等,可通过离体快繁,及时提供大量优质种苗。美国Wyford国际公司年生产组培苗3 000万株,包括观赏园艺、蔬菜和果树。以色列Benzur苗圃年产组培苗800万株,主要为观赏园艺植物。中国进入工厂化生产的主要有香蕉、甘蔗、桉树、葡萄、苹果、脱毒马铃薯、脱毒草莓、非洲菊和芦荟等。

0.3.2　培育无病毒苗木

很多无性繁殖植物均带有病毒,如马铃薯、甘薯、草莓、大蒜、香蕉等,病毒在体内积累影响其生长、产量和品质,对生产造成极大损失。草莓中分布最广、造成经济损失最严重的病毒主要有4种,即草莓斑驳病毒、草莓皱缩病毒、草莓镶嵌病毒和草莓轻型黄边病毒;侵染大蒜和马铃薯的病毒有10种以上。但感染病毒的植株并非每个部位都带有病毒,White早在1943年就发现,植物生长点附近的病毒含量很低甚至无病毒。因此,利用组织培养方法,取一定大小的茎尖进行培养,再生植株就可以脱除病毒,获得脱毒苗。脱毒苗种植以后不会或极少发生病毒,且植株生长势明显增强,整齐一致,产量增加,如脱毒草莓产量比对照高21%～44.9%。目前,利用组织培养进行脱毒已在许多植物上获得了成功,如甘蔗、菠萝、香蕉、葡萄、草莓、马铃薯、大蒜、洋葱、兰花、菊花、唐菖蒲等,并建立了无病毒苗木繁育体系。

0.3.3　植物组织培养与育种

(1)培育远缘杂种

在远缘杂交中,不育性是获得远缘杂种的三大障碍之一,克服这一困难最好的办法是通过幼胚培养。梁红等通过幼胚培养获得了甘蓝与菜心种间杂交的远缘杂种。葡萄杂交后通常由于胚发育障碍,致使胚生理成熟速率慢于果实成熟速率而难以获得饱满成熟的种子,即使获得成熟种子也出苗困难,一般不易获得杂种植株,若采用胚培养技术,不仅有可能获得综合性状超过双亲的优良株系,还能克服杂交种子发育不良、难以成苗的困难。高彦仪等于1985年用葡萄品种巨峰作母本与卡氏玫瑰杂交后,通过杂种幼胚培养获得了杂种试管苗,经多代选育,育出了一个优良的葡萄新品种醉人香。

通过原生质体融合可以克服有性杂交不亲和性,从而获得体细胞杂种,创造出新物种或新类型。目前已获得40余个种间、属间甚至科间的体细胞杂种植株或愈伤组织,如番茄和马铃薯、烟草和龙葵等属间杂种,但这些杂种尚无实际应用价值。随着原生质体融合、选择和培养技术的不断成熟和发展,今后可望获得有应用价值的体细胞杂种新品种。

(2)离体选择突变体

培养的细胞无论是愈伤组织还是悬浮细胞,由于处于分裂状态,易受培养条件和诱变因素的影响而产生变异,从中可以筛选出对人类有用的突变体,从而育成新品种。尤其对于原来诱发突变体较为困难、突变率较低的一些性状,用细胞培养进行诱发、筛选和鉴定时,由于处理细胞数远远多于处理个体数,因此,一些突变率极低的性状有可能从中选择出来,如植物抗病虫、抗寒、耐盐、抗除草剂、生理生化变异等的诱发,为进一步选育新品种提供了丰富的变异材料。目前,用这种方法已筛选出了抗病、抗盐、赖氨酸及蛋白质含量高的突变体,有些已用于生产。

(3)单倍体育种

自Guha等(1964)培养曼陀罗花药获得单倍体植株以来,各国科学家都致力于花粉培养。离体花粉、花药培养的单倍体育种法与常规育种法相比,所有基因均能表现,基因型可快速纯合,可在短时间内获得作物纯系,从而加快育种进程。我国科学家在单倍体育种方面也作出了杰出的贡献,如朱至清(1974)设计的 N_6 花药培养基,不仅在国内得到推广,而且在国外也被采用。1974年,用单倍体育种法育成的世界第一个作物新品种烟草单育1号,随后又育成小麦花培1号、京花2号,水稻中花8号、中花10号、中花11号等优良品种,并得到了大面积推广。

0.3.4 生产次生代谢物

利用组织或细胞的大规模培养,可以生产人类需要的天然有机化合物,如蛋白质、脂肪、糖类、药物、香料、生物碱及其他活性化合物。目前,已从200多种植物的培养细胞中获得了500多种有效代谢化合物,包括一些重要药物。有很多化合物在培养细胞中的含量超过原植物,如粗人参皂苷含量在愈伤组织为21.4%,冠瘿组织为19.3%,再分化根为27.4%,都高于天然人参根的含量4.1%。有些珍稀药用化合物,天然植物蕴藏量少、含量低但临床效用高,如紫杉醇等,利用组织培养进行大规模生产,具有巨大的经济和社会效益。

0.3.5 植物种质资源的离体保存

种质资源是农业生产的基础,而自然灾害、生物间的竞争及人类活动等已造成相当数量的物种消失或正在消失,特别是具有独特遗传性状的物种的灭绝是一种不可挽回的损失。用常规方法保存种质资源不仅耗资、费时又占地,且珍稀种质十分容易丢失。例如,要保存 800 份葡萄种质,需占用土地 15 亩,此外养护费用也很昂贵。自 1975 年 Henshaw 和 Morel 首次提出了离体保存植物种质的策略以来,已有很多植物在离体条件下通过抑制生长或超低温贮存而实现长期保存,并保持其生活力,既节约人力、物力和土地,又能够防止病虫害的传播,更便于种质资源的交换和转移,给保存和抢救有用基因带来了希望。例如,将葡萄茎段组培形成的组培苗进行离体保存,温度控制在 1~9 ℃植株便停止生长,每年只需转管 1 次,这样 800 份葡萄种质只需占用 2 m³ 的空间。采用这种方法,每份种质每年只需转接 1~2 次就可以长期保存,若生产需要,随时可以把培养物转移到常温下,利用组培快繁技术,将其进行快速繁殖。

0.3.6　人工种子

人工种子的概念是美国 Murashige 于 1978 年首先提出来的,它是指把植物离体培养中产生的胚状体或不定芽包裹在含有养分和保护功能的人工胚乳和人工种皮中,从而形成能发芽出苗的颗粒体。人工种子结构完整,体积小,便于贮运,可直接播种和机械化操作;不受季节和环境限制,胚状体数量多、繁殖快,利于工厂化生产;利于繁殖生育周期长、自交不亲和、珍贵稀有的一些植物,也可大量繁殖无病毒材料。此外,还可以在人工种子中加入抗生素、菌肥、农药等成分,提高种子活力和品质。由于体细胞胚是由无性繁殖体系产生的,因此,还可以固定杂种优势。

到目前为止,人工种子的研究和应用中仍然存在一些难题未能很好解决,如人工种皮、防腐、贮运等的制作成本高、生产效率低等。这些难题的解决涉及细胞工程学、植物胚胎学、植物生理学、生物化学、机械加工等技术领域,要求的技术水平也较高,因此,人工种子的研究仍处于探索阶段。

近年来,人工种子技术的研究已逐渐由体细胞胚人工种子转向非体细胞胚人工种子,因为只有少数植物能够建立起高质量的体细胞胚发生系统,而这些植物中有些并不需要人工种子作为繁殖手段,仅作为模式植物研究如胡萝卜、紫苜蓿和芹菜等。人工种子的应用潜力应体现在无性繁殖植物或多年生植物上,而这类植物一般却难以得到高质量的体细胞胚,这使得大多数重要经济植物和珍稀濒危植物的人工种子应用受到限制。因此,当非体细胞胚人工种子在 20 世纪 80 年代末期制作成功后,迅速成为研究热点。随着研究的深入,限制人工种子在商业应用中的问题将逐步解决,实现诱人的应用前景,这必将对植物遗传育种、良种繁育和栽培等起到巨大的推进作用。

复习思考题

1.什么是植物组织培养?其主要特点是什么?
2.植物组织培养的发展历程可以分为哪几个阶段?各个阶段的主要特征是什么?
3.植物组织培养在生产实践中有哪些应用价值?

项目1 植物组织培养的基本原理

 学习目标

1. 熟悉植物细胞全能性、脱分化与再分化的概念及其在植物组织培养中的应用；
2. 了解植物离体分化成苗的4种类型；
3. 掌握培养材料所需营养物质的几大类型及其主要作用；
4. 理解培养细胞的遗传变异现象及运用。

重点

植物细胞全能性、脱分化与再分化的概念及运用；培养细胞的营养及代谢。

难点

植物细胞全能性、脱分化与再分化的概念；培养细胞变异增多现象。

植物细胞全能性(totipotency)是植物组织培养的核心理论。同其他学科概念的形成一样，细胞全能性概念也经历了一个不断发展、完善的过程。离体细胞具有生命的特征属性，在全能性的基础上，提供合适的营养和环境条件，经脱分化(dedifferentiation)和再分化(redifferentiation)的过程，可形成再生植株。在植物离体培养中，外植体的基因型和生理状态、培养基、培养条件等是影响离体形态发生的主要因素。离体形态发生过程中的不同生长发育阶段，要求的培养基和培养条件往往是不同的。

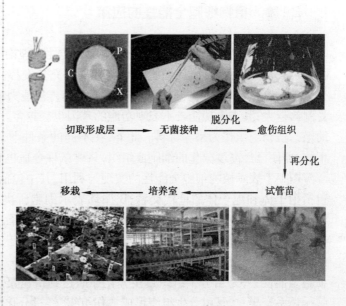

切取形成层 ——→ 无菌接种 —脱分化→ 愈伤组织

再分化↓

移栽 ←—— 培养室 ←—— 试管苗

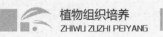

任务 1.1 植物细胞全能性

1.1.1 植物细胞全能性的概念

1902 年,Haberlandt 作出了著名的预言:将来人们可以成功地通过体细胞培养出人工胚。1934 年,White 首次把细胞全能性定义为:每个植物活细胞在合适的培养条件下都有发育为胚的能力。直到 1958 年,Steward 等和 Reinert 等分别从胡萝卜培养细胞中获得了人工胚并最终形成完整植株,才首次证实了 White 所提出的细胞全能性假说。此后,有多种类型的植物细胞均通过离体培养获得了胚状体。到 1978 年,Raghavan 概括指出:任何植物活细胞均具有潜在的产生一个胚状体的能力。至此,White 所定义的植物细胞全能性得到了普遍的证实和承认。

随着植物组织培养领域研究的不断进步和发展,给细胞全能性作下述描述更合适:植物的每个活细胞均具有该植物的全套遗传信息,在适宜的条件下,都具有发育成一个完整的植株的能力。换言之,一个植物细胞能产生一个完整植株的固有能力称为细胞全能性。无论是体细胞还是性细胞,只要有一个完整的膜系统和一个有生命力的核,即便是已经高度成熟和分化的细胞,也能保持回复到分生状态的能力,在特定环境下仍能进行其遗传信息的表达而产生一个独立完整的个体。

1.1.2 植物细胞全能性的应用

植物组织和细胞培养技术就是以细胞全能性为理论依据,人为地创造出一个适合于植物生长发育的理想条件,使细胞的全能性得到充分发挥。实际上,细胞再生的潜力与细胞分化的程度呈负相关,即细胞分化程度越高其再生能力就越低,越老的细胞其基因表达所受制约越大,其丧失功能或不表现功能的基因也会越多。因此,在实际工作中,应尽量选择幼嫩的植物组织作为培养材料。此外,在不同的条件下,同一基因型或外植体的表现也有不同,即便已经高度分化的细胞或组织,只要条件合适也有产生再生植株的可能。

图 1.1 表示植物细胞全能性的实现与利用,其中包括 3 个循环:A 循环表示生命周期,包括孢子体和配子体的世代交替;B 循环表示细胞所决定的核质周期,由于核质的互作,DNA 进行复制,把遗传信息转录到 RNA 上,并最终翻译为蛋白质,使全能性形成并保持;C 循环是细胞培养周期,组织或细胞与供体失去联系,处于无菌条件下,靠人工的营养及激素条件进行代谢,使细胞处于异养状态。在这种情况下,一个分生组织可通过 3 条途径实现细胞全能性:一是由分生组织直接分化芽而达到快速繁殖的目的,这种情况下极少发生细胞无性系变异;二是由分生组织形成愈伤组织,经过分化实现细胞全能性;三是游离细胞或原生质体形成胚状体,由胚状体直接重建完整植株或制成人工种子后再重建植株,此阶段自养性明显加强。

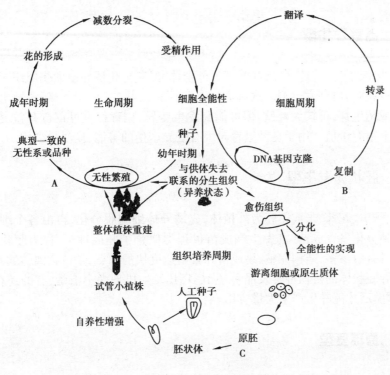

图1.1 植物细胞全能性的实现与利用

任务1.2 植物离体分化成苗的类型

1.2.1 芽再生型

以植物的茎节为培养材料,将待繁殖的材料剪成单芽茎段,接入成苗培养基,一定时间后腋芽或顶芽萌动再生成苗,在以后的继代增殖培养中有两种方法:一是微型扦插增殖法,即将长成有多个茎节的无根苗剪成带一叶的单芽茎段,接入培养基中,其腋芽长苗,如此不断地继代增殖成苗。该方法一次成苗,培养过程简单,适用范围大,移栽容易成活,但繁殖初期速度较慢。二是丛生芽增殖法,是将长成的第一或第二代茎尖或腋芽转入适宜的培养基上诱导,让长成的芽又不断发生腋芽而成丛生芽,在以后的继代转接中分小丛或单芽,又长成丛生芽而不断增殖。该方法增殖率高,但苗较弱小,在最后一次生根前的培养中要控制苗的分化数量,让苗长得较壮大才能生根。

采用哪一种方法来继代增殖,主要取决于植物的遗传特性。丛生芽法的增殖率高,应尽量采用,但有些植物很难长成丛生芽,只能用微型扦插法。微型扦插法只要在培养条件上稍作改善,让苗迅速生长,使继代时间缩短,同样能达到很好的繁殖效果。芽再生法成苗由于是植物体在原来的生长点上继续生长,没有经脱分化和再分化的过程,因此遗传性状稳定,是植物组培快繁中保持品种优良特性最常用的方法。

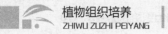

1.2.2 器官发生型

以植物叶片、子房、花药、胚珠和叶柄为外植体,经脱分化诱导出愈伤组织,从愈伤组织上诱导不定芽,称为器官发生型。这种方法是从原来成熟的组织上重新诱导出分生组织,再发生单芽或丛生芽,可扩大繁殖,但可能会发生变异,在育种上可创造有益突变体,因此在植物育种上很有价值。用于良种繁育时因有变异产生的可能,应尽量少用。

1.2.3 胚状体发生型

以叶片、子房、花药、未成熟胚为外植体,先诱导体细胞脱分化,再由各个细胞胚胎化,每个细胞单独分化发育成苗,其发生和成苗过程类似合子胚或种子,称为胚状体发生型。这种胚状体具有数量多、结构完整、易成苗和繁殖速度快的特点,是植物离体繁殖最快的方法。但能诱导胚状体的植物种类及品种还不多,其发生机理尚不清楚,有的还存在一定变异,应先经试验后才能在生产上大量应用。

1.2.4 原球茎型

原球茎是一种类胚组织,是大部分兰花培养的一种特有的类型。该方法是以幼嫩组织为培养材料,经脱分化后细胞发育成各个小原球茎,这些小原球茎再单独长成小植株。培养兰花类的茎尖或腋芽可直接产生原球茎,继而分化成植株,也可以继代增殖产生新的原球茎。

图 1.2 表示植物离体繁殖过程的几种类型。

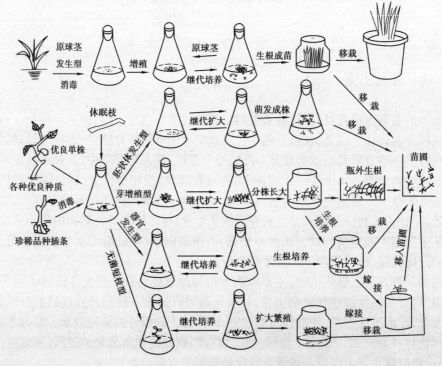

图 1.2 植物离体繁殖的几种类型

任务1.3 离体条件下植物器官的发生

1.3.1 脱分化与再分化

1)脱分化

脱分化也称去分化,是指离体培养条件下生长的细胞、组织和器官经细胞分裂或不分裂逐渐失去原来的结构和功能而恢复分生状态,形成无组织结构的细胞团或愈伤组织或成为未分化细胞特性的细胞过程。大多数离体培养物的细胞脱分化需经过细胞分裂形成的细胞团或愈伤组织,但也有一些离体培养物的细胞不需经分裂,而只是本身细胞恢复分生状态,即可以进行再分化。脱分化是分化的逆过程,离体培养的外植体细胞要实现其全能性,首先要经历脱分化过程使其恢复分生状态,然后进行再分化。

脱分化是植物界常见的现象,而并非离体培养所特有。例如,秋季落叶是叶柄基部已分化的薄壁细胞恢复分生能力,形成离层细胞;根的中柱鞘已分化的薄壁细胞恢复分生能力,增生的细胞向外突起,形成根原基;自然情况下,植物任何正在生长的部位,若受到虫伤、病伤、机械伤等,局部细胞因受创伤刺激,内源生长素进行调控而启动脱分化,恢复分生能力形成愈伤组织,对受伤组织起保护作用。

2)再分化

离体培养的植物细胞和组织可以由脱分化状态重新进行分化,形成另一种或几种类型的细胞、组织、器官,甚至形成完整植株,这个过程称为再分化。

(1)细胞水平的再分化

再分化中首先可见的是细胞壁变厚,假导管细胞的形成及酶水平的变化和明显的机能分化,从而形成各种类型的细胞。

(2)组织水平的再分化

愈伤组织在高水平生长素条件下,最常见的是微管组织的分化。松散的愈伤组织内含有大量拟分生组织或瘤状结构;致密的愈伤组织内组织分化很少,大多由高度液泡化的细胞组成。

(3)器官水平的再分化

器官水平的再分化又称器官发生,再分化的组织可形成各种器官,如根、茎、芽、叶、花及多种变态器官。离体培养下的器官原基的形成过程是:外植体脱分化后形成一些分生细胞团,随后分化成不同的器官原基。需要指出的是,分生细胞团的出现并不一定导致器官发生,有时可能继续形成愈伤组织或分化成微管组织。

(4)植株再生

根和茎或芽器官的发生可形成植株。在离体培养中通过根、芽发生而形成再生植株的方式有3种:一是芽产生后,其基部长根形成小植株;二是先形成根,再长出芽;三是愈伤组

织的不同部位分别形成芽和根,然后形成微管组织把两者结合起来形成一个植株。

1.3.2 影响细胞脱分化与再分化的因素

1)影响细胞脱分化的因素

植物离体培养中,细胞脱分化与外植体本身以及环境条件有关,影响因素主要有以下6点:

①损伤:外植体由于切割损伤的刺激导致细胞内一系列生理生化的改变,促使细胞增殖。

②生长调节剂:主要是生长素类起作用,因而在诱导愈伤组织时常加入生长素类,但同时配合使用细胞分裂素效果更好。

③光照:弱光或黑暗条件常有利于脱分化中的细胞分裂。

④细胞位置:外植体本身的各类细胞可能对培养条件的刺激有不同的敏感性。

⑤外植体的生理状态:不同生理年龄和不同季节都会有不同的培养反应。

⑥植物种类差异:不同种类的材料,脱分化难易程度有所差异,一般而言,双子叶植物比单子叶植物和裸子植物容易。

2)影响细胞再分化的因素

影响细胞再分化的因素与影响细胞脱分化的因素基本一样。理论上各种植物活细胞都具有全能性,在离体培养条件下均可经再分化形成各种类型的细胞、组织、器官以及再生植株。但实际上,目前还不能让所有植物的所有活细胞都再生植株。主要原因有:

①不同植物种类再分化的能力差异很大。

②对某些植物的离体再生条件还没有完全掌握。

1.3.3 愈伤组织的形成与调控

1)愈伤组织形成的过程

细胞脱分化说明细胞具备了分裂能力,细胞分裂可导致细胞的不断增殖,其结果则直接导致组织的不断生长。外植体中已分化的活细胞,在外源激素的诱导下通过脱分化而形成愈伤组织,这一过程可分为以下3个时期:

(1)诱导期

诱导期又称启动期,是外植体进行细胞分裂的准备时期。这一时期的外植体细胞大小变化不大,但代谢活跃,RNA 含量迅速增加,细胞核体积明显增大。诱导期的长短因不同材料、不同环境而异,如胡萝卜的诱导期要几天,而新鲜的菊芋块茎则只需24 h。

(2)分裂期

经过诱导期之后,外植体外层细胞开始迅速分裂,但外植体中间部分的细胞不分裂,而是形成了一个静止的芯。这时由于细胞分裂的速率大大超过了其伸展的速率,细胞体积迅速变小,逐渐恢复到分生状态。当细胞体积最小、细胞核和核仁最大、无大液泡、RNA 含量最高时,标志着细胞分裂进入了高峰期。外植体细胞由原来的静止状态经诱导期的分裂准备后进入分裂高峰,恢复到分生状态,这整个过程即为脱分化。脱分化的细胞不断进行分裂,从而形成愈伤组织。愈伤组织在培养基上生长一段时间后,由于营养物质枯竭,水分散失,以及代谢产物的积累,必须转移到新鲜培养基上培养,这个过程叫继代(subculture)。通过继代培养,可使愈伤组织无限期地保持在不分化的增殖状态。

（3）形成期

形成期是指外植体细胞经过诱导期和分裂期后形成了无序结构的愈伤组织的时期。进入此期,细胞的平均大小相对稳定,不再减少,细胞分裂由原来的局限在组织外缘的平周分裂转为组织内部较深层局部细胞的分裂,结果形成了瘤状或片状的拟分生组织(meristemoid),称为分生组织结节。分生组织结节可以成为愈伤组织的生长中心,或进一步分化为维管组织结节。维管组织结节是一个区域的愈伤组织转化为韧皮分子和木质分子的混合体结构,这样的形成层状的细胞向外延伸与拟分生组织相连,形成芽原基或根原基。

2）愈伤组织的生长和调控

愈伤组织的生长发生在不与琼脂培养基接触的表面。外植体进入脱分化后,由于表层细胞迅速分裂,愈伤组织也不断增殖,加之在其表面或近表面瘤状物的生长,经过一段时间后,其表面就会形成不规则的菜花状组织,重量也随之增加。来源于不同植物或同一种植物不同部位的愈伤组织,在颜色、结构和生长习性上都可能存在差异。例如,颜色可能是黄或白,外观可能是光滑或粗糙,结构可能是致密或松脆,遗传生理功能可能具有胚性或不具胚性等。

在不同的试验中,由于目的不同,对愈伤组织状态的要求也不完全相同,但优良的愈伤组织至少应具备以下4个特征:

①有旺盛的自我增殖能力,以便从这些愈伤组织中能得到再生植株。

②容易破碎,以便用这些愈伤组织建立优良的细胞悬浮培养系,并且在需要时能从中分离出全能性原生质体。

③具有高度的胚性或再分化能力,以便从这些愈伤组织中能够得到再生植株。

④经过长期继代保存而不丧失胚性,以便对其进行各种遗传操作。

为了达到上述目的,在诱导愈伤组织时通常采取以下调控措施:

①选择适当外植体,虽然几乎所有高等植物的器官和组织都有可能脱分化而产生愈伤组织,但同一物种内不同基因型在离体培养中的反应不一定相同,同一植株不同部位的细胞在离体培养中的反应也可能不同。

②选择正确的培养基,特别是植物激素的种类和浓度,以及在一定条件下生长素和细胞分裂素二者之间的合适比例。

③采用某些特殊的物理或化学因素来改变愈伤组织诱导培养基和培养条件,如在玉米幼胚培养中,通过添加一定浓度的 $AgNO_3$ 来抑制乙烯的合成,从而提高优良愈伤组织的频率。

1.3.4 器官的分化

组织分化的结果是导致器官原基的形成,而不同的器官原基则会分化成不同的器官。但有些情况下,早期的相同器官原基也有可能分化成不同的器官。分化的器官中最主要的

是根和茎,其结果导致完整植株的形成。Skoog 等(1957,1971)发现,高水平的生长素/激动素的比值,有利于根的形成;反之则有利于芽的形成。由此,建立了控制器官分化的激素模式,即生长素/激动素模型,为植物离体培养物中各类型器官发生提供了共同的机制。

器官原基的发生通常起源于一个细胞或一小团分化的细胞,经分裂以后产生细胞原生质周密,核显著增大的类分生组织。类分生组织的进一步活动使构成的器官在纵轴上出现单向极性并表现出器官的分化,在很多情况下可继续形成愈伤组织。在组织培养中,通过形成芽或根而再生植株的方式一般有 3 种:一是先产生芽,芽伸长后再从茎的基部长出根而形成完整的小植株;二是先长根,再长芽;三是在愈伤组织的不同部位分别形成根和芽,二者也可能结合起来形成完整小植株。木本植株的培养往往以第一种方式为主,此情况一般把诱导芽和诱导根分两步进行。

离体培养系统可能分化出的器官除茎和根以外,还有叶、花及多种变态器官,如块茎、球茎和鳞茎等。这些器官的发生均有各自的价值,如叶器官的产生可用于碳同化研究;花器官的产生不但可以研究花芽分化的过程,而且还可以获得试管花,并且有可能开发成新一代"微型盆景"。

1.3.5 体细胞胚胎的发生

在正常情况下,植物胚胎发生是指受精后的一系列连续过程,即从合子到成熟胚的发生、发育的规律变化,这种情况下形成的胚称为合子胚。在离体条件下,植物培养的细胞、组织和器官也可以产生类似胚的结构,其形成也经历了一个类似胚胎的发生和发育过程,这种类似胚的结构称为胚状体。成熟的胚状体可以像合子胚一样长出根、芽,萌发再生植株。植株离体培养细胞产生胚状体的过程称为体细胞胚胎发生,体细胞胚胎发生具有普遍性。在二倍体植物中,不仅能从根、茎、花和果实的组织培养物中诱导产生二倍体胚状体,还能从花粉、助细胞和反足细胞中诱导产生单倍体胚状体,从胚乳细胞中诱导产生三倍体胚状体。

由外植体诱导体细胞胚胎发生有两种途径,即直接途径和间接途径。

(1)直接途径

直接途径是指从外植体某些部位的胚性细胞直接诱导分化出体细胞胚胎,这种胚性细胞是在胚胎发生之前就已经决定了,如柑橘的珠心组织、茶树和龙眼的子叶、香雪兰花序等外植体,可以直接诱导出体细胞胚胎。

(2)间接途径

间接途径是指外植体先脱分化形成愈伤组织,再从愈伤组织的某些细胞分化出体细胞胚胎,多数体细胞胚胎都是通过间接途径产生的。脱分化状态的愈伤组织,由于细胞中DNA 的合成,为其细胞分裂和分化奠定了物质基础,从而促使某些愈伤组织转变为胚性细胞。

无论是直接途径还是间接途径形成的体细胞胚,只有那些已启动脱分化并进行 DNA合成的细胞才是胚性细胞分化和体细胞胚形成的细胞学基础。可见,体细胞胚发生的实质是细胞分化,即细胞在离体培养条件下,诱导部分基因活化,实现遗传信息的表达。

体细胞胚胎具有两个明显的特点:一是双极性;二是与母体组织或外植体的微管系统

无直接联系,处于较为孤立的状态,即存在生理隔离。单个胚性细胞与合子胚一样,具有明显的极性,第一次分裂多为不均等分裂,顶细胞继续分裂形成多细胞原胚,基细胞进行少数几次分裂形成胚轴。

1.3.6 植株的形成

从脱分化的外植体再分化成为完整植株,基本上是通过胚胎发生或器官发生两条途径实现的,但实际情况是复杂多样的。例如脱分化可能形成愈伤组织,也可能不形成,在这两种情况下,又都有可能通过胚胎发生或器官发生形成植株。在器官发生时,有可能同时产生茎和根,也有可能先长茎或根。离体培养中再生植株的不同途径见图1.3,其中,体细胞胚胎发生是一条捷径,因为体细胞胚具有两极性,即同时具有茎和根,且二者能够结合成一个轴,直接发育为完整植株。

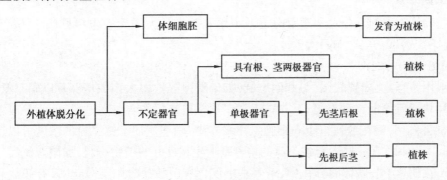

图1.3 形成植株的不同途径

任务1.4 培养细胞的营养及代谢

1.4.1 碳源

碳源是构成植物体结构的主要物质,在植物体内主要为细胞提供合成新化合物的碳骨架,也为细胞的呼吸代谢提供底物与能源。通常植物本身能进行光合作用合成糖类,不需要从外部供应糖,但在异养状况下,大多不能进行光合作用,因此,糖作为碳源在植物组织培养中是不可缺少的。糖既可作为碳素来源和能量物质,又能保持培养基渗透压(一般需$1.5 \times 10^5 \sim 4.1 \times 10^5$),使植物的细胞能正常吸收和代谢。一般,植物组织和器官培养中使用浓度大多为2%~3%,花药和花粉培养则采用10%左右的高浓度,因为花药和胚是植物的营养吸收中心组织器官,有很强的逆浓度梯度吸收的能力和需求。

常用的碳源是蔗糖,葡萄糖和果糖也是较好的碳源,麦芽糖也用于许多植物组织培养中,其他糖类对多数培养物的效果都不理想。如吕芝香(1981)以20多种糖作为碳源对不

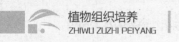

同植物的愈伤组织形成和生长的研究表明,对多数植物组织来说蔗糖和葡萄糖是良好的碳源。在诱导花药愈伤组织时,适当提高蔗糖浓度至5%能促进花粉小孢子的发育,有效地获得单倍体植株。在培养基中改变糖的浓度,常可以改变试管苗的韧皮部和木质部所占比例。一般情况下,低浓度(1.5%～2.5%)的糖有利于木质部生长,高浓度(3%～4%)的糖则促进韧皮部的生长。若糖浓度居于二者之间(2.5%～3.5%),则同时对韧皮部和木质部生长都有利。因此,在植物的生根培养中,降低糖的浓度有利于根的形成和生长。

1.4.2　无机营养

无机盐可为植物生长发育提供必需的化学元素。在植物组织培养时,各种营养物质主要是从培养基中获得,如氧(O)、氢(H)从水中得到,各种矿质元素由无机盐提供。

1)大量元素

占植物体干重的万分之几至百分之几。培养基中的大量元素包括氮(N)、磷(P)、钾(K)、硫(S)、钙(Ca)、镁(Mg)等。

(1)氮

一般用铵态氮(如硫酸铵等)和硝态氮(如硝酸钾等),但大多数培养基以硝态氮为主,MS 和 B_5 培养基则既含硝态氮,又含铵态氮。通常铵态氮的含量超过 8 mmol/L 对培养物就会有毒害作用,但在愈伤组织和细胞悬浮培养中,硝态氮加上铵态氮的浓度可以提高到 60 mmol/L。因此,在一些含铵态氮的培养基上生长良好的植物材料,加硝态氮后生长效果更好。在胡萝卜胚状体的分化中,培养基中仅含有硝酸盐时则不分化,只有铵盐和硝酸盐同时存在时才能进行胚状体的分化。植物组织从培养基中吸收了 NO_3^- 和 NH_4^+ 后,经一系列的生化反应转变成氨基酸,进而合成蛋白质,成为植物体的主要组成部分。

(2)磷

细胞核的主要组成元素之一。许多重要的生理活性物质,如磷脂、核酸、酶及维生素中都含有磷。磷在植物碳水化合物的移动和代谢中起着重要的作用,磷直接参与呼吸作用和发酵过程。磷还影响含氮物质的代谢,能提高植物蛋白质的含量。磷与光合作用也有直接关系。因此,植物组织培养中磷是不可缺少的。此外,在培养基中提高 PO_4^{3-} 水平常可抵消 IAA 对芽分化的抑制作用,增加芽的增殖率。在培养基中磷通常由 NaH_2PO_4 和 KH_2PO_4 等盐类提供。

(3)钾

钾在植物体内以离子的形式存在,是多种酶的激活剂。它影响着植物组织中酶的活性和催化反应方向,决定着新陈代谢的过程,对分化也有一定的促进作用,对维持细胞原生质的胶体系统和细胞的缓冲系统也有重要作用,还能促进光合作用,并与氮的吸收及蛋白质的合成有一定的关系。钾在培养基中的用量有逐渐提高的趋势,常用的钾有 K_2SO_4、KNO_3、KCl 和 KH_2PO_4 等。

(4)钙、镁、硫

主要影响培养物中酶的活性和催化反应方向,以及新陈代谢的过程。常用的钙元素有 $Ca(NO_3)_2 \cdot 4H_2O$、$CaCl_2 \cdot 2H_2O$,镁元素有 $MgSO_4 \cdot 7H_2O$,硫元素有各种硫酸盐。

2)微量元素

在植物体内含量占干重的 0.01% 以下,包括铁(Fe)、锰(Mn)、锌(Zn)、铜(Cu)、硼(B)、钼(Mo)和氯(Cl)等。在植物组织培养中,微量元素的需要量甚微,过多就会引起植物细胞的酶失活、代谢障碍、蛋白质变性及组织死亡等毒害现象发生。在培养基中添加 $10^{-5} \sim 10^{-7}$ mmol/L 就能够满足植株的需求,在培养基的配制过程中,一些微量元素可从其他化学药品的杂质中带入,尤其在工厂化组培苗生产过程中,自来水和市售白糖中带入的杂质更多。但这些杂质中各种微量元素含量是未知的,要通过初步试验才能决定是否还要从试剂中添加。

（1）铁

铁是用量较多的一种微量元素,对植物叶绿素的合成起重要作用,培养基中缺铁时试管苗很快表现出叶片缺绿发白的症状。在培养基 pH 为 5.2 以上时,硫酸铁[$Fe_2(SO_4)_3$]和氯化铁($FeCl_3$)常形成 $Fe(OH)_3$ 沉淀,使植物无法吸收而造成缺铁现象。但一般培养基 pH 为 5.8 左右,故常用硫酸亚铁($FeSO_4 \cdot 7H_2O$)和乙二胺四乙酸二钠(Na_2-EDTA)结合成螯合铁,成为有机态被吸收和利用,或直接选用 NaFe-EDTA。

（2）其他

钼是合成活跃的硝酸还原酶所不可缺少的元素,也是固氮酶的组成部分,还有防止叶绿素受破坏的作用,常用的钼元素有 $Na_2MoO_4 \cdot 2H_2O$。锌是酶的组成成分,可防止叶绿素免遭破坏,此外锌还是合成色氨酸所必需的,而色氨酸又是 IAA 的前身,因此,锌也间接地影响到生长素的合成。常用的锌元素有 $ZnSO_4 \cdot 7H_2O$。锰是植物体内许多氧化还原酶的重要成分,参与有机体的氧化还原过程,提高光合作用和氧的代谢作用,常用的锰元素有 $MnSO_4 \cdot 4H_2O$。硼能影响碳水化合物的运输,参与光合作用和蛋白质的形成,促进花粉管的生长,常用的硼元素有 H_3BO_3。铜有促进离体根生长和花器官发育的作用,常用的铜元素有 $CuSO_4 \cdot 5H_2O$。

3)有益元素

有益元素是指非必需的、但对培养物的生长发育有用的元素,如硅(Si)、碘(I)、硒(Se)、钴(Co)和钠(Na)等,在某些植物,如水稻、盐生植物、C_4 植物和景天科植物的离体培养中经常使用,此外,几乎所有培养基配方中都含有碘元素。

1.4.3 有机营养

在正常植物体内,有机营养可以通过光合作用自我合成。离体的组织或细胞则不能合成,需要在培养初期补充相应的有机营养。当组织培养至完整的苗后,已有一定的合成能力,有些有机物可以减去。

1)维生素类

维生素类在植物生长中起重要作用,以辅酶的形式参与生物催化剂酶系活动,参与蛋白质、脂肪、糖代谢等重要生命活动。维生素 C 有防止材料褐变的作用;维生素 B_1 与愈伤组织的产生和生活力有密切关系,若其浓度低于 50 μg,培养材料不久就会转为深褐色而死亡;维生素 B_6 对根的生长有促进作用;烟酸对植物的代谢和胚的发育密切相关。

植物组织培养中,常用的有维生素 C(抗坏血酸)、维生素 B_1(盐酸硫胺素)、维生素 B_6(盐酸吡哆醇)、维生素 H(生物素)、叶酸和烟酸等。此外,经常使用的还有泛酸和泛酸钙等,一般使用浓度为 $0.1 \sim 10$ mg/L。有的外植体或愈伤组织能够合成维生素,培养时可不必添加,但生长早期往往会缺乏维生素。

2)肌醇(环己六醇)

肌醇主要的生理作用在于参与碳水化合物代谢、磷脂代谢及离子平衡作用,对组织快速生长有促进作用,对环状胚和芽的形成也有良好的影响。肌醇一般使用浓度为 $50 \sim 100$ mg/L,因其可以由磷酸葡萄糖转变而来,有些植物细胞也可以自我合成,因此有些可不用。

3)氨基酸

氨基酸是重要的有机氮源,培养基中使用的主要有甘氨酸、丝氨酸、酪氨酸、谷氨酰胺、天冬酰胺等。甘氨酸能促进离体根生长,对植物组织的生长也有良好的促进作用,通常用量为 $2 \sim 3$ mg/L。丝氨酸、谷氨酰胺等有利于花药胚状体或不定芽的分化。不同植物对各种氨基酸的需要与否有时是未知的,因此有人采用蛋白质的水解混合物,发现有时效果很好。如水解酪蛋白(CH)和水解乳蛋白(LH),对胚状体或不定芽的分化有良好的促进作用,通常用量为 $300 \sim 2\,000$ mg/L。

4)天然有机添加物

天然有机添加物是指一些营养丰富的植物储藏器官,如果实、块根、块茎和乳汁等。在早期的培养中,把一些植物营养储藏器官或植物组织的提取液加入培养基,以满足离体植物特别是同种类植物培养的需要。原因可能是这些营养储藏器官含有某些植物需要的一些未知营养物质。但随着研究的深入,很多营养物质已经清楚,可从试剂中加入,但有些较难培养成功的植物,还须利用这些天然有机添加物培养效果才好。

天然有机添加物的成分比较复杂,大多为含有氨基酸、激素、酶的复杂混合物,对细胞和组织的增殖和分化有明显的促进作用,其含量与植物的成熟度有很大关系,但不稳定,成分也不完全清楚。更重要的是其来源受季节的影响很大,使用起来也不方便,因此应尽量避免使用。此外,在有机添加物的使用中,应考虑同科、属、种的植物提取物,同时若能不用高温灭菌的条件下使用效果会更好,因为在高温条件下,一些有活性的物质被杀死。

(1)椰乳(CM)

椰子的液体乳汁,也是使用最多、效果最明显的一种天然复合物。一般使用浓度为 $10\% \sim 20\%$,使用效果与果实成熟度及产地的关系也很大。据报道,切取 0.2 mm 大小的马铃薯茎尖分生组织,接种在加 10% 经无菌过滤椰乳的 Kassanis 琼脂培养基上,同时与添加经过加热灭菌的椰乳相同培养基作对比,表现出椰乳对生长的明显促进作用,尤以不加热的椰乳作用更为显著。但随着培养期的延长,生长速度逐渐降低,经过 $3 \sim 4$ 个月后,生长几乎停止,绿化的组织也褪色,黄化并变褐枯死,此时若将停止生长的茎尖转移到无椰乳的培养基上,则生长再度好转,20 d 后开始发芽,并能得到不少发芽的个体。

(2)香蕉泥

用量为 $100 \sim 200$ g/L,一般用黄熟小香蕉,加入培养基后变为淡褐色,具有较大的缓冲作用。主要用于兰花的组织培养,对幼苗发育有促进作用。

（3）马铃薯

去皮、去芽后使用，用量为 150 ~ 200 g/L，煮 30 min，过滤后即可加入培养基。马铃薯汁也具有较大的缓冲作用。添加马铃薯的培养基可以培养出健壮的植株。

（4）其他

酵母提取液（YE），用量为 0.5% 左右；麦芽提取液，用量为 0.01% ~ 0.5%；还有苹果汁、柑橘汁、葡萄汁和番茄汁等。

1.4.4　植物生长调节剂

植物生长调节剂是培养基中不可缺少的关键物质，其用量虽然极少，但对外植体愈伤组织的诱导和分化起着重要和明显的作用。在培养基的所有成分中，植物生长调节剂对培养物的影响最大，基本培养基保证培养物的生存和最低的生理活动，但只有配合使用适当的植物生长调节剂才能诱导细胞分裂的启动、愈伤组织的生长以及根和芽的分化或胚状体的发育等合乎理想的变化。对于大对数植物的培养来说，选择任何一种常用培养基均能获得类似的效果，但植物生长调节剂需要根据植物种类和培养物的表现来确定。在诱导培养物发生一定的生理变化和形态建成过程中，适时、适量地选育适宜的植物生长调节剂，是促进这些变化发生、发展的主要保证。在植物组织培养中起着明显调节作用的主要有生长素类和细胞分裂素类。

1）生长素类

生长素是一类刺激植物细胞伸长的化合物，能引起细胞性质或次级代谢机能的变化。生长素的主要作用是促进细胞伸长和分裂，诱导受伤组织表面的一至数层细胞恢复分裂能力，形成愈伤组织，促进胚状体分化和试管苗生根。此外，当生长素与一定比例的细胞分裂素配合使用时，还能诱导腋芽及不定芽的产生。常用的生长素有 2,4-D（2,4-二氯苯氧乙酸）、NAA（萘乙酸）、IBA（吲哚丁酸）和 IAA（吲哚乙酸）等，其活性强弱顺序为 2,4-D > NAA > IBA > IAA。

IAA 是生物合成的激素，见光或在酶促氧化作用下容易失活。此外，因培养物细胞内含有 IAA 氧化酶，会破坏外源 IAA 的活性，故 IAA 的使用浓度较高，一般为 1 ~ 30 mg/L；NAA 和 2,4-D 是人工合成的生长调节剂，性质稳定，不会被酶氧化降解，使用浓度一般以 0.1 ~ 2 mg/L 为宜。低浓度的 2,4-D 有利于胚状体的发生，NAA 有利于单子叶植物的分化，而 IBA 诱导生根效果较好。

2,4-D 在一定浓度范围内兼具生长素和细胞分裂素的作用。在多数情况下，只用 2,4-D 就能成功地诱导外植体产生愈伤组织，若配以微量的细胞分裂素则效果更好。需要强调的是，虽然 2,4-D 诱导细胞分裂的活性强烈，低于 0.1 mg/L 就可诱导愈伤组织，但因其抑制芽的形成，故在诱导再分化时很少使用。

2）细胞分裂素类

现已发现天然的细胞分裂素类有十多种，也有一些人工合成的物质具有细胞分裂素活性，这些物质统称为细胞分裂素。常用的细胞分裂素有 KT（激动素）、6-苄氨基嘌呤（6-BA）、玉米素（ZT）、吡效隆（4PU）和 2-ip（2-异戊烯腺嘌呤）等，其活性强弱顺序为 4PU >

ZT > 2-ip > 6-BA > KT。在离体培养中常用的是性质稳定、价格适中的 6-BA 和 KT,使用浓度为 0.5 ~ 2 mg/L,使用浓度过高时往往会引起玻璃化现象。

细胞分裂素类的主要作用是:促进细胞分裂、扩大;诱导芽的分化,促进侧芽萌发、生长;增强蛋白质的合成,抑制衰老;能够改变其他激素的作用。通常认为,生长素/细胞分裂素的比值大有利于根的形成,这时生长素起主导作用;比值小时,则促进芽的形成,这时细胞分裂素起主导作用。故应根据植物的种类和培养部位,选择适宜的生长调节剂种类和浓度,才能有效地控制器官的分化。

ZT、KT 和 2-ip 都是天然植物提取物,价格昂贵,如玉米素的价格高达 1 万元/g,应尽量少用,以降低成本,在大规模工厂化育苗中更是如此。

3)赤霉素类

赤霉素(GA)是自然界广泛存在的一类植物激素,目前已知的赤霉素类至少有 38 种。其中离体培养中使用较多的是赤酶酸(GA$_3$),它是一种天然产物,溶于甲醇、乙醇和碳酸氢钠溶液,在水中会迅速分解,故需用乙醇溶解和保存。

赤霉素的主要作用是诱导茎细胞的伸长,对根细胞则无效;对形成层的细胞分化有影响,往往同生长素有协同作用,即 IAA/GA 比值高则有利于木质部的分化,比值低则利于韧皮部分化;可代替低温和长日照,使一些二年生植物在当年就开花,加快发育进程;具有打破休眠,促进休眠种子和器官萌发的作用;此外,赤霉素还对生长素和细胞分裂素的活性有增效作用。

4)脱落酸

除特殊研究外,植物离体培养中一般不使用脱落酸(ABA),但了解脱落酸的效应也是很必要的。一般而言,脱落酸具有抑制蛋白质合成,抵消或抑制生长素、细胞分裂素和赤霉素的功效,并能诱导休眠、促进衰老和脱落。在不良环境条件下,如培养基陈旧、干涸、污染、缺乏营养等情况下,ABA 的含量提高,材料不能快速生长。另外,ABA 抑制气孔开放,降低蒸腾作用,颉颃 GA 对长日照植物开花的促进作用。

5)乙烯及其他

几乎所有的植物组织均能产生乙烯,乙烯的相对分子质量很小,以气体形式存在,可溶于水和亲脂性物质。乙烯的生理效应有:促进果实成熟,促进脱叶和衰老,促进次生物质排泌等。在植物离体培养中,生长素用量过高会诱发乙烯的产生。此外,当培养物过于密集拥挤,长期不予继代转接时,乙烯含量会增高,从而加速培养物的衰老和脱叶。

此外,植物离体培养中有时会用多效唑(PP$_{333}$)、烯效唑、三碘苯甲酸(TIBA)、矮壮素(CCC)、根皮苷、间苯三酚等生长抑制剂,用于抑制徒长或细胞分裂旺盛,提高试管苗的质量。有研究证明,根皮苷一般用量为 1 ~ 7 mg/L,可提高莲叶秋海棠、雪松、月季的芽苗分化,根皮苷分解后产生的根皮酚也有类似的效果,三碘苯甲酸则能够促进秋海棠的离体培养叶形成芽。

1.4.5 琼脂

琼脂是从红藻等海藻中提取的一种高分子糖类,在植物组织培养中的主要作用是使培养基在常温下凝固。琼脂不参与代谢，不提供营养，在植物组织培养中一直作为首选的固化剂，用量一般为 4~10 g/L。新购的琼脂应先检验其凝固能力，一般以颜色浅，透明度好，洁净无沉淀者为佳。近年来，一些厂家生产的一种粉状琼脂卡拉胶，其用量小于条状琼脂。在离体培养中，增加琼脂用量可以克服玻璃化现象的发生。

如果市售琼脂杂质过多，影响培养物的正常生长，应对其进行纯化，最简单的方法是用蒸馏水浸洗后晾干，可以减少水溶性杂质含量。为了得到更纯净的琼脂，可将干琼脂 450 g 放在 8 L 大瓶子中，加入 5 L 蒸馏水和 0.5 L 吡啶，浸泡 20 h 后滤除液体，用蒸馏水冲洗 3 次，再用 95% 酒精浸泡 12 h，取出晾干。

琼脂的凝固能力除了与原料、厂家和加工方法有关外，还与高压灭菌的温度、时间、pH 等因素有关，长时间高温会使凝固能力下降，过酸或高温会使琼脂发生水解，失去凝固能力。高温灭菌后的培养基存放时间过久，琼脂的凝固能力也会逐渐下降。

1.4.6　活性碳及硝酸银

活性炭（AC）可吸附培养过程中离体材料分泌的一些有毒物质，减小这些有毒物质对培养物的伤害。此外，活性炭可使培养基变黑，有利于大多数植物生根；还对培养物形态发生和器官形成有良好的效应。例如活性炭可以促进花药培养时的雌核发育，有利于形成单倍体；悬浮培养的胡萝卜失去胚状体发生能力后，通过添加 1%~4% 的活性炭可恢复其胚胎发生能力。一般认为，活性炭具有强大的吸附能力，能够吸附非极性物质和色素等大分子，但其吸附的选择性很差，既吸附有害物质，也吸附激素、维生素等有利物质，故使用浓度不宜过高，质量浓度一般为 0.02%~1%，多用 0.1%~0.5%。活性炭的吸附能力还与温度有关，低温下吸附能力强，高温下吸附能力弱，甚至解吸附。此外，大量的活性炭会消弱琼脂的凝固能力，此时需提高琼脂的用量，很细的活性炭粉末容易沉淀，在培养基凝固之前应摇匀。

离体培养的植物组织会产生乙烯，乙烯在培养容器中积累会影响培养物的生长和分化，严重时会导致培养物衰老和落叶。$AgNO_3$ 中的 Ag^+ 通过竞争与细胞膜上的乙烯受体蛋白结合，抑制乙烯的活性。因此，在培养基中加入适量 $AgNO_3$，无论是在单子叶植物还是在双子叶植物中，都有促进愈伤组织分化器官或胚状体的作用，能使某些原来再生困难的物种再生植株，并对克服试管苗玻璃化、早衰及落叶等有明显效果。

1.4.7　染色剂

在进行离体培养研究时，通常需配制不同的培养基，或加入不同的植物激素，以观察培养物的变化，确定最适宜的配方。除了用铅笔或油性笔标记外，一个可行的办法是在培养基中滴加 1~3 滴 1% 的活体染色剂，如亚甲基蓝、中性红、甲基紫等，将培养基染成不同的淡颜色，由于染色剂用量极微，不会对培养物产生影响，利用此法能够节约大量的标注时间。另外，甲基紫除供染色之外，还具有较强的杀菌作用，0.001% 即可有效地抑制细菌和部分真菌的生长。

1.4.8 抗生素

对于内生菌的情况,可使用抗生素类进行抑菌。经试验证明,甲基托布津、多菌灵、百菌清都有较好的效果,另外,链霉素、青霉素、地霉素、新霉素、夹竹桃霉素和抗菌肽等物质都具有降低内生菌污染的效果,可酌情使用。

1.4.9 pH值

离体培养的植物大多要求在弱酸性环境 pH 5.6~5.8,但少数植物对 pH 的要求有所差别。pH 主要影响植物酶的生化反应等生理过程,同时也影响一些培养基中离子的溶解度。一般用 1 mol/L 的 HCl 或 NaOH 将培养基调整到 pH 5.6~5.8,有时调整到 pH 6.0,少数偏酸性的植物可调整到 pH 5.4,甚至 pH 4.6。在离体培养过程中,虽然起始 pH 不同,但经过一定时期的培养,由于培养材料生长快慢不同,始终都会恢复到 pH 6.0 左右。

任务1.5 培养细胞的遗传变异

1.5.1 培养细胞变异增多现象

园艺植物细胞的培养期间总体上具有遗传稳定性,其遗传行为较为简单,通过有丝分裂得以实现。另一方面,培养细胞变异的可能性增大,变异率提高,变异多样性增大。培养细胞的变异率在 10^{-7}~10^{-6},远高于自然突变率(表 1.1)。

表1.1 若干植物培养细胞再生植株的变异率

种　类	培养材料	植株变异率/%	研究者及年份
菠萝 *Ananas comosus*	幼果愈伤组织	100	Wakasa,1979
	裔芽愈伤组织	98	Wakasa,1979
	腋芽愈伤组织	34	Wakasa,1979
	冠芽愈伤组织	7	Wakasa,1979
香蕉 *Musa* spp.	茎尖离体繁殖	9~25	Israeli,1991
	吸芽离体繁殖	2	王正询等,1994
番茄 *Solanum esculentum*	幼叶愈伤组织	75.8	Evans et al,1983
马铃薯 *Solanum tuberosum*	叶肉原生质体	100	Shepard,1980

　　园艺植物培养细胞的变异率总体上高于其他植物,这与多数园艺植物长期以来采用营养繁殖有关。无性繁殖使体细胞中出现广泛的异质性并保留下来,在植物整体中被掩盖,不易表现出来。在离体培养中,变异细胞则可以高频率地表现出来。但无性繁殖的园艺植物之间也有较大差异,如在马铃薯和菠萝的一些培养物中,变异率竟高达100%。此外,材料来源的影响也较大,如菠萝幼果愈伤组织的变异率为100%,冠芽愈伤组织的为7%,其他两种外植体介于这两个极端之间,但也各不相同。

　　此外,外植体的切离、培养基的诱导作用、培养条件、继代次数等,都会导致培养细胞的变异增多。如王正询等详细研究了继代培养次数对香蕉快繁中染色体数量变异的影响发现,继代30代以后染色体数量变异率为1.3%,而继代60代以后变异增至8.5%。

1.5.2　培养细胞变异的遗传机制

变异的遗传机制主要与染色体断裂和染色体数目增减有关。

(1)染色体未断裂,数目增加

此类型为染色体未断裂,但其数目按几何级数增加,或以中间型数目增加。在单冠毛菊中是以中间型数目增加的,经过4个月继代培养,二倍体约占13%,几年以后对同样材料进行观察,发现倍性范围很大,三倍体至九倍体均有发现。

(2)染色体未断裂,数目减少

关于这种类型的产生机制目前还尚未有明确解释。有人认为这与体细胞染色体配对有关,也有人认为与多极纺锤体的形成、染色单体的不分离或落后有关。在单冠毛菊的培养中,形成一个四极纺锤体,四个极上均有两个染色单体,结果可能发生不分离的不规则两极有丝分裂,一极产生三倍体,另一极产生单倍体。其他的不规则分离也可能出现染色体数目减少的情况。

(3)染色体断裂,数目改变

由于染色体断裂而引起其数目的改变是因为形成了环状、具双着丝点或三着丝点的染色体。具双着丝点染色体的情况最多,而且还可以依着丝点形成时涉及染色体数目的不同而分为两种类型。当仅涉及一条染色体时,就产生一个同型双着丝点染色体,为等长的、遗传上相同的臂及一个着丝点中间区带有两个相称的基因序列;当涉及两条染色体时,通常产生异型双着丝点的染色体,有不等长臂和不同的基因顺序及一个着丝点中间区将各供体染色体的基因结合起来。

(4)染色体断裂,数目不改变

染色体断裂可发生在细胞周期的任何时间。在培养物细胞中可发生染色体断裂,发生易位或缺失而使染色体长度发生改变。在易位中,非相互易位比相互易位更有害,因前者形成无着丝点断片,会在染色体分离向两极的过程中丢失,而引起遗传物质的损失;而后者仅仅使染色体之间的基因重排。缺失也会使某些基因丢失。

(5)体细胞核内再复制

完全不发生有丝分裂而仍然有DNA的复制,与染色体的结构和数目并无关系。主要是由间期染色体的一至多次复制构成,形成了多线染色体。一般认为,核内再复制与愈伤组织的形成,事实上是培养多倍体细胞的主要来源。

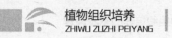

（6）单个核基因的突变

单个核基因突变的情况可能也不少，主要是因为不容易检测出来，所以报道不多。Sharp 等从 230 株番茄再生植株的自交后代中观测到 13 种隐性核基因变异，其中包括雄性不育，花梗无关节，叶浅黄色等基因突变，甚至在再生植株当代发现了纯合的花梗无关节隐性变异体。众所周知，一对等位基因同时发生突变的可能性是极小的，首先是等位基因中的一个发生了隐性突变，然后发生体细胞同源染色体联会，出现有丝分裂重组，从而产生纯合隐性突变体。总的来说，隐性核基因突变只有在自交后代中才能观察到。

（7）转座子的作用

在金鱼草等植物中曾发现过类似 McClintock 在玉米中发现的可移动基因座位。据推测，在离体培养过程中转座子可能被某种因素所激活，从而引起高频率的体细胞无性系变异。

1.5.3　培养细胞变异的应用

培养细胞在未加诱变因素的培养基中变异已增多，若人为施加诱变因素，则变异率可能提高到 $10^{-5} \sim 10^{-4}$。正是利用这一点，人们只要对培养细胞中自发产生或诱导产生的变异体加以一定的分离和选择，就可以利用变异系进行品种改良。

香蕉培养物中最常见的是株高变异体，其中巨大型只占少数，绝大多数是矮小型或极矮小型，约占所有变异的90%。这种变异应用在大蕉上可能是有价值的，如高门无性系是大蜜啥的矮化突变。此外，还发现一些花叶、假茎颜色、花序及果实的突变体等。

马铃薯赤褐布尔班克品种原生质体培养产生的植物中存在许多农艺性状的明显变异，这些性状能通过以后的块茎世代传递。如在 1 700 株植株的原始群体品系中，可以看到产量、光周期反应、生长习性、成熟期及块茎形态的改进，得到能抗致病疫霉的一些小种的 8 个品系。此外，一些马铃薯品种的原生质体植物会产生内部结构异常的块茎和叶片变异等。

以菊花花瓣为外植体，诱导愈伤组织，再从愈伤组织分化成苗，有如下变异：

①叶片变长或变短，缺刻增多、变浅。

②从短日性的秋菊变为日中性类型，开花期也比原来提早 10～15 d。

③有花色变化、花型变化和瓣形变化，其中以花型变化最多。

据报道，菊花品种金背大红的花瓣上表皮为红色，下表皮为黄色，分离其上、下表皮进行培养试验，结果得到了花瓣正面保持红色，背面则变为暗红色，或背面保持黄色，而正面变成带红晕或红斑的黄色等变异类型。

复习思考题

1.什么叫植物细胞全能性？植物细胞全能性的提出与发展完善经历了哪些过程？

2.植物细胞分化、脱分化与再分化的概念分别是什么？

3.愈伤组织是怎样形成与生长的？

4.组培植物分化成苗有哪几种类型？其成苗过程分别是怎样的？

5.植物体细胞胚胎发生有哪些途径？在植物体细胞胚胎发生过程中有哪些生理生化变化？

6.影响植物离体形态发生的因素有哪些？

7.培养细胞的所需营养有哪些？各自的生理功能是什么？

8.培养细胞的遗传变异有何运用价值？

 项目2 植物组织培养的基本技术

学习目标

1. 掌握组培室的组成及其功能、培养基的配制和无菌操作技术;
2. 理解植物组织培养对环境条件的要求;
3. 了解培养基的成分和种类;
4. 熟悉外植体的选择与处理以及常用仪器设备的使用方法。

重点

组培室的组成及功能、常用仪器设备的使用;培养基的配制;无菌操作技术;外植体的选择与处理。

难点

培养基的配制;试验材料和器具的消毒与灭菌、无菌操作技术。

植物组织培养作为一种基本的实验技术和研究手段已被广泛应用。为了确保组培工作的顺利进行,必须具备最基本的实验设备条件,熟练掌握植物离体培养的基本技术。本项目主要介绍植物组织培养实验室所需的基本设备、仪器、器械以及植物组织培养的基本技术,包括培养基的配制、外植体的选择与处理、培养条件控制、继代培养等。

任务 2.1　组培室的设计原则及主要仪器设备

2.1.1　组培室的设计原则

植物组织培养是一项对环境条件和操作技术要求严格的工作,在进行组织培养之前,要全面了解实验室的构成,以便因地制宜地利用现有房屋或新建、改建实验室。

理想的组织培养实验室应该建在安静、清洁、远离污染源的地方,最好在常年主风向的上风方向,尽量减少污染。规模化生产的组织培养实验室最好建在交通方便的地方,便于培养产品的运送。

实验室的建设需考虑两个方面的问题:一是所从事实验的性质,即是生产性还是研究性,是基本层次还是较高层次;二是实验室的规模,规模主要取决于经费和实验性质。

无论实验室的性质和规模如何,实验室设置的基本原则是:科学、高效、经济和实用。整个实验室的布局应该按照组培的操作流程来布置(图 2.1)。

总之,一个组织培养实验室必须满足 3 个基本的需要:实验准备(培养基制备、器皿洗涤、培养基和培养器皿灭菌)、无菌操作以及控制培养。此外,还可根据从事的实验要求来考虑辅助实验室及其各种附加设施,使实验室更加完善。

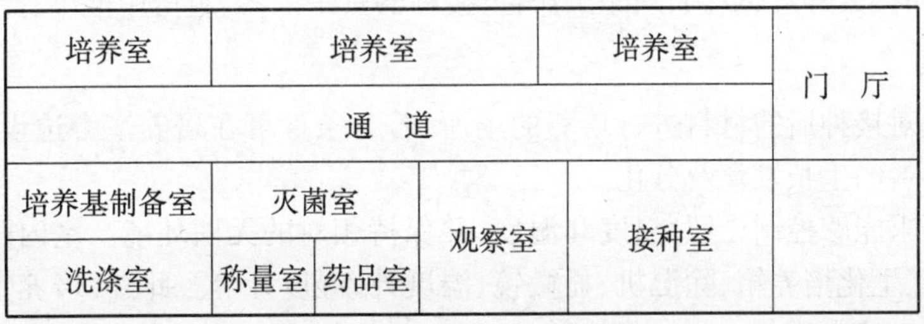

培养室	培养室	培养室	门厅
通　道			
培养基制备室	灭菌室	观察室	接种室
洗涤室	称量室　药品室		

图 2.1　组培室平面设计图

2.1.2　组培室的组成及其功能

植物组织培养实验室通常包括准备室、接种室、培养室和移栽驯化室。

1)准备室

准备室包括洗涤室、称量室、灭菌室、药品室、培养基制备室,在设置过程中可根据实际情况,合并部分或全部实验室,如将药品室和称量室合为一体。

(1)洗涤室

洗涤室主要用于玻璃器皿、实验用具的清洗和干燥、培养材料的清洗与预处理。要求房屋宽敞、排水良好、地面防滑。主要设备有:器皿柜、恒温干燥箱、水槽、搁架等。

（2）称量室

称量室用于试剂和药品的称量。要求房间干燥、密闭、避光。配有称量台、电子天平等。

（3）灭菌室

灭菌室用于培养基、操作器械、培养器皿的灭菌以及蒸馏水的制备。要求房间配有动力电源插座,通气良好。配备有水源、水槽、高压灭菌锅等。

（4）药品室

药品室主要用于各种药品试剂的存放。要求房间清洁、干燥、通风、避光。配备有药品柜、冰箱等。

（5）培养基制备室

培养基制备室用于各种溶液及培养基母液的配制与贮存、培养基的制备。要求房间宽敞明亮,可满足多人同时进行操作,室内配有电磁炉、酸度计、磁力搅拌器、水浴锅、分装器、量筒、烧杯、容量瓶、移液管等。

2）接种室

进行无菌操作的场所,主要用于接种材料的消毒、接种、试管苗的继代、原生质体的制备等。为了防止或降低进入接种室的杂菌量,常在操作间外设置缓冲间,以便更换服装。

接种室要求封闭性好,干爽安静,清洁明亮,能较长时间保持无菌;地面、天花板及四壁尽可能密闭光滑,易于清洁和消毒;配置拉动门,以减少开关门时的空气流动;为了便于消毒处理,地面及内墙壁都采用防水和耐腐蚀材料;为了保持清洁,无菌室应防止空气对流。

缓冲间要求面积 3 ~ 5 m²,应保持清洁无菌;备有鞋架和衣帽挂钩,并有清洁的实验用拖鞋、已灭菌过的工作服;墙顶用 1 ~ 2 盏紫外灯定时照射,对衣物进行灭菌。

主要设备有:紫外灯、空调、超净工作台、接种器具杀菌器、组培用推车、接种工具等。

3）培养室

培养室是对接种后的材料进行培养的场所,若有条件可在培养室旁边设立观察室,用于观察培养材料的生长发育及分化。

培养室要求能够控制光照、温度和湿度,并保持相对的无菌环境。室内配备多层培养架、空调、摇床、生化培养箱、除湿机、显微镜、温度计、湿度计等。此外,培养室的设计还应考虑充分利用自然光。

4）移栽驯化室

移栽驯化室是试管苗从室内走向田间的过渡场所,由日光温室、智能温室等组成,用于试管苗的炼苗和移栽。移栽驯化室的面积大小可根据生产规模来定,要求环境条件可调控,能够满足植物对光照、温度、水分的需求。配备的主要设备有光照调节设备、温度调节设备和喷雾装置等。

2.1.3 常用仪器、设备及其使用方法

1）无菌操作设备

无菌操作设备包括高压蒸汽灭菌锅、超净工作台、电热干燥箱、细菌过滤器、接种器具灭菌器等。

（1）高压蒸汽灭菌锅

一种密闭良好，能够承受高压的金属锅，主要用于培养基、无菌水、各种金属器械和玻璃器皿的灭菌。高压蒸汽灭菌的原理是在密闭的锅内，蒸汽不能外溢，压力不断上升，使水的沸点不断提高，从而锅内温度也随之升高。在 0.1 MPa 的压力下，锅内温度达 121 ℃。在此蒸汽温度下，可以很快杀死各种细菌及高度耐热的芽孢。

高压蒸汽灭菌锅有大型卧式、中型立式、小型手提式等多种型号，大型的效率高，小型的方便灵活。在实验室中最常用的是中型立式全自动灭菌锅（图 2.2）和小型手提式灭菌锅（图 2.3），而大型卧式高压灭菌锅主要用于工厂化植物组织培养育苗上。无论哪种形式的高压蒸汽灭菌锅，在使用前均应仔细阅读说明书，按照要求操作，以防发生意外事故。

图 2.2　立式高压灭菌锅

图 2.3　手提式高压灭菌锅

（2）超净工作台

一种提供局部无尘无菌工作环境的单向流型空气净化设备，为接种外植体提供了一个相对无菌的环境条件。超净工作台主要由鼓风机、过滤器、操作台、紫外灯和照明灯等部分组成。其工作原理是通过风机抽风，空气通过过滤器装置，滤除尘埃和各种微生物，以固定的流速从工作台面上吹出，形成无菌的高洁净工作环境。

依据气流流向的不同，超净工作台可分为：垂直气流超净工作台（图 2.4）和水平气流超净工作台（图 2.5）；依据操作人数的不同，又可分为单人工作台和双人工作台。

图 2.4　垂直气流超净工作台

图 2.5　水平气流超净工作台

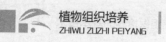

（3）电热干燥箱

电热干燥箱又称烘箱，是一种用电加热的箱内空气呈自然对流状态的干燥箱。常用于洗净后玻璃器皿的干燥，或干热灭菌和烘干。用于干燥需保持 80～100 ℃；干热灭菌时温度控制在 160 ℃保持 1～2 h；若测定干物重，则温度应控制在 80 ℃烘至完全干燥为止。

（4）细菌过滤器

有些生长调节物质、有机附加物，如吲哚乙酸、椰子汁在高温条件下易被分解破坏而丧失活性，可用细菌过滤器过滤除菌。细菌过滤器利用微孔滤膜滤掉微生物达到无菌目的，微孔滤膜的孔径有 0.22 μm 和 0.45 μm，过滤除菌时需要一套减压过滤装置或注射器过滤组件。

图2.6　接种器具消毒器

（5）接种器械灭菌器

采用干热灭菌的方式对各种接种用的剪刀、镊子等金属小器具进行灭菌，由数显控制面板、石英珠、发热层组成。工作时把温度设置到 300 ℃左右，将需要灭菌的解剖刀、解剖针、剪子和镊子等工具插入石英珠内 15 s，便可完成杀菌过程（图2.6）。

2）培养设备

（1）培养架

当采用固体培养时，为了充分利用空间，培养材料放置在培养架上，设置培养架时应考虑使用方便、节能、充分利用空间和安全可靠，架体采用金属或木材制作，隔板可用玻璃、木板、金属网等。培养架的长度根据所采用日光灯长度来定，高度以 4～5 层为宜，每层高 40 cm左右，宽度约 40 cm。

（2）光照培养箱

光照培养箱可以自动控制温度、湿度和光照条件，主要用于组培苗的培养和驯化。

（3）摇床和转床

在进行液体培养时，为了改善培养材料的通气状况，常采用摇床或转床来培养。摇床做水平往复式震荡，震荡速率为每分钟 100～120 次。转床做 360°旋转，通常植物组培用 1 r/min 的慢速转床，当采用悬浮培养时则需要用 80～100 r/min 的快速转床。

（4）除湿机和加湿器

培养室内空气湿度过高或过低均不利于植物的生长。当空气湿度过高时室内容易滋生杂菌，此时可以采用除湿机除湿；当空气湿度过低时会使培养基失水变干，可采用加湿器增湿。

3）药品贮存和配制设备

（1）天平

用于称量各种化学药品、糖类、琼脂等。天平分为托盘天平（图2.7）和电子分析天平（图2.8）两类。托盘天平精确度为 0.1 g，用于称量糖和琼脂。精确度为 0.001 的电子分析天平，用于含大量元素的药品称量。精确度为 0.000 1 的电子分析天平用于对微量元素、维生素和植物生长调节剂等用量极少的化学药品的称量。目前，一般组培实验室常用精确度为0.01的电子天平取代传统的托盘天平。天平应放置在平稳、干燥、不受振动的固定操作台上,且尽量避免移动。

图2.7　托盘天平

图2.8　电子分析天平

(2)冰箱

一般用普通冰箱即可,主要用于母液和各种需要低温保存的药品,还可用于一些植物材料的低温保存以及低温处理。

(3)酸度计

用于测定培养基的pH值,一般用小型酸度计,如笔式的,使用方便,价格便宜。若不做研究,仅用于生产,也可用pH精密试纸测定。

(4)蒸馏水器

用于制备蒸馏水,配制母液时要用蒸馏水。在进行大规模工厂化生产组培苗时,对水质要求不太高,也可用自来水代替。

4)观察分析仪器设备

(1)体视显微镜

体视显微镜又称"实体显微镜"或"解剖镜",主要用于植物组织形态分化的实体观察、植物茎尖的切取等操作。体视显微镜的放大倍数为5~80倍(图2.9)。

(2)普通光学显微镜

普通光学显微镜主要用于植物组织切片的观察,进而了解植物发育的不同阶段,如不定芽、不定根的分化过程及其他组织和器官的分化等。

图2.9　体视显微镜

(3)电子显微镜

植物组织培养中用得较少,可用于细胞内各种细胞器的观察以及脱毒苗的病毒检测等。

5)其他仪器设备

(1)离心机

在细胞或花粉培养中,离心机用于进行细胞分离、收集细胞和去除杂质。组培室中一般配置低速大容量离心机即可满足需求,但进行分子生物学实验时则需要高速冷冻离

心机。

（2）分装设备

分装设备是进行培养基定容、分装的容器或设备。组培实验室用搪瓷缸盛满熬制好的培养基，通过玻璃棒引流进行分装。在大规模生产中，培养基的分装可使用全自动灌装机来完成。

除此之外，三角瓶、培养皿等一些培养器皿以及水浴锅、电磁炉、磁力搅拌器、酶标仪、医用小推车等也是植物组织培养中所需的。

任务 2.2　培养基及其配制

培养基是植物组织培养的物质基础，也是组培能否获得成功的重要因素之一。植物组织培养成功与否，除培养材料本身的因素外，在很大程度上取决于对培养基的选择。培养基的种类和成分直接影响到培养材料的生长和分化，因此应根据培养植物的种类和部位选择适宜的培养基。

2.2.1　培养基的成分

培养基是人工配制的、满足植物材料生长繁殖或积累代谢产物的营养基质。培养基可分为固体培养基和液体培养基，二者的区别在于是否添加凝固剂。培养基的构成要素通常包括水分、碳源、无机盐类、有机营养成分、植物生长调节剂、pH 值、凝固剂和其他物质。

1）水分

水分是植物原生质体的主要构成部分，也是一切代谢活动的介质，在植物的生命活动中必不可少。配制培养基母液时，为了保持母液成分的精确性，防止贮藏过程中发生霉变，应采用蒸馏水或去离子水。在教学和科研中，常用蒸馏水来配制培养基。而在大规模工厂化育苗中，为了降低生产成本，有时也可用高质量的自来水代替蒸馏水。

2）碳源

培养基中添加的碳源有蔗糖、葡萄糖、果糖和麦芽糖等，以蔗糖的使用频率最高，其浓度一般为 2%～3%。在大规模工厂化生产中，为降低生产成本，可用市售的白砂糖代替蔗糖。

3）无机盐类

无机盐类是植物生长发育所必需的，根据植物需要量的多少，将其分为大量元素和微量元素。

（1）大量元素

指浓度大于 0.5 mmol/L 的元素，主要包括氮、磷、钾、钙、镁和硫 6 种。

（2）微量元素

指浓度小于 0.5 mmol/L 的元素，包括 Fe、Mn、B、Cu、Zn、Mo、Co 等。

4) 有机营养成分

（1）维生素类

在培养基中常添加的有维生素 B_1（盐酸硫胺素）、维生素 B_6（盐酸吡哆醇）、维生素 C（抗坏血酸）、烟酸和生物素等，一般用量为 $0.1 \sim 1$ mmol/L。

（2）氨基酸类

常用的氨基酸有甘氨酸（Gly）、酪氨酸（Tyr）、谷氨酰胺（Asn）等，一般用量为 $1 \sim 3$ mg/L。

（3）肌醇

一般用量为 $50 \sim 100$ mg/L。

（4）天然有机添加物

一般种类和用量为椰子汁（$100 \sim 150$ mg/L）、酵母提取物（$0.01\% \sim 0.5\%$）、番茄汁（$5\% \sim 10\%$）、香蕉泥（$100 \sim 200$ mg/L）。

5) 植物生长调节剂

（1）生长素

在植物组织培养中常用的生长素有萘乙酸（NAA）、吲哚乙酸（IAA）、吲哚丁酸（IBA）、2,4-D（2,4-二氯苯氧乙酸）等，其活性强弱依次为 2,4-D > NAA > IBA > IAA。生长素使用浓度一般为 $0.1 \sim 5$ mg/L。IAA 是天然存在的生长素，不稳定，在高温高压条件下易被破坏，受光也易分解，应置于棕色瓶中低温保存。NAA、IBA、2,4-D 均为人工合成，其化学性质稳定。

（2）细胞分裂素

常用的细胞分裂素有 6-苄氨基腺嘌呤（6-BA）、2-iP（异戊烯氨基嘌呤）、激动素（KT）、噻重氮苯基脲（TDZ）等，其活性强弱依次为：TDZ > 2-iP > 6-BA > KT。细胞分裂素使用浓度一般为 $0.1 \sim 10$ mg/L。

（3）赤霉素

赤霉素有很多种，在植物组织培养中常使用的是 GA_3。赤霉素在培养基中很少添加，使用时需慎重，如果想在实验中添加赤霉素，则必须先做预实验，待获得肯定结果后再用于正式实验。

此外，脱落酸（ABA）、矮壮素（CCC）、多效唑（PP_{333}）等在植物组织培养中也使用。

6) pH 值

培养基的 pH 因培养材料不同而异，大多数植物都要求在 pH $5.6 \sim 5.8$ 的条件下进行组织培养。实验中常用 1 mol/L 的 NaOH 和 HCl 来调节培养基的 pH。需要注意的是，培养基经高温高压灭菌后，pH 会下降 $0.2 \sim 0.4$，故调整后的 pH 应比目标 pH 高 0.3 左右。

7) 凝固剂

在配制固体培养基时，需要使用凝固剂，常用的凝固剂是琼脂，一般用量为 $4 \sim 10$ g/L，质量越差的琼脂用量越大。

8) 其他物质

为了减少外植体的褐化，常在培养基中添加一些防止培养物褐化的物质，如活性炭（AC）、抗坏血酸（维生素C）、聚乙烯吡咯烷酮（PVP）等。此外，有些培养材料含有内生菌，在培养过程中易发生污染，常在培养基中添加一些抗生素类物质，如链霉素、青霉素、氯霉素等。

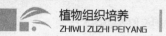

2.2.2 常用培养基的配方及特点

1)常用培养基的配方

迄今为止,世界上报道的基本培养基配方有很多种,常用的主要有 MS、N_6、White、B_5 等配方,详见表2.1。

表 2.1　植物组织培养常用的基本培养基配方　　（单位:mg/L）

化学物质 / 培养基组成	MS	White	B_5	N_6	Miller	SH
NH_4NO_3	1 650	—	—	—	1 000	—
KNO_3	1 900	80	2 500	2 830	1 000	2 500
$(NH_4)_2SO_4$	—	—	134	463	—	—
$CaCl_2 \cdot 2H_2O$	440	—	150	166	—	200
$Ca(NO_3)_2 \cdot 4H_2O$	—	300	—	—	347	—
$MgSO_4 \cdot 7H_2O$	370	720	250	185	35	400
KH_2PO_4	170	—	—	400	300	—
$NH_4H_2PO_4$	—	—	—	—	—	300
NaH_2PO_4	—	16.5	150	—	—	—
$Ca(PO_4)_2$	—	—	—	—	—	—
KCl	—	65	—	—	65	—
Na_2SO_4	—	200	—	—	—	—
$FeSO_4 \cdot 7H_2O$	27.8	—	27.8	27.8	—	20
$Na_2\text{-EDTA}$	37.3	—	37.3	37.3	—	15
NaFe-EDTA	—	—	—	—	32	—
$MnSO_4 \cdot 4H_2O$	22.3	7	10	4.4	4.4	10
$ZnSO_4 \cdot 7H_2O$	8.6	3	2	1.5	1.5	1
$CoCl_2 \cdot 6H_2O$	0.025	—	0.025	—	—	0.1
$CuSO_4 \cdot 5H_2O$	0.025	0.001	0.025	—	—	0.2
$Na_2MoO_4 \cdot 2H_2O$	0.25	—	0.25	—	—	—
$Fe_2(SO_4)_3$	—	2.5	—	—	—	—
H_3BO_3	6.2	1.5	3	0.8	—	5
KI	0.83	—	0.75	1.6	1.6	1
TiO_2	—	—	—	—	0.8	—

注:无机物质

续表

化学物质	培养基组成	MS	White	B₅	N₆	Miller	SH
有机物质	肌醇	100	100	100	—	—	100
	盐酸吡哆醇	0.5	0.1	1	0.5	—	5
	盐酸硫胺素	0.1	0.1	10	1	—	0.5
	烟酸	0.5	0.3	1	0.5	—	5
	甘氨酸	2	3	—	2	—	—

2）几种常用培养基的特点

（1）MS 培养基

1962 年 Murashige 和 Skoog 为培养烟草材料而设计的。特点是无机盐的浓度高，具有高含量的氮、钾，尤其硝酸盐的含量很大，同时含有一定数量的铵盐。营养丰富，能加速愈伤组织和培养物的生长，是目前应用最广泛的培养基。

（2）White 培养基

White 培养基又称 WH 培养基，1943 年设计，1963 年改良。特点是无机盐浓度较低。使用也很广泛，常用于生根和胚胎培养。

（3）N₆ 培养基

1974 年我国学者朱至清等为水稻等谷物花药培养设计的。特点是成分简单，KNO_3 和 $(NH_4)_2SO_4$ 含量高且不含钼。在国内已广泛用于小麦、水稻及其他植物的花药培养和组织培养。

（4）B₅ 培养基

1968 年由 Gamborg 等设计的。其主要特点是含有较低的铵盐，较高的硝酸盐和盐酸硫胺素。铵盐可能对不少培养物的生长有抑制作用，但却更适合于某些植物，如双子叶植物特别是木本植物的生长。

（5）SH 培养基

1972 年由 Schenk 和 Hildebrandt 设计的。主要特点与 B₅ 培养基相似，不用 $(NH_4)_2SO_4$ 而用 $(NH_4)H_2PO_4$，是矿质盐浓度比较高的培养基。在不少单子叶植物和双子叶植物中使用效果很好。

（6）Miller 培养基

与 MS 培养基比较，Miller 培养基中无机元素用量减少了 1/3～1/2，微量元素种类减少，无肌醇。多用于花药培养。

2.2.3 培养基的配制

1）培养基母液的配制

（1）基本培养基母液

为了提高配制培养基的工作效率和减少多次称量的人为误差，一般将基本培养基配制

成 10~200 倍的浓缩贮备液,即母液,存放于冰箱中,使用时按一定比例稀释混合。

在配制母液时,应尽量把 Ca^{2+} 和 SO_4^{2-}、PO_4^{3-} 放在不同母液种,避免发生沉淀。通常基本培养基的母液有 4 种:大量元素母液、微量元素母液、铁盐母液、有机物母液。

(2)植物生长调节剂母液

各种植物生长调节剂要单独配制,不能混合在一起。生长素类一般先用少量95%酒精或 1 mol/L NaOH 溶解,再用蒸馏水定容到一定体积;细胞分裂素类一般先用 1 mol/L HCl 溶解后,再用蒸馏水定容到一定体积。其浓度一般配成 0.1 mg/L 或 0.5 mg/L,一次配制 50 ml 或 100 ml,置于 2~4 ℃冰箱中避光保存。

配制好的母液瓶上应分别贴标签,注明母液名称、配制倍数、日期。

2)培养基的配制程序

①根据培养目的确定培养基配方和配制量。

②取出各种培养基母液并按顺序放好。将各种洁净的玻璃器皿如量筒、培养瓶、吸管、玻璃棒、移液管等放在相应位置,备用。

③用量筒量取培养基容积 1/3 或 1/2 的蒸馏水,倒入有刻度的搪瓷缸中,将培养基母液按照顺序依次倒入,并不断搅拌。

④用移液管或移液枪移取植物生长调节剂并加入搪瓷缸中。

⑤加入称量好的蔗糖和琼脂,加热煮沸使其完全溶化。

⑥定容。向搪瓷缸中加入蒸馏水,定容至培养基最终容积。

⑦调整 pH。用酸度计或精密 pH 试纸测试培养基酸碱度。若培养基偏酸性,就用 1 mol/L NaOH 来调节;若培养基偏碱性,则用 1 mol/L HCl 来调节。

⑧分装。将培养基分装到培养瓶中,分装时注意不要将培养基沾到瓶壁或瓶口上,以免引起污染,最后封好瓶口。

2.2.4 培养基的灭菌

分装后的培养基封口后应尽快进行高压蒸汽灭菌。具体做法是:首先检查高压灭菌锅内是否有足够量的水,如果水量不够,添加蒸馏水或去离子水。然后将需要灭菌的器皿、培养基等放入锅内,不要装得太满,以不超过高压灭菌锅容积的 3/4 为宜,拧紧锅盖即可开始加热。当灭菌锅上的压力指针达到 0.05 MPa 时,关闭电源,打开排气阀放气,直至压力指针恢复到 0 MPa。关闭排气阀,继续加热,当压力指针达到 0.1 MPa 时开始计时,使培养基在 0.1~0.15 MPa、121 ℃下保持 15~20 min 即可。灭菌后应切断电源,锅内的压力为"0"时,方可开锅取出培养基。

使用高压蒸汽灭菌锅时需注意以下几点:

①培养瓶在高压蒸汽灭菌锅中不能过度倾斜,以免培养基粘到瓶口或流出。

②增加压力前高压蒸汽灭菌锅内的冷空气必须排尽,否则虽然压力能够达到要求,但温度达不到相应压力下所对应的温度,而且锅内升温不均匀,影响灭菌效果。

③在高压蒸汽灭菌过程中,应尽量保持压力恒定,严格遵守灭菌时间,压力过高或时间过长均会使培养基中的一些化学成分被破坏分解,影响培养基的有效成分,同时也易使培养基 pH 值发生较大幅度的变化;压力过低或时间过短则达不到灭菌效果。

④排气降压的过程应缓慢进行,否则会引起锅内培养基因压力减小而沸腾,导致溢出。

⑤只有待高压锅压力表指针恢复到零后,才能开启压力锅,以免发生危险。

⑥高压锅在工作过程中,应有专人看守,如发现异常情况,应及时采取措施,以免发生安全事故。

为使培养基灭菌更加安全可靠,可采用操作方便的智能型蒸汽灭菌锅,只需按要求设定所需灭菌的时间和温度,就能自动完成整个灭菌程序。

某些生长调节物质具有热不稳定性,如 IAA、GA_3 等不能进行高压灭菌,需采用过滤灭菌,然后将灭菌后的药液加入到经过高压灭菌后的培养基中,整个操作过程必须在无菌环境下完成。

灭菌后的培养基应低温保存,通常在 1~2 周内用完,以免失去水分变得干燥后影响培养效果。

任务 2.3　无菌技术

2.3.1　培养室和接种室的灭菌

培养室和接种室的灭菌包括空气、墙壁和地面的灭菌,对于室内空气的灭菌可以通过紫外线照射、药物熏蒸等;对于室内墙壁和地面的灭菌可以利用酒精、来苏儿、新洁尔灭等药液。

1)紫外线灭菌

紫外线灭菌是指用紫外线(能量)照射杀灭微生物的方法。紫外线不仅能使核酸蛋白变性,而且能使空气中氧气产生微量臭氧,从而达到共同杀菌作用。

紫外线的波长为 200~300 nm,其中以 260 nm 的杀菌能力最强,但是紫外线的穿透能力很弱,只适于空气和物体表面的灭菌,且要求距照射物以不超过 1.2 m 为宜。紫外线照射时间一般为 20~30 min。

2)熏蒸灭菌

熏蒸灭菌是指用加热焚烧、氧化等方法,使化学药剂变为气体状态扩散到空气中,以杀死空气和物体表面的微生物。培养室和接种室多采用甲醛和高锰酸钾进行熏蒸,配方为每立方米空间用甲醛 10 ml 加高锰酸钾 5 g,方法是在房子中央放一只大烧杯,将称好的高锰酸钾放入缸内,再缓缓倒入甲醛,然后人立即离开,关好门窗,密闭 24 h。

桌面、墙面、地面等可用一些药剂涂擦、喷雾灭菌。如用 75% 酒精反复涂擦灭菌,2%~3% 来苏儿溶液和 0.25%~1% 新洁尔灭也可用于灭菌。

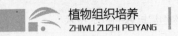
2.3.2 试验材料和器具的消毒与灭菌

1）试验材料的消毒

植物组织培养所用的材料大部分取自田间或温室,有的是地上部,而有的是地下部,带有大量的细菌和真菌。因此,通过化学药剂除去植物材料上的各种杂菌是植物组织培养一个关键环节。在选择植物材料时,应尽量选择带杂菌少的器官或组织,降低试验过程中材料的污染率。

（1）常用的化学消毒剂

在对试验材料消毒时要根据材料的大小、幼嫩程度、质地等选择适宜的消毒剂种类、浓度和消毒时间,通常在正式试验之前需要做摸索试验,找出既可以最大限度地杀死材料上的杂菌,而又对材料损伤最小的消毒剂和消毒时间。常用化学消毒剂的使用方法见表2.2。

表2.2　常用表面消毒剂的使用浓度及效果比较

消毒剂	使用浓度	持续时间/min	去除的难易程度	消毒效果
次氯酸钠	2%	5～30	易	很好
次氯酸钙	9%～10%	5～30	易	很好
过氧化氢（双氧水）	10%～12%	5～15	最易	好
氯化汞（升汞）	0.1%～1%	2～15	较难	最好
乙醇	70%～75%	0.2～2	易	好
新洁尔灭	0.5%	30	易	很好
抗生素	4～50 mg/L	30～60	中	比较好

（2）几种典型试验材料的消毒方法

①茎段和叶片的消毒:植物的茎、叶多暴露于空气中,易受泥土中的杂菌污染,消毒前需经自来水较长时间的冲洗,特别是一些多年生的木本材料,冲洗后还要用沾有肥皂粉或洗洁精的软毛刷进行刷洗。消毒时先用75%酒精浸泡10～30 s,无菌水冲洗2～3次,根据材料的不同,分别采用2%次氯酸钠溶液浸泡10～15 min或0.1%升汞浸泡6～10 min。若材料表面有茸毛或凹凸不平,最好在消毒液中加入几滴吐温,作用是使药剂更易于展布,更容易浸润到灭菌的材料表面,最后再用无菌水冲洗4～5次。

②果实和种子的消毒:视果实和种子的清洁程度,先用自来水冲洗10～20 min,或更长,再用75%酒精迅速漂洗一次。果实用2%次氯酸钠溶液浸泡10 min,然后用无菌水冲洗2～3次,就可取出果实内的种子或组织进行培养。种子先用10%次氯酸钠溶液浸泡20～30 min,对难以消毒的还可用0.1%升汞浸泡5～10 min。

③花药的消毒:用于组织培养的花药,事实上多未成熟,由于其表面有花萼、花瓣或颖片保护,基本上处于无菌状态,故只需将整个花蕾或幼穗消毒即可。一般用75%酒精浸泡数秒,然后用无菌水冲洗2～3次,再用0.1%升汞消毒5～10 min,经无菌水冲洗2～3次即可接种。

根及地下部器官的消毒与茎段、叶片的消毒类似。

2）器具的灭菌

（1）玻璃器皿的灭菌

可以采用干热灭菌，也可采用湿热灭菌。

①干热灭菌：指用高温干热空气灭菌的方法。具体做法是将洗干净晾干后的培养皿、培养瓶、三角瓶、吸管等玻璃器皿用锡箔纸包好放进电热烘箱内，在160～170 ℃条件下，持续1～2 h，便可达到灭菌目的。需要注意的是，待灭菌的物品不应在烘箱内摆得太满，避免妨碍空气流通，造成烘箱内温度不均匀，影响灭菌效果。灭菌结束后不要立即把烘箱门打开，应待温度降至50 ℃左右时再开门，或直接将玻璃器皿存放在烘箱中待用。

②湿热灭菌法：又称蒸汽灭菌法，具体做法是将玻璃器皿用纸包裹好，放入高压蒸汽灭菌锅中，在121 ℃、0.1 MPa条件下，持续20～30 min，即能达到完全灭菌的目的。

（2）金属器械的灭菌

用于无菌操作的镊子、解剖刀、解剖针等用具除采用高压蒸汽灭菌外，在接种过程中还常采用灼烧灭菌。具体做法是将镊子、解剖刀等从浸入的95%酒精中取出，置于酒精灯火焰上灼烧，借助酒精瞬间燃烧产生高热来达到杀菌的目的。

（3）其他器具的灭菌

工作人员穿戴的工作服、口罩等布质品可以采用湿热灭菌，在压力为0.1 MPa、温度为121 ℃的条件下，灭菌20～30 min。乳胶手套可用75%酒精反复涂擦表面灭菌。注意布质制品绝对不能干热灭菌。

2.3.3　无菌操作要求

①接种室要严格进行空间消毒，保持定期用1%～3%的高锰酸钾溶液对设备、墙壁、地板等进行擦洗。

②工作人员进入接种室前双手必须进行消毒，先用水和肥皂洗涤，操作前再用75%酒精擦试，操作时双手不能随便接触未经消毒的东西。

③操作人员穿着的工作服、帽子、口罩等，在经过清洗和晾晒后，用纸包好经高压蒸汽灭菌后方可使用。

④在进行无菌操作过程中，工作人员严禁不必要的谈话和咳嗽，同时还要尽量减少相关人员在接种室内的走动。

⑤操作期间尽量把所用的器皿盖子盖好，另外接种用到的刀、剪、镊子等用具，一般在使用前都应插入接种器具杀菌器或浸泡在75%酒精中，用时再在火焰上反复灼烧，待冷却后使用，以免烫伤植物材料。使用过后的接种器具仍然插入接种器具杀菌器或浸泡在盛有酒精的瓶中，等待下一次使用。

⑥工作结束后应及时取出接种材料，然后清理台面，再用75%酒精擦拭超净工作台或打开紫外灯照射半小时。

2.3.4 无菌操作技术

无菌操作技术水平的高低直接影响到组织培养能否获得成功,整个无菌操作过程可以分为3部分:操作前的准备工作、操作中的技术和操作后的整理工作。现将常用于植物组织培养工作中的无菌操作程序做如下介绍:

①先用75%酒精认真擦拭超净工作台面,将初步洗涤及切割好的植物材料放入广口瓶中,置于超净工作台上,另外,接种工具、酒精灯、培养基等依次摆放到超净工作台适当的位置。

②打开超净工作台和无菌操作室的紫外灯照射30 min后关闭,接着开启超净工作台上的风机,使无菌风吹拂工作台面及四周的台壁。

③用肥皂水清洗手臂,特别是要注意指甲内的清洗,清洗干净后进入缓冲间,在缓冲间内换上灭过菌的工作服、帽子、口罩和拖鞋,进入接种室。

④用75%酒精棉球擦拭双手及小臂,用蘸有75%酒精的纱布擦拭装有培养基的培养器皿外壁。

⑤点燃酒精灯,把解剖刀、剪刀、镊子等器械浸泡在95%酒精中,然后在酒精灯火焰上灼烧灭菌后,放置在器械架上冷却待用(器械架事先要用75%酒精擦拭)。

⑥外植体的消毒要根据外植体的类型,选择合适的消毒剂和消毒时间。

⑦外植体的分离和接种(具体操作见任务2.4)。

⑧接种结束后清理超净工作台上的废弃物,并用75%酒精擦拭工作台面,在培养器皿外壁上用记号笔做好标记,注明植物名称、接种日期等。接种后的培养材料及时移入培养室或培养箱中培养。

总之,要仔细理解并牢固树立"无菌"的概念,时时处处严格执行无菌操作技术要领,方能降低材料的污染率,获得理想的接种效果。

任务2.4 外植体的选择及接种

外植体是指在植物组织培养中,从活体植物上切取下来的根、茎、叶、花、果实、种子等器官及各种组织和细胞。

2.4.1 外植体的类型

外植体可以分为带芽外植体和由分化组织构成的外植体两种类型。

1)带芽外植体

植物的顶芽、腋芽等带芽外植体非常适合作植物离体培养的材料,这类外植体产生植株的成功率很高,且很少发生变异,容易保持母本材料的优良特性。

2) 由分化组织构成的外植体

由分化组织构成的外植体包括茎段、叶片、根、花茎、花瓣、胚珠、花粉、果实等,这类外植体在组织培养中常常要经过愈伤组织途径再分化出芽或胚状体,形成再生植株,因此由这类外植体形成的后代有可能存在变异。

2.4.2 外植体的选择

根据植物细胞全能性学说,每个植物细胞都含有全套遗传信息,在适宜的外界条件下,具有形成完整植株的能力。因此植物体的各个器官、组织、细胞都可以作为外植体。但在实际组织培养过程中,需要对外植体进行选择,因为不同来源的外植体,其细胞的再生能力并不相同,所以进行组织培养时要选择那些容易再分化形成新植株的外植体作为培养材料。

1) 选择优良的种质及母株

无论是离体培养繁殖种苗,还是进行生物技术研究,都要选择具有优良性状、特殊的基因型和生长健壮的无病虫害植株作为培养材料。尤其是进行离体快繁,只有选取优良的种质和基因型,离体培养出来的种苗才有意义,才能转化成商品;另外,生长健壮无病虫害的植株及器官或组织代谢旺盛,再生能力强,培养后容易获得成功。

2) 选择适当的时期

选择培养材料时,要考虑植物的生长季节和生长发育阶段,对大多数植物而言,应在其开始生长或生长旺季采样,此时材料内源激素含量高,容易分化,不仅成活率高,而且生长速度快,增殖率高。若在生长末期或已进入休眠期时采样,则外植体可能对诱导反应迟钝或无反应。花药培养应在花粉发育到单核靠边期取材,这时比较容易形成愈伤组织。

3) 外植体的大小

培养材料的大小应根据植物种类、器官和培养目的来确定。通常情况下,快速繁殖时叶片、花瓣等面积为 5 mm^2,其他培养材料的大小为 0.5~1 cm。如果是脱毒培养的材料,则应更小,一般为 0.2~0.3 mm,材料太大,不易彻底消毒,污染率高;材料太小,多形成愈伤组织,甚至难以成活。

4) 外植体来源要丰富

为了建立一个高效而稳定的植物组织离体培养体系,往往需要反复实验,并要求实验结果具有可重复性。因此,就需要外植体材料来源丰富且容易获得。

5) 外植体灭菌要容易

在选择外植体时,应尽量选取带杂菌少的组织,降低培养中的杂菌污染率。一般来说,消毒的难易程度为地上组织较地下组织容易,一年生组织较多年生组织容易,幼嫩组织较老龄和受伤组织容易。

2.4.3 外植体的接种与培养

1) 外植体的接种

接种是把无菌培养物或经过表面消毒后的植物材料切割或分离出的器官、组织、细胞,转移到无菌培养基上的全部操作过程。整个接种过程均须在无菌条件下进行,操作过程中引起的污染,主要是由空气中的细菌和工作人员本身造成的。因此,除接种室空气消毒外,应特别注意防止工作人员本身引起的污染。

(1)接种前的准备工作

操作人员需穿上经过消毒的白色工作服,戴口罩,换拖鞋。进入接种室后,在进行操作之前工作人员的双手要用75%酒精棉球擦拭消毒。

(2)外植体的切割和分离

打开无菌纸包装,用镊子取出无菌纸,将消过毒的植物材料置于无菌纸上,然后左手拿解剖刀,右手拿镊子,进行适当的切割。注意刀和镊子每使用片刻就应擦干净放入95%酒精中,并在酒精灯上灼烧,放凉备用,为了提高工作效率,常用两把交换使用。

(3)接种

具体操作是在酒精灯无菌区域内,左手拿培养瓶,轻轻取下封口膜。将培养瓶口部靠近酒精灯火焰,瓶口倾斜,避免空气中的微生物落入瓶中,将瓶口在火焰上燎数秒,使灰尘、杂菌等固定在原处,然后用右手拿镊子夹一块外植体材料轻轻送入培养瓶内,插在培养基表面,注意材料的生物学上端向上放置。材料在培养瓶中要保持一定的距离,以保证必要的营养面积和光照条件,最后用封口膜将培养瓶包扎好。整个接种工作结束后,用记号笔做好标记,注明植物名称、接种日期等。

2) 外植体的培养

培养是指在人工控制的环境条件下,使离体植物材料生长、脱分化形成愈伤组织或进一步分化形成再生植株,以及产生代谢产物的过程。外植体的培养方法有两种类型:固体培养和液体培养。

(1)固体培养

固体培养是用含凝固剂的固体培养基来培养植物材料的方法。最常用的凝固剂是琼脂,使用浓度为0.6%~1%。固体培养的最大优点是简单、方便,便于观察培养物的生长情况,是目前最常见的培养方法。缺点是:

①只有外植体的底部表面接触培养基吸收营养,影响外植体的生长速度。

②外植体插入培养基后,气体交换不畅,同时代谢产生的有害物质在局部逐渐积累,影响外植体的正常生长。

③植物组织受光不均匀,细胞群生长不一致。

(2)液体培养

液体培养是用液体培养基培养植物材料的技术。该方法的优点是外植体和培养基完全接触,能充分利用培养基中的营养物质,可用于单细胞或由少数细胞构成的细胞块的培养和原生质体的培养,或以迅速得到大量培养细胞为目的的培养等方面。不足之处是需要购置摇床或发酵罐等设备,因为液体培养主要通过搅动或震动培养液的方式确保氧气的供给。

任务2.5　培养条件

与自然生长的植物一样,组织培养的植物材料也受各种环境因素的影响,如光照、温度、湿度、气体、季节、pH值等。

2.5.1　光照

光照是组织培养中的重要外界条件之一,它对外植体生长和分化有很大的影响。光照对组织培养的影响主要表现在光周期、光照强度和光质3个方面。

1)光周期

光周期是指一天中日出至日落的时数或指一天中明暗交替的时数。在植物组织培养中,光周期在植物的形态建成方面的效应,依不同植物种类而有所不同。许多植物对光周期是敏感的,通常选择一定的光周期来进行组织培养,一般要求每天光照12～16 h。而对光周期不敏感的植物,在不同的光周期下均能较好的分化、增殖和生根。如在葡萄茎段培养中,对日照长度敏感的品种只有在短日照下才能形成根,而对日照长度不敏感的品种,在不同光周期下均可以形成根。

2)光照强度

离体培养条件下,植物所需的光照强度一般为1 000～4 000 lx。光照强度对培养材料的增殖、器官的分化及胚状体的形成都有重要影响。不同植物及同一植物的不同发育阶段对光照强度的要求不同。在诱导细胞分化和器官形成时,一般不需要很强的光照,1 000～2 000 lx的光照强度即可满足培养材料的生长;而在增殖和生根阶段,需要增强光照,一般在2 000～4 000 lx,这主要是为了提高试管苗出瓶移栽时的成活率。一般来说,光照强度较强,幼苗生长的粗壮,而光照强度较弱,幼苗容易徒长。

3)光质

光质对愈伤组织的诱导、培养组织的增殖以及器官的分化都有明显的影响。如百合珠芽在红光下培养,8 d后开始分化出愈伤组织,但在蓝光下培养,几周后才出现愈伤组织。而唐菖蒲子球块接种15 d后,在蓝光下培养首先出现芽,形成的幼苗生长旺盛,而白光下幼苗纤细。可见,不同的植物对不同波长的光质反应有所差异,可能与植物组织中光敏色素有关。在植物组织培养中,应针对不同的植物种类、不同的培养阶段、不同的培养目的,选用合适的光质照明。

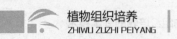
2.5.2 温度

温度是影响植物组织培养能否成功的重要因素,在最适宜的温度下外植体才能很好地生长和分化。大多数植物组织培养都是在 23 ~ 27 ℃进行,一般采用(25 ±2)℃。

1)植物组织培养中的温度设定原则

温度设定主要依据植物种的起源和生态类型来确定。根据起源地温度的高低不同将植物分为喜温性和喜凉性两大类。喜温性植物培养温度一般设定为 26 ~ 28 ℃比较适宜。喜凉性植物通常培养温度设定在 18 ~ 22 ℃或 <25 ℃较为适宜。

当培养温度低于 15 ℃或高于 35 ℃时,对植物细胞的分裂和分化均不利。一般来说,在细胞脱分化阶段(诱导期)和愈伤组织增殖期(分裂期),温度要求高一些,而在器官发生阶段(分化期)则要求低一些。

2)培养周期中的昼夜温差

目前,在进行器官和细胞培养时,多数植物种均采用恒温培养。国内有关小麦、水稻花药培养温度试验报道认为:在诱导花药形成愈伤组织时,昼夜恒温较好;在器官分化时,昼夜具有一定温差较好,分化出的小植株也较健壮。另外,昼夜温差还可以缓解试管苗的玻璃化现象,如在红瑞木的组织培养与快速繁殖中,对试管苗进行变温处理,即在昼夜温差为 9 ~ 11 ℃的条件下培养,可以有效缓解试管苗的玻璃化问题。

3)低温预处理

花药离体培养前,先进行低温预处理,可以促进植物细胞脱分化和再分化,已成为一项有效的诱导措施。

2.5.3 湿度

植物组织培养中的湿度包括两个方面:培养容器内湿度和培养室湿度。

(1)容器内湿度

主要受培养基水分含量和封口材料的影响,前者又受琼脂含量的影响。在冬季应适当减少琼脂用量,否则,将使培养基干硬,以致不利于外植体接触或插进培养基,导致生长发育受阻。封口材料直接影响容器内湿度情况,但封闭性较高的封口材料易引起透气性受阻,也会导致植物生长发育受影响。

(2)培养室湿度

随季节而有很大变动,可以影响到培养基的水分蒸发,一般来说培养室的相对湿度应保持在 70% ~ 80%。培养室内的湿度过高或过低都不利于培养物的生长,过低会造成培养基失水,从而改变各种营养成分的浓度,使培养基的渗透压升高,影响培养物的生长和分化;过高则会造成杂菌滋生,导致大量污染。当培养室湿度过高时可用除湿机降湿,过低时可向地面喷水或借助加湿器增湿。

2.5.4　气体

植物组织培养中,外植体要进行呼吸作用,因此氧气是必需的,瓶盖封闭时要考虑通气问题,可选用附有滤气膜的封口材料。通气最好的是棉塞封闭瓶口,但棉塞容易使培养基干燥,夏季易引起污染。采用固体培养外植体时,注意不要将外植体全部插入培养基内,以免材料因缺氧而窒息死亡;采用液体培养时,可以通过调节振荡的次数和振幅等来解决氧气供应问题。

此外,培养基经高压灭菌后,瓶中可能会产生乙烯,在培养过程中,培养物本身也会释放乙烯。高浓度的乙烯对正常的形态建成是不利的,会阻碍培养物的生长,甚至会对培养物有毒害。

2.5.5　其他

1) pH 值

培养基的 pH 值大多在 5.0~6.5,一般培养基皆要求 5.8。不同的植物种类对培养基最适 pH 的要求也不同,如杜鹃为 4.0、月季为 5.8、蚕豆为 5.5、桃为 7.0、葡萄为 5.7。如果pH 不适则直接影响外植体对营养物质的吸收,进而影响到外植体的脱分化、增殖和器官形成。一般来说,当 pH 高于 6.5 时,培养基会变硬;pH 低于 5.0 时,琼脂便不能很好地凝固,因为高温灭菌会使 pH 降低 0.2~0.3 个单位,因此,在配制培养基时常在目标 pH 的基础上提高 0.2~0.3 个单位。

2) 渗透压

培养基的渗透压影响植物组织的生长和分化。培养基中由于添加了盐类、蔗糖等化合物,会引起渗透压的改变。培养细胞是通过细胞渗透来吸取营养物质的,当培养材料和培养基之间处于等渗时,或培养材料的渗透压略低于培养基渗透压时,培养材料才可能从培养基中吸取养分和水分,否则培养材料将无法从培养基中吸取养分。

培养基各物质中,糖类对渗透压起决定性作用,因此调节渗透压往往从调节糖浓度着手。培养基中添加最普遍的是蔗糖,也可以用葡萄糖和果糖。不同种植物细胞脱分化和再分化所需糖的浓度不同,多数植物适宜的糖浓度为 2%~6%。此外,培养目的不同要求糖浓度也不同,诱导器官脱分化形成愈伤组织时,要求的糖浓度为 3%~6%;诱导愈伤组织分化芽时要求糖浓度为 3%~6%;诱导愈伤组织分化根时,则要求糖浓度为 2%~3%。

任务2.6　试管苗的驯化与移栽

试管苗移栽是组织培养过程的重要环节,倘若这个工作环节做不好,就会前功尽弃,试管苗在生理、形态等方面都与自然条件下生长的小苗有很大的差异,因此必须进行炼苗,通

过控水、减肥、增光、降温等措施,使之逐渐适应外界环境,从而使其生理、形态、组织上发生相应的变化,使之适应自然环境,才能确保试管苗移栽成功。

2.6.1 试管苗的驯化

为了使试管苗适应移栽后的环境并进行自养,必须有一个逐步锻炼和适应的过程,这个过程叫驯化或炼苗。炼苗的目的在于加强试管苗对外界环境条件的适应,提高其光合作用的能力,促使其健壮生长,最终达到提高其移栽成活率的目的。

1)试管苗的生态环境

试管苗长期生活在密闭容器中,形成独特的生态系统,与外界环境相比,有四大差异。

(1)恒温

试管苗整个生长过程中采用的是恒温培养,温差很小,并且温度一般控制在(25 ± 2)℃。而外界环境条件不断变化,其调节由太阳辐射决定,温差很大。

(2)高湿

试管内水分移动途径有两条:一是试管苗水分从气孔蒸腾;二是培养基水分向外蒸发,凝结后又进入培养基。水分移动循环造成瓶内空气相对湿度接近100%,远远大于瓶外的空气湿度。

(3)弱光

组织培养中采取人工补光,其光照强度远不及太阳光。组培苗生长较弱,移栽后经受不了太阳光的直接照射。

(4)无菌

试管苗所在环境是无菌的,不仅培养基无菌,而且试管苗也无菌。在移栽过程中试管苗要经历由无菌向有菌的转变。

2)驯化的一般程序

常规的炼苗程序:

(1)闭瓶强光炼苗:当试管苗生根后或根系得到基本发育后(生根培养7～15 d),将培养瓶移到室外遮阴蓬或温室中进行强光闭瓶炼苗7～20 d,遮阴度为50%～70%。

(2)开瓶强光炼苗:将培养容器的盖子打开,在自然光下进行开瓶炼苗3～7 d,正午强光或南方光照较强的地区应该注意要采取遮阴措施,如在遮阴蓬下或温室里可避免灼伤小苗。如果在培养容器中开盖培养不够1周,一般不会引起含蔗糖培养基的污染问题。开瓶炼苗可以分阶段进行,即首先拧松瓶盖1～2 d,然后部分开盖1～2 d,最后再完全揭去瓶盖。驯化成功的标准是试管苗茎叶颜色加深。

2.6.2 试管苗的移栽

1)移栽用基质

适合于栽种试管苗的基质要具备透气性、保湿性和一定的肥力,容易灭菌处理,并不利于杂菌滋生的特点,一般可选用珍珠岩、蛭石、砂子等。为了增加粘着力和一定的肥力,可配合草炭土或腐殖土。配时需按比例搭配,一般用珍珠岩:蛭石:草炭土或腐殖土=2:2:1,也可用1:1的砂子:草炭土或腐殖土。这些介质在使用前均应高压灭菌。

2)移栽和幼苗的管理

从试管中取出发根的小苗,用自来水洗掉根部黏着的培养基,要清洗干净,以防残留培养基滋生杂菌,去除琼脂时动作要轻,避免伤及根系。移植时用一根筷子粗的竹签在基质中插一个小孔,然后将小苗插入,注意幼苗较嫩,防止弄伤,移栽后把苗周围基质压实,栽前基质要浇透水,栽后轻浇薄水。再将苗移入高湿度的环境中,保证空气湿度达90%以上。

（1）保持小苗的水分供需平衡

在移栽后5~7 d内,应给予较高的空气湿度,减少叶面的水分蒸发,尽量接近培养瓶的条件,使小苗始终保持挺拔状态。

（2）防止菌类滋生

由于试管苗原来的环境是无菌的,移出来后难以保持完全无菌,因此,应尽量不使菌类大量滋生,利于成活。可以适当使用一定浓度的杀菌剂以便有效地保护幼苗,如多菌灵、托布津,浓度800~1 000倍,喷药宜7~10 d 1次。

（3）一定的温、光条件

试管苗移栽以后要保持一定的温、光条件,适宜的生根温度是18~20 ℃,冬春季地温较低时,可用电热线来加温。温度过低会使幼苗生长迟缓,或不易成活;温度过高会使水分蒸发,破坏水分平衡,还会促使菌类滋生。

（4）保持基质适当的通气性

要选择适当的颗粒状基质,保证良好的通气作用,在管理过程中不要浇水过多,过多的水应迅速沥除,以利于根系呼吸。

综上所述,试管苗在移栽的过程中,只要把水分平衡、适宜的基质、杂菌和适宜的光温条件控制好,是很容易移栽成功的。

复习思考题

1. 一个组培实验室需要哪些组成部分? 各部分的作用是什么?
2. 组培室常用的仪器和设备有哪些?
3. 培养基由哪些成分组成?
4. 为何要配制培养基母液?
5. 培养基的配制程序是什么?
6. 使用高压蒸汽灭菌锅时需要注意哪些环节?
7. 无菌操作的程序有哪些? 需要进行哪些必要的准备和整理工作?
8. 选用一个合适的外植体,需要考虑哪些因素?
9. 组织培养时,植物材料受哪些环境因素的影响?
10. 如何进行组培苗的驯化和移栽?

项目3 植物组织和器官培养技术

 学习目标

1. 掌握愈伤组织的诱导和分化的方法;
2. 熟练掌握茎段、叶片、根培养技术;
3. 理解植物组织器官离体培养的途径与方法;
4. 了解花器官、幼果和种子培养技术。

重点

植物各器官培养的基本技术。

难点

植物组织器官离体培养的途径;愈伤组织的诱导分化技术。

植物器官培养(plant organ culture)是指对植物某一器官的全部或部分原基进行离体培养的技术。离体培养的植物器官可分为营养器官和繁殖器官,其中营养器官包括根、茎、叶,繁殖器官包括花器官、果实和种子。由于植物花器官中的胚、具胚器官、胚乳及花药、花粉是植物有性繁殖的产物,或是植物进行有性繁殖的器官,与植物育种紧密相关,将单列一个项目进行介绍。离体的植物器官和组织在人工培养条件下,通过不同的器官发生途径,形成体细胞胚或茎芽,进一步形成再生植株。

任务 3.1　植物组织和器官培养的基本程序

3.1.1　无菌外植体的获取

从自然界和室内采集的植物器官和组织材料携带有各种微生物,这些微生物一旦进入培养容器,必然造成培养基和培养材料的污染,导致实验的失败。利用各种灭菌剂可以进行外植体的灭菌,但不同植物或同一种植物的不同组织器官带菌程度有所差异,所用灭菌剂的种类、浓度及灭菌方法也不尽相同。

1)茎尖、茎段和叶片的灭菌

外植体采回实验室后用清水冲洗,茸毛较多者先用肥皂或洗涤剂洗涤后再用清水冲洗干净,然后用吸水纸吸干表面水分。把材料放入75%酒精中浸泡数秒后,无菌水冲洗1次,接着转入0.1%升汞溶液中浸泡3~10 min或10%次氯酸钙溶液中浸泡15~30 min,倒掉灭菌液,无菌水冲洗3~5次,将外植体置于无菌滤纸上吸干表面水分,适当分割后接种。

2)根、块茎、鳞茎的灭菌

这类材料生长在土壤中,灭菌较难,且挖取时易受损伤。灭菌时应仔细清洗,对凹凹不平及鳞片缝隙处需用软刷清洗,切除损伤部位。灭菌时应增加时间和灭菌剂的浓度,如将外植体先置于75%酒精中浸泡数秒,然后用0.1%升汞溶液浸泡5~12 min或用6%~10%次氯酸钠溶液浸泡15~30 min。

3)花蕾、幼果的灭菌

未开放的花蕾中包裹的花药处于无菌状态,采摘后可直接灭菌,果实采摘后也可直接进行灭菌。灭菌时先在75%酒精中浸蘸10~30 s,然后在0.1%升汞中浸泡3~10 min或在1%次氯酸钠溶液中浸泡10~20 min。

3.1.2　初代培养的建立

1)无菌环境

灭菌剂处理过的外植体只进行了表面灭菌,不能除去所有病菌,特别是无法除去侵入组织内部的病菌。因此,有时需在培养基中加入抗生素,以防止初代培养材料的污染。但抗生素对某些种类的植物生长有抑制作用,适用抗生素的种类及浓度还需在实践中进行摸索(表3.1)。此外,必须保证培养基、接种器械和超净工作台无菌,并使接种室环境保持清洁。对污染的外植体,应灭菌后再清洗,防止菌类孢子在空气中弥漫和扩散。

表 3.1　培养基中添加抗生素对防止杂菌污染的效果

抗生素	浓度 /(mg·L⁻¹)	培养材料		
		冬青	银杏	月季
新霉素	1	+ + + +	+	+
地霉素	5	+ + + + +	0	+ + + +
链霉素	10	+	0	+
青霉素	20	+ + + +	+ + + + +	+ + + + +
夹竹桃霉素	20	+ + + + +	+ + + + +	+ + + + +
杆菌肽	50	+ + + + +	+ + + + +	+

注:"+"越多表示灭菌效果越好。

2)规范操作及培养

在建立无菌初代培养物的过程中,操作技术的熟练以及工作经验也很重要。无菌操作时,除按照严格的操作程序进行外,还需对超净工作台的物品表面和操作者的双手用75%酒精擦拭灭菌。

无污染的培养材料在离体条件下能否正常生长发育形成良好的初代培养物,与培养基的种类、激素的种类和含量、其他添加物以及外植体的来源、生长发育状态和所处的培养条件等因素有关。理论上每种植物的器官和组织均具有再生完整植株的能力,但实际上它们的再生能力各不相同。如香石竹的叶片、茎尖、茎段、花瓣、子房、花托等外植体均可得到再生植株,而非洲菊的再生植株则多从花托、茎尖和花芽中产生。此外,在培养过程中,菊花比月季更容易分化出不定芽。

由此可看出,初代培养物的建立涉及植物组织培养的多个环节。进行一种植物组织培养时,应先查找资料,决定所应选用的培养基组成、外植体类型等,减少工作的盲目性。

3.1.3　形态发生和植株再生

建立的无菌培养物在适宜的离体环境中生长发育形成小植株。已知植物离体材料的形态发生途径有两种,具体如下:

(1)外植体直接培养形成完整植株

通过在适宜的培养条件下培养茎段、茎尖、芽、种子等器官,不经过脱分化和再分化的过程而直接形成完整植株。此培养途径主要用于优良、珍稀材料或育种新材料的微繁殖,扩大材料的数量。理论上此过程属于无性繁殖,经过这类外植体繁殖的后代基因型与母体基因型能够保持一致,在遗传上未发生变异。

(2)外植体经脱分化形成特定组织(如愈伤组织、胚状体等)再分化形成完整植株

若以植物体的各部分分生组织、成熟组织和各种器官为外植体时,必须在人为调控下经分化的过程,最终按照培养目标而形成不同的组织或完整植株。由于此途径彻底改变了这些外植体原来的发育模式,即培养中途都经历了脱分化过程而形成愈伤组织,然后这些

愈伤组织经过再分化过程最终形成所需的组织器官或产物,这是一个复杂的发育过程。此过程经常涉及各种容易导致细胞发生变异的物质的参与,或培养条件的改变,因此,在培养过程中很容易导致愈伤组织细胞发生变异,从而使得试管苗发生变异。

3.1.4 培养产物的观察记载

离体外植体经过一段时间培养后,需对其进行观察记载,确定下一步的工作方向。

1) 愈伤组织

在切割损伤后分泌的内源激素和培养基中添加的生长调节物质的作用下,离体培养的植物器官和组织产生愈伤组织是一种普遍的现象。离体愈伤组织是一种正在增生的非组织化细胞群,其外部形态有些坚实致密,由小而致密的细胞构成,有些则疏松,由小而松散的细胞构成。愈伤组织的色泽有绿色、浅绿色、淡黄色和紫色等。愈伤组织的诱导率计算如下:

$$愈伤组织诱导率 = \frac{产生愈伤组织的外植体数目}{外植体总数} \times 100\% \qquad (3.1)$$

2) 胚状体

许多组织和器官在离体培养时都能产生体细胞胚或胚状体,其形态结构和外观很容易与不定器官和愈伤组织相区分。非洲紫罗兰叶片培养中,可以看到叶片逐渐变大、肥厚,形成肿胀突起,表面逐渐出现密集的小突起,初为淡绿色,逐渐转绿,呈球形小点,在显微镜下可观察到叉状对生的子叶原基;杨树茎尖、茎段、叶片等外植体的培养中,切口处产生黄色或乳黄色的愈伤组织,表面逐渐呈颗粒状突起,出现大量球形、棒状的胚状体,特别是叶脉部位发生的胚状体多而整齐。胚状体的诱导率计算如下:

$$胚状体诱导率 = \frac{产生胚状体的外植体数目}{外植体总数} \times 100\% \qquad (3.2)$$

3) 芽

离体培养中,诱导外植体发芽的方式有两种:一是由顶芽或腋芽萌发产生的丛生芽;二是经愈伤组织产生的不定芽,植物的许多器官经诱导都可以产生不定芽。芽的分化率计算如下:

$$芽分化率 = \frac{产生芽的外植体数目}{外植体总数} \times 100\% \qquad (3.3)$$

4) 根

在组织培养中形成的茎芽通常没有根,只有将其转移到适当的培养基中,才能诱导不定根的发生。根的诱导是获得完整植株的最后一步。根也可以由愈伤组织直接诱导产生。发根率的计算如下:

$$发根率 = \frac{发根芽数目}{培养芽总数} \times 100\% \qquad (3.4)$$

任务 3.2　植物组织培养

3.2.1　分生组织培养

植物分生组织培养包括根尖、茎尖等顶端分生组织和形成层组织的培养。分生组织细胞具有持久的分裂能力和很强的生命力,离体培养时容易发生细胞分化,再生完整植株,并利于获得无病毒植株。在分生组织培养中,以茎尖培养的研究最为深入,广泛应用于植株再生和脱毒等研究。以形成层培养为例,说明分生组织培养。

形成层培养是指对植物的形成层细胞,包括一层原始细胞及其分化的子细胞,进行培养。形成层起源于未分化但保持胚性的增生和分化能力的细胞。形成层的细胞分裂能力强,且基本不携带病毒,适合培养无病毒植株,因此在植物的组织培养中应用广泛。植物茎段经严格灭菌后,在超净工作台上将其置于解剖镜下,用镊子夹住,再拿解剖刀削开韧皮部,用尖头镊子把形成层轻轻撕下,接种于培养基上。

形成层接种后,经适当培养可经愈伤组织或胚状体途径发育。常用的基本培养基有MS 培养基,其他添加物和植物生长调节剂种类及浓度随培养物的不同而异,生长素应选用2,4-D,促进愈伤组织的分化,培养条件多为温度(25 ± 2)℃,光照时间 $12 \sim 16$ h/d,光照强度 $1\,000 \sim 3\,000$ lx。

3.2.2　愈伤组织培养

1)愈伤组织培养的意义

愈伤组织原意是指自然界植物受到机械损伤后,诱导分裂,在伤口处形成一团未分化的薄壁细胞,以封住伤口。在组织培养过程中,沿用了这一名称,实际上是指外植体接种到培养基上,在离体培养条件下,形成的一团不规则、能旺盛分裂而无特定功能的薄壁细胞团。植物的各种器官及组织经培养均可产生愈伤组织,并能不断继代繁殖。愈伤组织可用于研究植物脱分化和再分化、生长发育、遗传变异、育种及次生代谢产物的生产等,同时,愈伤组织还是悬浮培养细胞核原生质体的重要来源。因此,愈伤组织是植物离体培养的良好试验体系。

2)愈伤组织的诱导及分化

各种植物器官或组织经灭菌和切割后,在适当的培养环境中均可诱导产生愈伤组织。茶叶外植体接种 5 d 后,叶组织开始肿胀,部分细胞尤其是大、小叶脉周围的薄壁细胞首先开始启动,细胞核和核仁增大,继而进行细胞分裂,形成细胞团。进一步培养后,细胞大量分裂,形成愈伤组织,此时叶外植体已失去原来的形态结构特点。

一般薄壁组织和形成层易形成愈伤组织,愈伤组织的质地差异很大,有的致密坚实,有的疏松柔软,这是内部结构的差异所致。致密坚实的愈伤组织内无大的细胞间隙,由管状分子组成维管组织;疏松柔软的愈伤组织有大量的大细胞间隙,细胞排列无序,两种愈伤组织可利用生长素进行转换,即高浓度的生长素可将致密坚实的愈伤组织转为疏松柔软的。在愈伤组织中有可能出现液泡小、细胞质浓的小细胞,这种细胞聚集成丛状,称为胚胎发生丛或胚性愈伤组织。胚胎发生丛表面是高度分生组织化的细胞团,一个胚胎发生丛表面可产生大量胚状体。

同质细胞组成的外植体,如贮藏薄壁细胞、次生韧皮薄壁细胞等,诱导产生的愈伤组织的发育也高度一致。异质细胞组成的外植体,如茎、叶和根等,所形成的愈伤组织也是异质性的,即愈伤组织由不同类型细胞的分裂产物组成。愈伤组织在适宜培养条件下生长迅速,使原培养基营养耗竭,有毒代谢物积累,琼脂失水龟裂,致使愈伤组织停止生长,老化及死亡。故需及时(2~4周)继代培养,使其保持旺盛生长。愈伤组织培养通常在黑暗或弱光下进行,温度为25 ℃。

3) 影响愈伤组织培养的因素

(1) 外植体

理论上所有的植物都有被诱导产生愈伤组织的潜力,但不同植物种类被诱导的难易程度大不相同。一般而言,进化上比较低的苔藓、蕨类、裸子植物与被子植物相比,诱导比较困难;在同类植物中,草本比木本容易;在同一种植物中,幼嫩材料比老龄材料要容易。但同一物种不同品种,甚至不同器官之间也有较大的差异。

(2) 培养基

很多培养基都能诱导出愈伤组织,但不同类型的材料对培养基的反应也有所不同。一般无机盐浓度较高的培养基(如 MS 培养基)均可用于诱导愈伤组织,高盐浓度对愈伤组织的生长有利。就培养基的状态而言,液体培养基较固体培养基好,在液体培养基中愈伤组织易于增殖和分化。

(3) 激素

激素是最重要的影响因子,一般高浓度的生长素和低浓度的细胞分裂素有利于愈伤组织的诱导和增殖。

4) 愈伤组织诱导分化的应用

(1) 突变体选择

在愈伤组织培养中,有一些细胞出现的自发变异称为体细胞无性系变异。这种变异是在无外在选择压力的情况下,由培养细胞得到的再生植株中出现的变异。用培养细胞进行诱变处理,由于是以单细胞或小细胞团为对象,可以使这些单细胞或小细胞团成为胚性状态,经体细胞胚胎发生途径再生植株,因此可以得到单细胞起源的遗传上稳定的突变体,这样就有效解决了嵌合体的问题;用培养细胞可以在很小的空间内处理大量的细胞,可以大大提高突变频率和选择效率;细胞水平的诱变周期短,不受季节限制,可大大缩短育种年限。目前,通过这种方法在植物中已成功进行了耐盐、抗除草剂、抗病等突变体的选择。

(2) 次生代谢物生产

植物细胞培养生产次生代谢物可在完全人工控制的条件下一年四季不断进行,不受地区和季节限制,节约土地,便于工业化生产;通过改变培养条件和选择优良系的方法可以得

到超越原植物产量的代谢物;在无菌条件下完成,能排除病菌及虫害对药用植物的侵扰;对有效成分的合成路线进行遗传操作,以提高所需的次生代谢产物含量,也可以进行特定的生物转化反应,大规模生产人们所需的有效次生代谢物。

（3）遗传转化

载体法转基因已经被证明是比较有效的植物转基因方法。植物体细胞胚胎发生是由单细胞起源的,因此不会出现嵌合体问题,而且胚性愈伤组织高密度、高质量、遗传上稳定,可一次性获得大量植株,这为载体法转基因技术提供了良好的条件,而且目前常用的基因枪技术,一般也采用胚性愈伤组织,如果能得到胚性愈伤组织,也避免了出现嵌合体。

（4）愈伤组织培养脱毒

通过植物的器官和组织培养去分化诱导产生愈伤组织,然后从愈伤组织再分化产生芽,长成小植株,可以得到无病毒苗。愈伤组织的某些细胞之所以不带毒,其原因可能是:病毒的复制速度小于细胞的增殖速度;有些细胞通过突变获得了对病毒的抗性。愈伤组织脱毒有其本身的缺陷,就是遗传性不稳定,可能会产生变异植株,而且有些作物的愈伤组织目前尚不能产生再生植株。

（5）快速繁殖

植物在产生胚性愈伤组织时,每个细胞都发育成一个完整植株。而且胚状体具有两极性,可直接生成小植株,避免多次继代培养造成污染。建立统一的体细胞胚胎发生体系必须满足以下两个条件:一是体细胞胚很容易诱导和控制;二是体细胞胚能很好地维持下去或快速繁殖,遗传上稳定。

（6）种质保存

胚性愈伤组织可在适宜的条件下保存,而其他愈伤组织不能长期保存。

3.2.3 植物薄层组织培养

植物薄层组织培养是指对植物的薄细胞层组织进行离体培养的技术,植物薄层组织的培养是研究离体组织形态发生机制和影响因素、遗传变异产生机制的良好实验体系。

灭菌后的植物器官,切取薄细胞层(3~6层),在一定的培养环境中,可以获得不同的器官。如烟草花序轴3~6层表皮及表皮下细胞组成的薄层组织,在 MS 或 Hoagland 培养基中添加不同浓度的蔗糖、生长素和细胞分裂素。薄层组织也可直接形成茎和根,也可形成无组织结构的愈伤组织,再将愈伤组织转移到生根或成芽培养基中,分化出根或芽。此外,器官的形成还受糖的种类和浓度、光照强度和时间、培养基水势、温度等因子的影响。整个实验的培养条件为连续光照,光照强度为 2 000 lx,温度24~27 ℃。

毛叶秋海棠叶脉切取的表皮和相邻厚角组织5~6层细胞组成的薄壁组织,在22 ℃下培养于1/6 Hoagland 营养液中,附加 IAA 1 mg/L、6-BA 1 mg/L、蔗糖 1.5%、琼脂 7 g/L,培养4 d 以后,可观察到表皮细胞的变化和表皮毛的形成。可见,表皮细胞和表皮下细胞都具有完善的器官形成能力。

任务3.3 植物营养器官培养技术

3.3.1 茎段培养

茎段培养是指对带有一个以上腋芽或不带芽的茎切段进行离体培养的技术。茎段培养的主要目的是进行植物的离体快速繁殖,其次是研究植物茎细胞分裂的潜力和全能性,以及诱导细胞变异和获得突变体等。茎段培养具有材料来源广、繁殖速度快、繁殖率高、变异性小和性状均一等优点,应用广泛。

1)茎段培养的方法

(1)选材

选取生长健壮、无病虫害、正在生长的枝条,如果是木本植物最好选取当年生的嫩枝或一年生枝条,去除叶片,剪成3~4 cm的小段。顶部比基部切段成活率高,因此应优先利用顶部茎段,来源不足时,也可以选用上部茎段。对于带有球茎或鳞茎等变态茎的球根类花卉,可用分球或鳞片进行离体培养。

(2)接种与培养

在无菌条件下,剪去消毒后茎段两端被消毒剂损伤的部位,将茎段切成单芽小段,迅速竖插到培养基上。若用鳞茎,可将其切成小块,每块上都带有腋芽,然后接种于培养基上。茎段接种后不久,腋芽开始生长,形成新梢或丛生芽。有时在切口处会形成少量愈伤组织,进一步分化出丛生芽。

2)茎段分化成苗的类型

为了诱导植物变异,研究细胞全能性,分析茎细胞分裂及再生能力,建立转基因受体,常需要进行茎段分化途径和再生植株的研究。带芽茎段经灭菌处理后,经适当的培养可获得单芽苗、丛生芽、完整植株、愈伤组织。如谢志亮把三华李半木质化的枝梢消毒后切成1~2 cm长的带芽茎段,并接种于培养基上,新生芽不断从茎段芽部长出,但不伸长,形成丛生状,同时还常形成瘤状愈伤组织(图3.1)。但许多植物的顶芽或腋芽萌动的单苗或丛生苗是直接增殖的,无愈伤组织产生。可见,茎段增殖时,不同植物及茎段组织的细胞对培养环境的反应是不一致的。

3)影响茎段培养的因素

(1)基因型

不同科、属植物要求的条件差别较大,甚至同一属的不同种间以及品种间表现也不一样。但也有一些在分类地位相距甚远的若干种植物,可能恰好可以用完全相同的培养基。

(2)植株的年龄

多年生木本植物随着年龄的增加,茎段培养难度也增加,成年树较幼龄树的培养要困难得多。一年或多年生草本植物,营养生长早期的茎段培养比后期要容易。

图 3.1　三华李茎段培养

(a)茎段愈伤组织;(b)愈伤组织诱导发芽;(c)丛生芽

3.3.2　根段培养

根具有生长速度快、代谢活跃、变异性小等优点,能够根据研究需要,通过改变培养基的成分来研究其营养吸收、生长和代谢的变化规律。因此,离体根的培养是进行根系生理代谢、器官分化、形态建成研究最优良的实验体系。在生产上,通过建立快速生长的根无性繁殖系,生产一些重要的药物。有些化合物只能在根中合成,用离体根培养的方法,可以生产该类化合物。此外,对根细胞培养物进行诱变处理,可筛选出突变体用于育种。

1)根段的直接增殖

(1)取材

离体根的来源有两种:一种来源于生长在土壤中的植株;另一种来源于无菌种子发芽产生的幼根。前者附着大量的微生物,接种前要经过严格的消毒。无菌种子发芽形成的根是无菌的,其方法是将植物种子进行表面消毒,在无菌条件下萌发,待根伸长后可切段转接。

(2)接种与培养

切取 1~1.5 cm 的根段接种到无机离子较低的 White 或 1/2 MS 培养基上,在 25~27 ℃黑暗条件下培养,使根段增殖,形成主根和侧根。根的生长很快,每隔 7~10 d,需将长出的根切段转移到新鲜培养基上继续培养,如此反复,就可以得到由单个根形成的离体根无性系。

根段培养的方法有固体培养、液体培养和固体-液体培养 3 种。固体培养时将根切段直接放在培养基表面;液体培养时一般采用 100 ml 或 200 ml 三角瓶,内装 20~40 ml 培养液,根据需要可在瓶中添加新鲜培养液继续培养或将根进行分割转移继代培养;固体-液体培养是将根基部一端插入固体培养基中,根尖部分浸在培养基中,该装置可为根系的各项研究提供良好的试验系统(图 3.2)。

2)根段的间接增殖

将无菌根切段接种在适宜诱导愈伤组织的 MS 培养基中,诱导愈伤组织的形成。由愈伤组织诱导芽或根,再进一步诱导无根芽形成完整植株。如毛白杨一个转基因细胞系,从

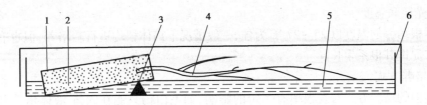

图 3.2　离体根培养的装置
1—玻璃管;2—琼脂培养基;3—支持物;4—离体根;5—液体培养基;6—培养皿

愈伤组织中诱导根形成的比率达 100%;黑种草的根产生的愈伤组织只能生根。值得注意的是,愈伤组织如果先形成根则往往抑制芽的形成。但也有例外,如颠茄愈伤组织细胞团中先分化根,然后在根尖另一端分化出不定芽,进一步发育成完整植株。

不同植物离体根的继代繁殖能力不同,如番茄、烟草、马铃薯、黑麦和小麦等的离体根,可进行继代培养,且能无限生长。萝卜、向日葵、豌豆、荞麦等能较长时间培养,但生长有限,久之则失去生长能力。

3)根的形成过程

离体根的发生是以不定根的方式进行的,不定根的形成可分为两个阶段,即根原基的形成和生长。根原基的启动和形成约需 48 h,包括 3 次细胞分裂,第 1 次和第 2 次细胞进行横向分裂,第 3 次进行纵向分裂,之后细胞快速伸长。生长素可促进细胞的横向分裂,根原基的形成与生长素有关,而根原基的伸长和生长则可在无外源激素的条件下实现。一般从诱导到不定根出现的时间,快的植物需 3~5 d,慢的则需要 3~4 周。

4)影响离体根培养的因素

(1)基因型

不同植物离体根的繁殖能力是不同的,如马铃薯、小麦等植物的离体根能快速生长,并产生大量健壮的侧根,可进行继代培养而无限生长;萝卜、向日葵等植物的离体根能较长时间培养,但不能无限生长;一些木本植物的根则很难离体生长。

(2)培养基

离体根培养时一般选择无机盐浓度较低的 White、N_6 等培养基,也可以采用 MS、B_5 等培养基,但必须将其浓度稀释到 2/3 或 1/2,以降低培养基中的无机盐浓度。离体根生长要求培养基中应具备植物生长所需的全部元素。在适合的 pH 条件下,大量元素中硝态氮和 Ca,微量元素中的 B 和 Fe 都有利于根的发生。生根也需要 P 和 K,但量不多,有机物质中维生素 B_1 和维生素 B_6 最重要,缺少则根生长受阻,使用浓度为 0.1~1 mg/ml。蔗糖是离体根培养最好的碳源,其次是葡萄糖和果糖,使用质量浓度为 1%~3%。

(3)植物生长调节剂

生长素对离体根的生长效应明显。一般情况下加入适量的生长素能促进根的生长,需要量因植物种类的不同而异。GA_3 能明显影响侧根的发生和生长,加速根分生组织的老化;KT 则能增加根分生组织的活性,有抗老化的作用。

(4)pH 值

根发生和生长所需的 pH 一般为 5.0~6.0,但离体根培养的 pH 适宜范围因培养材料和培养基组成而异。

（5）光照和温度

离体根培养的温度以 25～27 ℃为佳，一般情况下离体根均进行暗培养，但也有些植物光照能够促进其根系生长。

（6）培养方式

离体根的培养方式对发根率有一定的影响，如毛白杨只能在固体-液体培养基上才能获得再生植株。

5）培养实例

番茄种子用75％酒精消毒30 s后，再用饱和漂白粉液消毒10 min，无菌水冲洗3次，将6～10粒种子放入培养皿中的湿滤纸上，置于暗中培养直至胚根长至30～40 mm，切取10 mm长的根段用无菌的接种环接种于1/2 MS培养基上，25 ℃下培养直到长出侧根。

3.3.3 离体叶培养

离体叶培养是对叶片、叶柄、叶鞘、叶原基、子叶等叶组织进行的离体培养技术。离体叶培养是为了研究叶形态发生过程及进行光合作用，叶绿素形成，遗传转化等。自1953年Steeves 和 Susex 首先进行了蕨类植物紫萁叶原基再生得到成熟叶以来，叶器官离体培养再生植株已在许多植物中获得成功，尤以蕨类植物为多，双子叶植物次之，单子叶植物最少。

1）离体叶培养的方法

（1）取材与消毒

从生长健壮、无病虫害的植株上摘取幼嫩的叶片，用流水冲洗1～2 h，按常规方法消毒。

（2）接种与培养

将消毒后的叶片转入铺有滤纸的无菌培养皿内，用无菌滤纸吸干水分，然后用解剖刀切成5 mm×5 mm左右的小块，接种时以上表皮朝上或竖插在培养基上为宜。叶片培养常用的培养基有 MS、B_5、White、N_6 等。碳源一般使用蔗糖，浓度为3％左右，添加椰子汁等有机物质，有利于叶组织的形态发生。叶组织一般在25～28 ℃条件下培养，光照时间为12～14 h/d，光照强度为1 500～2 000 lx，不定芽分化和生长期应将光照强度增加到3 000～8 000 lx。

（3）植株再生

①由愈伤组织产生不定芽：经愈伤组织产生不定芽是一种比较普遍的再生方式。叶组织先脱分化形成愈伤组织，愈伤组织可以由两种方式形成不定芽：一种是一次诱导法，即利用一种培养基，先诱导产生愈伤组织，继续培养，愈伤组织进一步分化出不定芽；另一种是两次诱导法，即先在诱导培养基上诱导出愈伤组织，然后用分化培养基诱导不定芽。

②外植体直接产生不定芽：在离体叶片切口处组织迅速愈合并产生瘤状突起，进而产生大量的不定芽；或由离体叶面表皮下栅栏组织直接脱分化，形成分生细胞进而分裂形成分生细胞团，产生不定芽。在这两种情况下，一般都不形成愈伤组织。

③形成胚状体：叶片组织离体培养中胚状体的形成也很普遍。如在菊花叶片组织培养中，一般由愈伤组织产生胚状体居多。叶片栅栏细胞、表皮细胞和海绵细胞等经脱分化后

也能产生胚状体。

④形成小鳞茎或原球茎:在水仙鳞片的离体培养中,可直接或经愈伤组织再生出小鳞茎,而以兰科植物尚未展开幼叶的叶尖为外植体进行离体培养,可以得到愈伤组织和原球茎。小鳞茎或原球茎再经培养可发育成苗。

需要强调的是,尽管植物不同部位对培养的反应不一致,但有些植物具有"条件化效应"的现象,即从离体培养的植物上取得的外植体已经具有了被促进的形态发生能力。如在厚叶莲花掌叶外植体培养中不能产生再生植株,而花茎切段则可再生小植株,用这种再生植株的叶片作为外植体时,75%的叶片可以形成再生植株。

2)影响离体叶培养的因素

(1)植物生长调节剂

植物生长调节剂是影响叶培养的主要因素,培养时需要生长素和细胞分裂素的配合使用,以利于叶组织脱分化和再分化。对大多数双子叶植物的叶培养来说,细胞分裂素,特别是 KT 和 6-BA 有利于芽的形成;而生长素,特别是 NAA 则抑制芽的形成,却有利于根的发生;添加 2,4-D 有利于愈伤组织的形成。

(2)外植体

基因型不同的植物种类在叶组织培养特征上有一定的差异,同一个物种的不同品种间叶组织培养特性也不尽相同。一般发育早期的幼嫩叶片较成熟期叶片分化能力高,因此通常幼叶较成熟叶容易培养,子叶较真叶容易培养。

(3)极性与损伤

极性也是影响某些植物叶组织培养的一个较为重要的因素。烟草的某些品种离体叶片若将叶背面朝上放置,则不能生长,或死亡或只形成愈伤组织而没有器官的分化。损伤有利于离体叶片愈伤组织的形成。大量试验证明,大多数植物愈伤组织首先在切口处形成,或切口处直接产生芽苗的分化。但损伤引起的细胞分裂活动并非是诱导愈伤组织和器官发生的唯一动力,某些植物还可以从没有损伤的离体叶组织表面大量发生。

3)培养实例

将天南星科植物绿巨人幼叶接种到 MS + 6-BA 0.4 mg/L + 2,4-D 1.2 mg/L 的诱导培养基中,5 周后切口处出现绿色突起,再转接到不定芽诱导和增殖的培养基 MS + 6-BA 3 mg/L + NAA 0.4 mg/L 后,3~4 周形成不定芽,切割小芽继续培养,每 4 周可增殖 4~6 倍。

任务 3.4　植物繁殖器官培养技术

植物繁殖器官的离体培养不仅可以进行植物的离体快繁,而且还可以改变植物的染色体倍性,挽救远缘杂种胚。因此,植物繁殖器官离体培养在植物育种和繁殖等方面起着重要的作用。

3.4.1 花器官培养

花器官培养是指对整个花器官或组成部分,如花托、花瓣、花丝、花柄、子房、花茎和花药等进行离体培养的技术。其中,子房、胚珠、花药等组织的培养将在项目 4 中单独讲述。植物花器官培养的特殊用途是研究决定花性别的因素、果实和种子的发育及花形态的发生等方面。

1)花器官培养的方法

(1)取材及灭菌

从健壮植株上摘取未开放的花蕾用流水冲洗干净,先用 75% 酒精消毒 10 ~ 20 s,再用饱和漂白粉溶液浸泡 10 ~ 20 min 或用 0.1% 升汞消毒 4 ~ 6 min,无菌水冲洗 3 ~ 5 次。

(2)接种与培养

对整个花蕾进行培养时,只需把花梗插入固体培养基中即可。若对花器的某个部分进行培养,则需分割成 0.3 cm × 0.5 cm 左右的小片,再进行接种。在花器官培养中,常用的培养基有 MS、B_5 等。已经完成授粉的花器官,在一般培养基上就可发育成果实。在对未授粉的花器官进行培养时,往往需要在培养基中加入适当的生长调节物质,诱导形成愈伤组织或胚状体,再分化培养成植株。

2)花器官培养的分化途径

将未开放的花蕾、花瓣、花托等组织经灭菌和适当切割后,在适宜条件下进行培养,结果可能会得到成熟果实、不定芽或丛生芽、愈伤组织。授粉或未授粉花蕾在适宜条件下培养可形成成熟果实,这已经在人参、番茄和葡萄等植物中获得了与天然果实相似的果实状结构,并在离体条件下将其培养成熟。花椰菜的花托可直接再生不定芽;蝴蝶兰的花梗腋芽可直接萌发形成丛生芽;菊花的花托、花瓣可先形成愈伤组织,再形成不定芽。

早在 1959 年,Galum 就发现生长素和赤霉素影响黄瓜的性别表现。将发育早期的花芽 0.5 ~ 0.7 mm 大小,接种在一个比较复杂的培养基中,该培养基添加了 B 族维生素、色氨酸、水解酪蛋白和 15% 椰乳,经 20 d 的培养,幼小的花芽生长到 1 mm 左右。试验证明,添加 IAA 或将幼蕾提早切离,可促进一些潜在的雄蕊转化为子房,但此效应可被赤霉素所拮抗。汪本等用矮壮素处理潜在的花芽培养物,抑制了雄花的分化,而加入三碘苯甲酸和马来酰肼则可抑制雄花的分化。花芽培养可作为研究花性别决定的一个较好的实验体系,并且随着技术的不断进步很快将会被应用到生产实践中。

3)培养实例

刘芳等以垂花百合的花瓣、花托、子房为外植体进行组织培养,在母株上采摘尚未开放的小花蕾,清洗消毒后,用镊子把萼片、花瓣、雌蕊和雄蕊分开,花瓣外植体诱导愈伤组织的培养基为 MS + 6-BA 2 mg/L + NAA 0.5 mg/L,子房外植体诱导愈伤组织的培养基为 MS + 6-BA 1 mg/L + NAA 0.5 mg/L,花托外植体诱导愈伤组织的培养基为 MS + 6-BA 1 mg/L + NAA 0.2 mg/L;生根培养基为 1/2 MS + IBA 1 mg/L + NAA 0.3 mg/L + AC 0.5 g/L(图 3.3)。3 种花器官外植体愈伤组织的诱导能力和分化能力各不相同,诱导愈伤组织由易到难依次为花瓣 > 花托 > 子房。生根后,待根长至 2 ~ 4 cm 时,炼苗 3 d,然后移栽至已灭菌的蛭石中,浸透水后放入人工气候箱内缓苗,15 d后移到温室。移栽后的小苗生长良好,成活率可达80%。

(a)　　　　　　(b)　　　　　　(c)　　　　　　(d)

图3.3　垂花百合花器官培养
(a)接种3 d的花瓣外植体;(b)花瓣外植体愈伤组织开始形成不定芽;
(c)不定芽分化成苗;(d)子房愈伤组织开始分化不定芽

3.4.2　幼果培养

幼果培养是指对植物不同发育时期的幼小果实进行离体培养的技术。进行幼果培养可以方便地研究果实内构变化与营养、激素、外界条件等的关系,探究果实发育的机制。

不同发育时期的幼果经灭菌后,在适宜培养条件下可获得成熟果实、愈伤组织。1951年,Nitsch等首先进行了草莓等植物的幼果培养。方法是先将幼果切割下来,浸泡于5%次氯酸钠溶液中消毒15 min,无菌水冲洗3次后接种到培养基上,可促进果实发育。大多数离体培养的果实中,其种子均具有生活力,但形成种子的百分率比自然状态有所下降。之后,Nickerson(1978)通过培养越橘幼果获得了成熟果实;佐藤洋一等(1989)将葡萄的幼果培养为成熟果实。

为了探索与果实发育相关的因子,可采取的方法有:

①选用不同发育时期的幼果。

②去除幼果的萼片或保留。

③选用含不同组分的培养基,尤其是各种生长调节剂的配比。

④照射不同颜色、不同强度的光,分析光照对果实生长发育的影响。

⑤在果实发育的不同阶段测定各种生理生化指标含量。

加强这些方面的研究,对了解果实的发育机制,进而更好地控制果实生产具有积极意义。

吴昭平等将抽蕾的菠萝花苔采摘后用肥皂水洗净果实表面,再用0.1%升汞溶液消毒10 min,然后用无菌水冲洗5次。在无菌条件下削去幼果果皮,用无菌水再次冲洗,然后放在滤纸上吸去过多的水份。切除果心,把果肉切成2 mm厚的薄片并分割成1 cm的小块,接种于MS + 6-BA 2 mg/L + NAA 2 mg/L + 2,4-D 1 mg/L + 蔗糖3%诱导培养基中,诱导愈伤组织。愈伤组织发芽后转入1/2 MS + 6-BA 0.1 mg/L + IBA 0.5 mg/L + 蔗糖1.5% + AC 0.3%,pH 5.8的生根培养基中。培养物置于25~35 ℃并补有人工光照的培养室或室外自然光照下进行培养。

3.4.3 种子培养

种子培养是指对受精后发育完全的成熟种子或发育不完全的未成熟种子进行离体培养的技术。种子培养的用途是打破种子休眠,缩短生活周期,挽救远缘杂种,提高杂种萌发率等。

1)种子培养的方法

(1)种子灭菌

种皮厚或不饱满的种子,宜用 0.1% 升汞消毒 10~20 min。应先用 75% 酒精浸泡数秒,提高消毒效果。对壳厚难萌发的种子,可去壳培养。

(2)培养基

对某些发育不全的无胚乳种子的培养,应提供适当的生长调节剂。种子培养的糖浓度可稍低,一般为 1%~3%。

(3)接种培养

种子培养的接种较容易,把种子按每瓶 3~5 粒放入培养瓶中,均匀排列,放在 20~28 ℃的条件下培养,光照强度 1 000~2 000 lx,光照时间 10 h/d。

2)种子培养的分化途径

将成熟或未成熟的种子经适当灭菌处理后,接种于适当的培养基上,可形成小植株、愈伤组织、丛生芽或不定芽。种子因包含植物雏形,有胚乳或子叶提供营养,很容易培养成功。培养基对种子培养也有较大的影响,若种子培养是以促进萌发、形成苗为目的,成熟种子所用培养基的成分可以很简单,不需要添加生长调节剂,而未成熟种子所用培养基的成分则较为复杂,需要加入适当的生长调节剂。若种子培养的目的是形成愈伤组织或丛生芽,再进一步再生植株,则培养基中应提供营养物质,并添加不同种类和浓度的生长调节剂。

3)培养实例

邓小敏等(2008)对君子兰品种油匠、胜利、和尚的种子进行了离体培养。其方法是直接从果实中剥离出种子,用 75% 酒精浸泡 10 s 后转入 0.1% 升汞溶液中 8 min,其污染率仅为 5.68%。基因型对种子组织培养的影响较大,油匠的种子较易于诱导出愈伤组织,诱导率可达 72.97%。胜利种子最适诱导培养基为 MS + 2,4-D 2 mg/L + BA 2 mg/L,其诱导率为 52.94%,最适分化培养基为 MS + NAA 1 mg/L + BA 1 mg/L,分化率达 72.22%。君子兰种子在培养基上诱导产生愈伤组织并能大量分化成苗,这对其工厂化生产有较大意义。

复习思考题

1.植物组织和器官培养包括哪些内容? 如何进行植物组织和器官的培养?
2.怎样进行植物分生组织培养? 植物分生组织培养的意义何在?
3.植物茎段培养可获得哪些类型的培养产物? 这些培养产物的特点分别是什么?
4.怎样进行植物花器官培养?
5.植物幼果培养的意义何在? 怎样调控植物幼果培养的发育途径?
6.为何要进行种子培养? 种子培养的培养基有何特点?

项目4
植物生殖细胞培养技术

 学习目标

1. 掌握花药、花粉、胚、胚乳、未受精胚珠和子房培养的基本技术及一般方法;
2. 熟悉离体受精的基本程序;
3. 了解植物生殖细胞培养的目的和意义。

重 点

花药、花粉、胚、胚乳、未受精胚珠和子房培养的基本技术。

难 点

花药、花粉、胚、胚乳、未受精胚珠和子房培养的程序及发育途径。

生殖细胞(germ cell)是多细胞生物体内能繁殖后代的细胞总称,包括从原始生殖细胞直到最终已分化的生殖细胞,在被子植物中,指精子和卵子以及一切产生卵细胞和精细胞的器官。此术语由恩格勒和普兰特尔于1897年提出,并与体细胞相区别。体细胞最终都会死亡,只有生殖细胞有延存到下一代的机会。物种主要依靠生殖细胞得以延续和繁衍,长期的自然选择使每一种生物的结构都为其生殖细胞的存活提供最好的条件。在本项目中,生殖细胞培养的主要内容包括花粉及花药培养、胚培养、胚乳培养、未授粉胚珠和子房培养,以及离体受精技术。

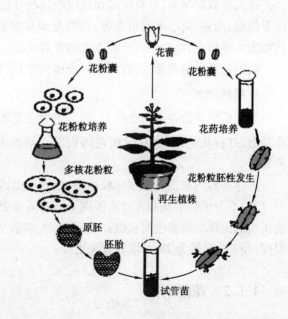

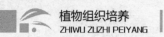

任务 4.1 花药及花粉培养技术

4.1.1 花药培养

1)材料的选择

各种植物花药培养的最佳时期不同,可根据花药内花粉发育期与花蕾大小、外观形态、色泽的相关性来选取材料。植物的基因型、生长情况及接种时花粉所处的发育时期对花药培养有直接影响。从减数分裂期至双核期的花药,均有可能诱导离体孤雄发育,对多数植物而言,最佳培养时期是单核中期至晚期。

一般主要用涂片法来确定花粉发育的时期,用醋酸洋红或卡宝品花或铁钒-苏木精染色后找出小孢子发育的细胞学指标与该种植物花蕾发育形态指标的相关性,便于接种取材。花蕾大小随品种、发育状态、气温变化及灌溉情况的不同而有一定的差异,因此,有必要根据具体情况进行多次鉴定。

2)材料预处理与灭菌

在大多数情况下,只有经过预处理的花药才能培养出完整的单倍体植株。预处理的方法有低温、高温、离心和预培养等,目的是要从形态上改变其极性分布,从生理生化上改变其细胞生理状态,以改变其分裂方式和发育途径。

经预处理后的花蕾,用酒精进行表面灭菌后,再用次氯酸钠或升汞灭菌后即可接种。

3)接种培养

消毒后的花蕾在无菌条件下,用镊子剥去花瓣,取花药接种于 MS、N_6、Nitsch 等基本培养基上,并将花丝、空瘪及受伤花药剔除。培养方式有固体、液体、双层培养以及分步培养等。

离体培养的花药对温度比较敏感,培养温度因不同植物而异,一般在 25~28 ℃。但研究发现,不少植物的花药在较高温度下培养效果更好,特别是最初几天经历一段高温培养,愈伤组织出现的频率会明显提高。例如,大多数小麦品种培养初期需要 30~32 ℃ 的较高温度,经 8 d 后转为 28 ℃ 培养效果更好。

4.1.2 花粉培养

1)花药预处理和预培养

花粉培养中预处理的方法与花药培养相似,有黑暗处理、光质处理、高渗处理、药物处理及温度处理等。多采用的是,取花粉处于合适发育期的花蕾,置于 4~10 ℃ 下处理 1~15 d,也可在接种后低温或高温处理一段时间。

花药预培养也是行之有效的方法,具体是灭菌后的花药置于甘露醇溶液中,漂浮预培养2~5 d,取出花药后再分离花粉培养;也可在无菌条件下取出花药,接种于 Nitsch 等培养基中预培养数天,然后将花粉分离出来,再进行悬浮培养,小孢子可启动发育。

2)材料的消毒与无菌操作

材料的消毒与一般组织培养的方法相似,但花粉悬浮培养的过程与原生质体培养相似,操作繁杂,必须严格掌握。

3)花粉的分离

分离小孢子的方法有挤压法、散落法和器械法 3 种。无论采用哪种方法,均需得到一定量的小孢子,且无菌、无杂质、成活率高、发育整齐等。

(1)挤压法

所谓挤压法就是选取具有发育适当花粉的花蕾,消毒后取出花药,装在盛有 4~5 ml 液体培养基的小烧杯中,然后用玻璃棒在烧杯壁上挤压花药,使花粉从花药中释放出来。再根据花粉粒的大小,选用孔径 20~60 μm 的尼龙膜过滤,除去药壁组织,滤液经低速离心(100~1 000 r/min)使花粉粒沉淀于离心管下部,再用新鲜培养基稀释,重复两次,可得到纯净的花粉群体。

(2)散落法

把花药接种于液体培养基上,悬浮培养 1~7 d,花药自然开裂,散出花粉,及时取出花药壁,留下花粉继续培养。此法不用挤压,杂质少,而且对小孢子的损伤少。

(3)器械法

用小型搅拌器或超速旋切机来分离小孢子。由于器械上有调速器和时间控制器,操作较为简单,重复性好,可得到大量有活力的小孢子,尤其方便花序较大的材料。收集到的小孢子可用密度梯度离心纯化分层,再根据需要选择处于特定发育期的小孢子来培养。

4)培养方法

常用的方法有平板培养、液体培养、双层培养、看护培养、微室培养和条件培养等。

(1)平板培养

花粉置于琼脂固化培养基上进行培养,诱导产生胚状体,进而分化成植株。

(2)液体培养

花粉悬浮在液体培养基中进行培养。由于液体培养容易造成培养物通气不良,影响细胞分裂和分化,可将培养物置于摇床上振荡,使其处于良好的通气状态。

(3)双层培养

花粉置于固体-液体培养基上进行培养。双层培养基的制作方法为先在培养皿中倒入一层琼脂培养基,保持表面平整,待其冷却凝固后在表面加入少量液体培养基。

(4)看护培养

配制好花粉悬浮液和琼脂培养基后,将完整的花药或花药愈伤组织放在琼脂培养基上,把圆片滤纸放在花药或花药愈伤组织上,然后将花粉置于滤纸上。

(5)微室培养

将花粉置于狭小空间的少量培养基中进行培养。具体方法有两种:一是在一块小的盖玻片上滴一滴琼脂培养基,在其周围放一圈花粉,将小盖玻片粘在一块大的盖玻片上,然后

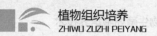

翻过来放在一块凹穴载玻片上,用四环素药膏或石蜡-凡士林的混合物密封;二是把悬浮花粉的液体培养基用滴管取一滴滴在盖玻片上,然后翻过来放在凹穴载玻片上密封。这种培养的优点是便于活体观察,可以把细胞生长、分裂、分化及形成细胞团的整个过程记录下来;缺点是培养基太少,水分容易蒸发,培养基中的养分含量和pH都会发生改变,影响花粉细胞的进一步发育。

5)移栽驯化

花粉植株非常娇嫩,很难移栽成活,需采取逐步过渡的方式,使其适应从异养到自养。移栽的关键是保持高的空气湿度和低的土壤湿度。此外,花粉苗的白化现象较严重,常导致其不能成活。

4.1.3 花药植株的诱导和发育途径

离体条件改变了原来的生活环境,花粉的正常发育途径受到抑制,由一次分裂形成的花粉粒不再像正常发育过程中那样由生殖核再分裂一次形成两个精子核,营养细胞萌发形成花粉管进行正常受精。花药(粉)离体培养使得花粉管的形成受阻,进入新的发育途径,像胚细胞一样持续进行分裂增殖。若不考虑小孢子核的早期行为,可将离体条件下花粉形成孢子体的途径分为以下两种类型(图4.1):

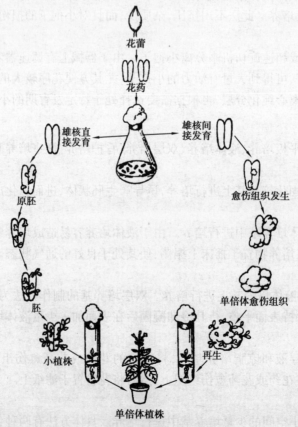

图4.1 烟草花药植株的发育途径

（1）胚状体发育途径

小孢子的行为与合子一样，经历了如同活体条件下诱导胚发生的各个阶段。

（2）愈伤组织发育途径

与胚状体发育途径相比，小孢子没有经历胚发生阶段，而是分裂数次形成愈伤组织，从花药壁上冒出来。这种发育方法较普遍，一般是由复杂的培养基打破了小孢子的极性造成的。该途径一般是不希望出现的，因为该途径产生的植株会发生遗传变异且倍性复杂。

4.1.4 影响花药培养的因素

1）基因型的差异

花药中小孢子产生植株的能力在植物的不同种、不同品种和不同植株间差异较大。在蔬菜中，茄科、十字花科的培养容易获得单倍体植株。茄科中，烟草最容易，茄子、辣椒次之，马铃薯、番茄较难。十字花科中，甘蓝型油菜、大白菜、甘蓝比较容易，小白菜、芥菜较难。此外，小孢子胚胎发生能力具有遗传性，且基因调控背景比较复杂，有可能通过有性杂交，把易培养基因型具有的胚胎发生能力转移到难培养的基因型中。

2）培养基

基本培养基对花药培养有明显影响，其中硝态氮和铵态氮的浓度和比值是影响花粉愈伤组织形成的重要因素。目前采用最多的仍是 MS、Miller 和 Nitsch 培养基。针对不同植物，已研制出了不少专用的花药培养基，如适合于水稻、小麦、黑麦、小黑麦、玉米和甘蔗等禾本科作物的 N_6 培养基。

一般培养基中生长素浓度高有利于愈伤组织的诱导，降低生长素浓度并附加一定的细胞分裂素，可促进花粉胚的形成。采用液体悬浮培养比固体培养好，可诱导更多花粉启动发育，同时液体悬浮培养时加入水溶性聚蔗糖，增加培养基的浓度，使培养物浮出水面，处于良好的通气状态，培养效果更好。此外，在培养早期需要较高浓度的蔗糖（5% ~ 10%），活性炭也可促进雄核发育。

3）药壁因子

小孢子的启动发育对药壁组织有相当大的依赖性。在烟草中，只有原来贴着花药壁的花粉粒才能顺利发育成花粉胚。花粉胚发育过程中，药壁也起着重要的作用。

4）花粉发育期

在诱导花粉进行雄核发育的过程中，花粉在接种时所处的发育时期可能比培养基成分更重要。不同物种最合适的发育时期不同，迄今为止，花粉处于四分体期、小孢子早期、中期和晚期、有丝分裂期和双核花粉期进行培养均可获得成功。但大多数结果表明，以单核中、晚期最为适宜。许多研究结果表明，花蕾长度、花药与小孢子发育密切相关，通常以这两项指标或其中一项作为取材标准。

5）培养前预处理

材料的预处理对细胞的脱分化、启动有较好的效果，有利于提高小孢子的离体培养反应能力，可以提高愈伤组织或胚状体的诱导频率。最常用的是低温、高温预处理，此外也有

用 ^{60} Co 照射花朵、乙烯利喷洒植株、甘露醇预处理、离心处理和预培养等方式。

低温预处理通常选取发育期适当的花蕾,在 0~10 ℃条件下,处理 3~10 d,可提高花粉培养的诱导率。高温处理通常以 30~35 ℃处理 1~3 d 为宜。

6)供体植株的生理状况

植株的年龄和生理状况对雄核发育有较大的影响。一般以初花期至盛花期为宜。此外,花序年龄对胚产量也有一定的影响,一般生理年龄越小,花粉愈伤组织的诱导率越高。

不同季节和栽培环境、不同部位的花蕾,其花粉的生理状态均可能不同,诱导效率也有明显差异。一般认为,用于花药或花粉培养的供体植株应当栽种在光、温、湿度均可控的条件下,较易诱导形成小孢子胚胎及再生植株。如果采用露地栽培的材料,应选择适宜的生长季节取材。

4.1.5 单倍体植株的鉴定和染色体加倍

1)花粉和花药植株的倍性鉴定

(1)染色体直接计数法

直接观察植株的根尖或茎尖等细胞分裂旺盛部位的材料染色体数目。该方法是最有效的。

(2)间接鉴定

①流式细胞仪鉴定:用流式细胞仪可迅速测定单个细胞核内 DNA 含量,根据 DNA 含量曲线图推断细胞的倍性。

②气孔鉴定:叶片保卫细胞的大小、单位面积上的气孔数、保卫细胞中叶绿素的大小和数目与倍性具有高度的相关性。

③植株形态学鉴定:单倍体植株瘦弱,叶片狭小,花小柱头长,花粉粒小,不结实。

④分子标记鉴定:分子标记技术作为遗传育种的重要手段近年来得到广泛应用,特别是在遗传理论研究、染色体同源性的鉴定、物种系统发育及分类学上发挥了很大的作用。

2)花粉和花药植株的染色体加倍

(1)茎段培养

单倍体愈伤组织培养过程中会有一定频率的核内有丝分裂(没有核分裂的染色体复制)及花粉核的融合,形成二倍体细胞,可利用此特点来获得纯合的二倍体植株。在此试验中,将单倍体植株的茎段置于含有一定比例的生长素和细胞分裂素的培养基上诱导愈伤组织形成。在愈伤组织生长的过程中有大量的纯合二倍体细胞产生,进而分化出纯合的二倍体植株。

(2)化学试剂诱变

单倍体植物染色体加倍最常用的方法是化学诱变法,常用的诱变剂有秋水仙素和 Oryzalin、Trifluralin、APM 等除草剂,其中秋水仙素应用最广泛。方法可用浸泡法、生长锥处理法和培养基处理法等。

任务 4.2 胚培养技术

4.2.1 胚培养的种类

1)成熟胚培养

成熟胚一般是指发育完全的胚,主要来源于成熟的种子,它已经具备了能够满足自身萌发和生长的养料。但在自然状态下,许多植物的种皮对胚胎萌发有抑制作用,需经过一段休眠,这种休眠有时长达数年,待休眠解除后方可萌发。从种子中分离出成熟胚进行培养,可解除种皮的抑制作用,使胚立即萌发(图4.2)。

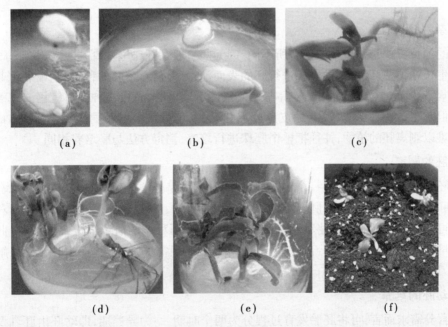

图 4.2 三华李成熟胚培养
(a)刚接种的剥除种皮的成熟胚;(b)接种 7 d 时;(c)接种 14 d 时;
(d)1/2 MS 培养基上培养;(e)光下培养 23 d;(f)泥炭土中萌发的小苗

成熟胚已经具有胚芽、子叶和胚根,储备了能够满足自身萌发和生长的养料,是完全自养的。因此,培养较简单,仅需含有无机盐和蔗糖的培养基即可。

2)原胚培养

原胚指未成熟的、处于异养期的幼胚,幼胚在胚珠中需要从母体和胚乳中吸收各类营养和生物活性物质。因此,进行原胚离体培养时,必须尽可能提供与原胚相似的环境条件,通过培养基向其提供足够的营养物质。胚越小培养难度越大,应尽可能采用较大的胚进行培养。幼胚培养的发育方式主要有胚性发育、早期萌发和愈伤组织分化3种。

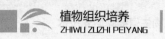

（1）胚性发育

幼胚接种到培养基上以后，仍然按照在活体内的方式发育，最后形成成熟胚，甚至类似种子，然后再按种子萌发途径出苗形成完整植株。这种途径一般情况下一个幼胚只能形成一个植株。

（2）早熟萌发

幼胚接种后不再继续进行胚性生长，而是在培养基上迅速萌发成幼苗。在大多数情况下，一个幼胚萌发成一个植株，但有时会由于细胞分裂产生大量的胚性细胞，形成许多胚状体，从而形成许多植株，这就是丛生胚。

（3）愈伤组织

在许多情况下，幼胚在离体培养中首先发生细胞增殖，形成愈伤组织。一般由胚形成的愈伤组织大多为胚性愈伤组织，很容易分化成为植株。

4.2.2　杂种胚挽救的程序

1）杂种胚的消毒

胚的消毒方式与一般外植体有所不同，因为胚一般在胚珠里发育，胚珠又位于子房内，所以胚生长在无菌环境中，没必要进行胚的表面消毒，只需对带胚的种子、整个胚珠甚至果实用常规消毒剂进行表面消毒，然后在无菌条件下取出胚，直接接种在适宜培养基上培养即可。但对于一些种子非常小、种皮高度退化、无功能性胚乳的植物（如兰科植物），或从种子中难以剥离胚的植物，往往把整个胚珠进行培养，消毒方法与胚培养相同。

2）胚的剥离

在胚培养中，胚的剥离是一个比较关键的技术，就是必须把胚从周围组织中分离出来。剥离的胚是否完整，直接影响胚培养的效果。一般来说，分离成熟胚较容易，直接从种子中剥离即可。分离幼胚时一般将种子喙部切去，然后挤压种子的后半部分离出幼胚，此法在葡萄胚培养中比较常用。若分离一些比较小的胚，一般需要在解剖镜下利用镊子、解剖针和解剖刀等工具剥离胚。

3）幼胚的培养

就营养需求而言，可将胚胎发育过程分为两个时期：一为异养期，即幼胚由胚乳及周围组织提供养分；二为自养期，此时的胚已经能在基本的无机盐和蔗糖培养基上生长。胚由异养转入自养是其发育的关键时期，这个时期出现的迟早因物种而异。Raghavan 在对不同发育期的芥菜进行离体胚培养时发现，胚在心形期以前属异养，只有到心形期才转入自养。在这两个时期内，培养中的胚对外源营养的需求也会随胚龄的增加而逐渐趋于简单。在幼胚培养过程中，从异养到自养先后受到两种成分不同培养基的作用，从而完成幼胚发育的整个过程。

但在有些情况下，尽管对培养基做了改进，幼胚在发育早期仍会夭折，很难培养成功。这种情况下，利用胚乳看护培养，可显著提高幼胚的成活率，因为植物在正常生长发育中，胚是由紧密包围它的胚乳组织提供营养的（图4.3）。例如进行大麦未成熟胚离体培养时，如果在其周围培养基上留有胚乳，则对胚的生长有明显促进作用。

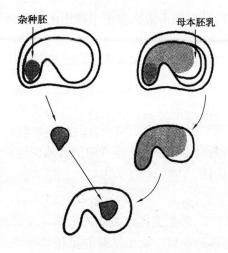

图4.3 杂种胚的胚乳看护培养

4.2.3 杂种胚挽救的影响因素

1）基因型

基因型对于胚培养而言是一个很复杂而重要的因素，不同植物种类或品种胚培养存在很大差异。例如，祁业凤等对136个冬枣和127个金丝丰枣的幼胚进行培养后发现，二者无论在植株再生率还是再生植株质量上均有明显差异；陈学森等研究发现，二花槽杏的胚培养成苗率比红荷包杏高一个倍。

2）培养基

胚培养中常用的培养基有Nitsch、MS、1/2 MS和White等。幼胚一般不能在简单培养基上生长，还需要考虑无机盐、有机营养和生长调节剂3方面的因素。

培养基中的糖具有提供碳源、调节渗透压和防止幼胚早熟萌发的三重作用，常用的糖为蔗糖。渗透压对离体幼胚的生长发育非常重要，一般胚越年幼，所需渗透压越高。蔗糖用量在8%～10%，最适浓度因幼胚的发育时期而异，且在长期培养过程中，随着培养时间的增长，必须把幼胚转移到蔗糖水平逐渐降低的培养基上进行培养。

在培养基中加入氨基酸，无论是单一的还是复合的，都能刺激胚的生长。加入单一氨基酸时，以谷氨酰胺最有效，如500 mg/L谷氨酰胺可促进多种植物离体胚生长。此外，维生素对发育初期的幼胚培养是必需的，但已经萌发生长的胚，因其细胞能合成自身需要的维生素，所以加入维生素可能对其形态发生有抑制作用。

3）生长调节剂及其他附加物质的影响

生长调节剂的种类和浓度对不同植物幼胚的继续发育影响甚大，若添加不当可能会改变胚胎发育的方向，或转向脱分化形成愈伤组织，或引发早熟萌发。为了促进胚发育成熟，通常把生长素与细胞分裂素配合使用。

在幼胚培养中，常加入天然植物提取物，它既含多种植物生长调节剂，又可提供胚发育所需的营养物质。相继有椰乳、海枣、香蕉、小麦、番茄、马铃薯、南瓜、牛奶、水解酪蛋白和

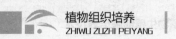

干酵母等附加物用于胚培养,其中以未成熟椰子中取出的椰乳效果最佳。此外,在幼胚培养中也常加入能吸附有毒物质的活性炭。

4)胚的放置方式

在一些植物的胚培养中,离体胚在培养基上正确的放置方式也很重要。一般需将合点端插入培养基中,一方面可能是培养基所供给的营养对幼胚子叶的萌发效果较好,子叶萌发促进胚根生长;另一方面可能是胚珠合点端所含的酚类物质较多,暴露在培养基外部更容易褐化,导致胚珠死亡,若将合点端插入培养基中使其减少与氧气接触的机会,可降低胚珠褐化现象,使胚培养效果更佳。

5)培养条件

接种后的幼胚一般在25 ℃、弱光或黑暗条件下培养一段时间后再逐渐转入光照下培养。具体光照和温度依具体作物而定。处于早期的原胚培养较难,往往不容易成功,可采用胚乳看护培养,也可采用胚珠培养或子房培养,促进原胚继续生长,使幼胚发育成熟。

6)胚柄

胚柄是一个短命的结构,长在原胚的胚根一端,当胚达到球形期时,胚柄也发育到最大。研究表明,胚柄可参与幼胚的发育过程。一般胚柄较小,很难与胚一起剥离出来,因此培养的胚都不具备完整的胚柄。在胚培养中,胚柄的存在是幼胚存活的关键。如红花菜豆幼胚培养时,不带胚柄会显著降低成苗率。

7)防止胚早熟萌发

早熟萌发的幼苗往往畸形、细弱,难以成活,因此在幼胚培养中,防止早熟萌发很重要。一般可通过增加培养基中蔗糖浓度,提高无机盐浓度,加入一定浓度的甘露醇来提高培养基的渗透压,防止幼胚的早熟萌发。

4.2.4　胚培养的应用

1)克服杂种胚败育

种子植物的种间或属间进行远缘杂交时,花粉不能在异种植物的柱头上萌发,或虽然能萌发但花粉管不能正常生长而伸入子房进行受精,或由于受精后胚乳发育不良使杂种胚早期败育。杂种胚的早期败育一般是由于胚乳发育不正常,或胚与胚乳之间生理上的不协调而引起的,在杂种胚败育之前将其取出进行离体培养所获得的杂种植物已有很多成功的例子。国内外在杂种胚的离体培养及其发芽能力的研究中表明,离体培养能克服杂交种子的败育。例如,圆叶葡萄亚属与真葡萄亚属由于染色体数目不同,二者杂交后杂种胚往往早期败育,常规育种难以获得杂种种子或杂种苗,而 Goldy 等通过杂种胚的离体培养获得了二者的杂种苗。

2)克服种子休眠,缩短育种周期

许多种子胚达到形态成熟后还须经历一个自然休眠的过程,即在休眠期内胚在适宜的温度、氧气和湿度条件下不能萌发。应用胚培养可以克服这一类种子发育上的障碍并促进胚生长。例如,鸢尾属植物种子收获后维持数月至数年的休眠,若取出种子胚,接种在合适

的培养基上,胚不休眠,经 2~3 个月后即可长成具有良好根、叶的幼苗。另外一些树种,如香蕉等,其种子萌发受抑制,自然发芽率很低,但剥离胚进行离体培养,则可在短期内获得大量健壮植株。

3)提高萌发率和成苗率

一些园艺植物的早熟品种,如桃、油桃、杏和樱桃等,由于果实发育期太短,种胚往往难以发育成熟,从而导致难以直接播种萌发成苗。例如,姚强等对早熟桃品种新瑞端阳盛花后 48 d 的胚珠进行抢救,使胚珠内的幼胚增大,转移培养后得到 60% 的成苗率。Goldy 等以欧洲葡萄为母本,圆叶葡萄为父本,通过胚挽救使杂种胚的发育率达到 54%。

4)多倍体育种

在果树上,选育无核品种已成为当今园艺植物育种的重要目标,而三倍体育种是实现这一目标的重要途径之一。获得三倍体无核品种最常用的方法是二倍体与四倍体间杂交,但其最大的障碍是亲和性差,杂种胚容易早期败育,或种子生活力很差,难以获得杂种苗。利用胚挽救技术,在其合子胚败育之前进行离体培养,阻止杂种幼胚的早期败育,以自身胚乳及培养基中的营养使其发育成正常的胚,最终获得完整植株。试验证明,葡萄杂种胚挽救是葡萄三倍体育种的一条有效途径。例如,山根弘康用巨峰葡萄(4X)与康可无核(2X)杂交育出了三倍体蜜无核品种;赵胜健等以郑州早红葡萄(2X)与巨峰杂交(4X),选育出极早熟、大粒、无核的三倍体无核早红品种。

任务 4.3　胚乳培养技术

4.3.1　胚乳外植体的制备

对于有较大胚乳的种子,如大戟科和檀香科植物,可将种子直接进行表面消毒,无菌条件下除去种皮限制即可进行培养;对于胚乳被一些黏性物质层包裹的种子,如桑寄生科植物,可先将整个种子做表面消毒,在无菌条件下剥开种皮,去掉黏性物质,取出胚乳组织进行培养;对于有果肉的种子,如槲寄生科植物,可将整个果实进行表面消毒,在无菌条件下切开幼果,取出种子,小心分离出胚乳组织进行培养。

在取胚乳接种时,应该使胚乳与其他组织器官分离开来,不带胚或包裹着胚的珠心、珠被。对于连同胚一起培养者,一旦胚乳形成愈伤组织,则应把胚去除,否则胚的增殖速度快于胚乳,不但会影响胚乳的诱导和分化,而且会形成二倍体愈伤组织与胚乳愈伤组织的混杂。

4.3.2　胚乳愈伤组织的诱导及形态建成

1)愈伤组织诱导

在胚乳培养中,除少数寄生或半寄生植物可直接从胚乳中分化出器官,大多数被子植

物的胚乳,无论成熟与否,均需要首先经历愈伤组织阶段,才能分化出植株。胚乳接种到培养基上6~7 d后,其体积膨大,之后胚乳细胞开始分裂,形成原始细胞团。此时,在切口处形成乳白色的隆突,成为愈伤组织。多数植株的初生愈伤组织为白色致密型,少数为白色或淡黄色松散型,或绿色致密型。

2)形态建成

胚乳愈伤组织诱导器官的形成可通过器官发生或胚胎发生两种途径。最早通过器官发生途径诱导胚乳器官形成的植物是大戟科的巴豆和麻风树,将这两种植物的愈伤组织转移到分化培养基上,前者分化出根,后者分化出根和芽。最初通过胚胎发生途径获得三倍体再生植株的是柑橘。柚的胚乳愈伤组织转接到 MT + GA₃ 1 mg/L 培养基上,分化出球形胚状体,之后在无机盐加倍和逐步提高 GA₃ 的培养基上,胚状体进一步发育形成再生植株。

4.3.3 影响胚乳培养的因素

1)基因型

供体植株基因型是影响胚乳培养的关键因素,不同基因型植株的胚乳对培养基的反应不同,表现在胚乳培养能力,如愈伤组织诱导率、分化率、胚状体诱导率及植株诱导率等方面。在猕猴桃属中,不同种之间愈伤组织诱导率有明显差异,其中硬毛猕猴桃愈伤组织的诱导率为87.9%,中华猕猴桃的诱导率为56%。也有些材料对培养基没有反应,如大多数禾本科作物。

2)培养基与培养条件

在胚乳培养中,常用的基本培养基有 White、LS、MS 和 MT 等,其中以 MS 使用最多。此外,为了促进愈伤组织的产生和增殖,培养基中还须添加一些有机物,如水解酪蛋白和酵母提取物等。在小麦、变叶木和葡萄胚乳培养中,添加一定量的椰子汁,对愈伤组织的诱导和生长是必需的。一般来说,在不添加任何生长调节剂的培养基上,胚乳外植体很少或完全不能启动。不同植物要求不同的生长调节剂及合理的配比。例如,柚胚乳植株必须加入高浓度的赤霉素才能产生,苹果和柑橘的胚乳培养还需同时加入生长素和细胞分裂素,枣的胚乳培养则对生长调节剂没有特殊要求。

胚乳愈伤组织生长的适宜温度为25 ℃左右,对光照和培养基 pH 的要求则因物种的不同而异。如玉米胚乳适合于暗培养,蓖麻胚乳则在 1 500 lx 的连续光照下生长较好,其他植物的胚乳培养多数是在 10~12 h/d 光照条件下进行的。对 pH 的要求一般在 4.6~6.3,但巴婆适宜的 pH 为 4.0,而玉米胚乳愈伤组织在 pH 7.0 时生长最好。

3)胚在胚乳培养中的作用

胚乳培养中是否需要原位胚的参与,主要与接种时胚乳的生理状态有关。未成熟胚乳,尤其是处于旺盛生长期的未成熟胚乳,在培养时无需原位胚参与就能形成愈伤组织,这已在柚、橙、苹果、猕猴桃和石刁柏的未成熟胚乳培养上得到证实;完全成熟的胚乳,特别是干种子中的胚乳,生理活动十分微弱,在诱导其脱分化形成愈伤组织前,必须首先借助于原位胚的萌发使其活化,在巴豆、麻风树和罗氏核实木等成熟胚乳培养中,也强调原位胚的作用。

4)胚乳发生类型和发育程度

被子植物胚乳的发生方式分为核型、细胞型和沼生目型,其中核型胚乳占61%。胚乳发生类型直接影响胚乳愈伤组织的产生和诱导率。胚乳的发育时期可分为早期、旺盛生长期和成熟期。无论胚乳属于哪一种发生类型,均为处于发育早期的愈伤组织诱导率低于晚期。处于游离核或刚转入细胞期的核型胚乳,无论是木本还是草本植物,都难以诱导出愈伤组织。处于旺盛生长期的胚乳,在离体条件下最容易产生愈伤组织,如葡萄、苹果和桃的胚乳,此时愈伤组织的诱导率可达90%~95%。因此胚乳培养时,旺盛生长期是取材的最适时期。一般情况下,接近成熟或完全成熟的胚乳,愈伤组织的诱导率很低,如种子发育后期的苹果胚乳,愈伤组织的诱导率只有2%~5%;但一些木本植物,如大戟科、桑寄生科和檀香科植物,其成熟胚乳不仅能产生愈伤组织,而且有不同程度的器官分化或再生植株的能力。

4.3.4　胚乳再生植株的染色体倍性

由于被子植物的胚乳是三倍体,因此,通过胚乳培养可得到三倍体植株,产生无核果实,或由其加倍产生六倍体植株。无核果实食用方便,多倍体植株又比原植株具有粗壮、叶片大而肥厚、叶色浓、花大或重瓣、果实大但结实率低的特征。这些植株可直接利用或作为育种材料。

胚乳愈伤组织及再生植株的染色体数目常发生变化,例如苹果($2n=34$)胚乳植株的根尖细胞染色体数目分布范围在29~56条,三倍体细胞只占2%~3%。枸杞、梨、玉米和大麦等的胚乳植株染色体数目也不稳定,同一植株往往存在不同倍性细胞的嵌合体。可见,染色体倍性混乱现象在胚乳培养中相当普遍。影响胚乳细胞染色体稳定性的因素主要有胚乳类型、胚乳愈伤组织发生的部位及培养基中植物生长调节剂的种类和水平。例如,猕猴桃来源于同一植株的胚乳,可培育出三倍体和二倍体两种倍性的植株。

4.3.5　胚乳培养的应用

培育三倍体最常用的方法是通过四倍体与二倍体杂交,但大多数情况下二者杂交十分困难,因此胚乳培养是一条可行的途径。胚乳培养的主要目的是为了获得三倍体植株,因为三倍体的典型特征是种子败育。这增加了水果的食用价值,并使一些商业上具有重要价值的果树出现所期望的优良性状,如苹果、香蕉、桑葚、葡萄、杞果和西瓜等。也适用于其他以收获营养器官为目的的植物,在这些植物中,三倍体的利用价值比同种的二倍体和四倍体品种高。

通常经过胚乳培养得到的愈伤组织或植株在细胞学上多出现高度的多倍化,即有亚倍体和非整倍体。如果能得到这些非整倍体植株,就可以通过无性繁殖的方法保存下来,这对植物育种来说是非常重要的。通过胚乳培养可以获得遗传变异丰富的材料,利用这些材料通过染色体加倍或体细胞融合等方法可获得新种质。

此外,胚乳是贮藏养料的场所,在自然条件下,胚乳细胞以淀粉、蛋白质和脂类的形式贮存着大量的营养物质,以供胚胎发育和种子萌发的需要。因此,胚乳培养也为研究这些

产物的生物合成及其代谢提供了一个良好的试验系统。例如,可利用玉米胚乳培养物研究淀粉在体内合成的途径,用咖啡胚乳愈伤组织研究咖啡碱的生物合成等。

任务4.4 胚珠和子房培养技术

4.4.1 胚珠培养

1)胚珠培养的意义

①利用胚珠培养技术,使杂种尽早在人为提供的优良环境中生长,防止杂种胚的早期败育,获得杂种植株。

②受精前的胚珠培养及未受精的胎座或子房培养技术,可作为试管受精的基础。

③未受精的胚珠培养可诱导出大孢子或促使卵细胞增殖,形成单倍体植株,用于单倍体育种。

2)胚珠培养的方法

(1)材料的选择与灭菌

培养受精胚珠可根据培养要求,从大田或温室中取回授粉后适当时期的子房;培养未受精胚珠则应在授粉前的适当时间摘取子房。材料用75%酒精表面消毒30 s,5%次氯酸钠溶液灭菌10 min,无菌水冲洗4~5次,无菌条件下剥离胚珠。用解剖刀沿纵轴切开子房,取出胚珠,或将带有胎座的胚珠一起取下接种。

(2)培养基

多用White、Nitsch和MS等,其中Nitsch使用更普遍。培养授粉后不久的胚珠则需要附加椰子汁、酵母提取液、水解酪蛋白等,同时还可添加一些氨基酸。离体胚珠发育中,培养基的渗透压起着重要的作用,特别是对幼嫩的胚珠。例如,矮牵牛授粉后7 d胚珠处于球形胚时,将其剥离置于蔗糖浓度为4%~8%的培养基上,即可发育为成熟的种子;若胚珠内含有合子和少数胚乳核,适宜的蔗糖浓度为5%~6%,而刚受精后的胚珠则应为8%。不同发育期的胚珠对培养基的要求也不同。例如,对罂粟授粉后2~4 d的胚珠进行培养时要求培养基较为复杂,在Nitsch培养基上即使附加酵母提取液、水解酪蛋白、细胞分裂素和生长素等,也不能促进胚珠发育;但采用发育到球形胚的胚珠,则用简单培养基就能培养成功。

(3)胎座和子房对胚珠培养的影响

胚珠授粉后的时间及是否带有胎座,对离体培养的胚珠发育有明显的影响。例如,罂粟授粉后第6 d的胚珠,从胎座上切下来置于添加维生素的Nitsch培养基上培养,所经历的发育过程与正常的胚珠大体相同,培养第20 d的胚珠比自然条件下生长20 d的大,并可形成成熟种子,继续培养就可得到幼苗。对带胎座或子房的胚珠进行培养时,所需培养基较为简单,而受精后的胚珠也容易发育成种子。由此可推测,胎座或子房的某些组织在胚珠发育初期起着重要的作用。因此,进行单个胚珠培养不能成功时,可考虑连胎座或子房一起进行培养。

（4）胚发育时期的影响

胚发育时期对胚珠培养成功与否影响较大。一般来说,合子和原胚早期的胚珠较难剖取和培养,对培养基成分也要求严格。但在虞美人中也有合子胚培养成功的报道。许多植物在含无机盐、蔗糖和维生素的培养基上即可获得成功,附加水解酪蛋白和椰子汁等,可促进其生长发育。

4.4.2 子房培养

1）子房培养的意义

子房培养是指将子房从母体上分离下来,置于培养基上,使其进一步发育成幼苗的技术。子房是雌蕊基部膨大的部分,由子房壁、胎座、胚珠组成。在进行胚珠培养时,常因分离胚珠困难而改用子房培养,其培养的意义在于:

①使未受精胚囊中的单倍性细胞诱导发育成单倍体植株。

②获得杂种植株。

③为试管受精提供基础技术。

根据培养的子房是否授粉,可将子房培养分为授粉子房培养和未授粉子房培养。

2）培养方法

（1）子房外植体的制备

子房培养的方法与胚珠培养相似。若培养未受精的子房,一般选用开花前 $1 \sim 5$ d 大田植株的子房;若培养受精后的子房,则应根据培养目的,选择授粉后不同天数的子房作为试材。子房培养与相同胚龄的胚培养比较,大大降低了难度。

（2）材料的消毒

单子叶植物的幼龄子房包裹在颖壳里,而颖花又严密包裹在叶鞘里,子房无菌,因此只要在幼穗表面用75%酒精擦试,即可在无菌条件下剥取子房直接接种;双子叶植物的花蕾可以用饱和漂白粉溶液灭菌 15 min,无菌水冲洗后备用。对其他子房裸露的植物则应按照常规表面消毒程序进行严格消毒。之后在无菌条件下,除去花萼、花冠或颖壳,将子房接种于合适的培养基上进行培养。

（3）培养基

用于子房培养的培养基有 MS、White、B_5、N_6 和 Nitsch 等。Nitsch 培养基是 Nitsch 于 1951 年为培养小黄瓜、草莓、番茄和菜豆等离体子房而研制出的一种培养基,这为子房培养技术奠定了基础。培养基的成分对子房生长发育及成熟影响较大,如在一种含无机盐和蔗糖的简单培养基上,培养屈曲花授粉后 1 d 的离体子房,其生长良好,但形成的胚比自然条件下的小。而在培养基中添加 B 族维生素后,可获得正常大小的果实。若在含有无机盐、蔗糖、维生素的培养基中再附加 IAA,在离体条件下形成的果实比自然条件下形成的更大。

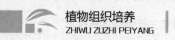

(4)离体子房的发育

由于子房存在两种细胞,即性细胞和体细胞,二者均可产生胚状体或愈伤组织,进一步发育成植株。因此,这些植株可以来源于性细胞,也可以来源于体细胞。来源于性细胞者由于是由大孢子母细胞减数分裂而来的,因此形成单倍体植株;而来源于体细胞,即由珠被和子房壁表皮组织产生的植株,则属于二倍体。正是由于胚状体或愈伤组织有两种不同倍性的起源,其后代会出现不同倍性的植株,若要通过子房培养从大孢子产生单倍体植株,则必须设法控制不同胚性组织中的细胞分裂,为大孢子细胞分裂创造良好条件。若培养子房中卵细胞为已受精的合子,则可通过胚状体或愈伤组织再分化途径,产生二倍体杂种植株。

3)影响子房离体培养的因素

由于子房培养的目的不同,要求子房的发育途径也不一样,可通过控制培养基及激素条件调节子房发育的方向。受精后的子房通过离体培养,可形成果实,并得到成熟的种子。这种培养方式所要求的培养基也较简单,常用的有 N_6、MS 和 BN 等。然而,要想诱导子房中的性细胞和体细胞形成胚状体或愈伤组织,并分化成植株,则对培养基的成分有一定要求。如诱导未受精子房胚囊核单倍体组织发生,就需要在培养基中加入一定量的激素。例如,水稻子房离体培养时,不加外源激素,子房不膨大,也不产生愈伤组织;当加入微量生长素时,就可明显促进子房的膨大,产生愈伤组织。

任务4.5　离体受精技术

4.5.1　离体受精的意义

植物离体受精也称离体授粉或试管受精,指在离体的、人工控制的环境下,通过生物技术的操作完成雌雄配子的融合。也就是把未授粉的胚珠或子房切离母体,进行无菌培养,并以一定的方式授以无菌的花粉,使之在试管内实现受精。

在远缘杂交中,常遇到受精前的障碍问题。如花粉在柱头上不能萌发;花粉管生长受到抑制而不能进入胚珠;花粉管在花柱中破裂等,使受精作用不能正常进行。这些均属于受精前或合子期前障碍。此外,在某些情况下,受精虽然能正常进行,但由于胚和胚乳之间的不亲和性,或胚乳发育不良,杂种不能发育成熟,这些则属于受精后障碍。因受精后障碍而导致远缘杂交的失败,可采用胚培养或胚珠培养或子房培养予以克服。而远缘杂交受精前障碍的克服,可采用消除柱头和花柱的障碍,让花粉直接与胚珠接触,从而实现受精并使之发育形成种子,在培养基上继续发芽长成植株。为了达到这个目的,20 世纪60 年代初期开始了在完全人为控制的条件下进行离体授粉技术的研究。

4.5.2　离体授粉的类型

1)离体柱头授粉

离体柱头授粉是指通过雌蕊的离体培养,并把无菌花粉授在柱头上,得到含有可育种子和果实的技术。离体柱头授粉的方法通常是在花药尚未开裂时切取母本花蕾,消毒后,在无菌条件下用镊子剥去花瓣和雄蕊,保留萼片,将整个雄蕊接种于培养基上,当天或第2 d 在其柱头上授予无菌的父本花粉。

离体柱头授粉是一种接近于自然授粉的试管受精技术。以小麦为例,具体的做法为:早上在田间将开花前约2 d 的母本麦穗连同带有1~2 个叶片的茎杆剪下,插入水中,带回实验室;将整个麦穗消毒后,于无菌条件下剥去每个小花外颖,剪去雄蕊,再从穗轴上切下雄蕊接种于蔗糖浓度为5% 的 MS 培养基上;培养2 d 后,柱头展开呈羽毛状时进行授粉。

2)离体子房授粉

离体子房授粉技术是一种接近于自然状况的受精技术。将不同发育阶段的子房连同花梗,经消毒后接种到培养基上,然后授以无菌的花粉。花粉可以用不同浓度的硼酸、蔗糖配成含有一定花粉数量的悬浮液,授粉时可直接将子房壁或子房顶端切一个开口,把花粉悬浮液滴入切口内,也可用注射器把花粉悬浮液从子房上端或基部戳一个小孔直接注入子房,然后把子房接种在培养基上培养。

3)胚珠试管授粉

一般采用带胎座的胚珠进行培养,主要是由于胎座的存在使培养的胚珠更容易成活。胚珠包裹在子房内,处于无菌状态,只需表面消毒,就可以在无菌下把胚珠从子房中剥离出来接种于培养基上。授粉时可以把无菌的花粉撒在胚珠上,也可以先把花粉撒在培养基上,然后把带有胎座的胚珠接种于撒有花粉的培养基上进行授粉。

离体授粉的3 种方式见图4.4。

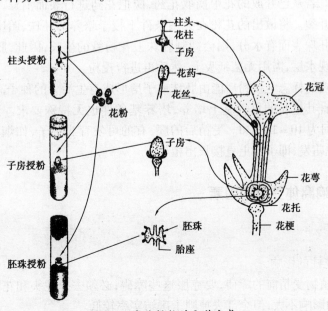

图4.4　离体授粉的3 种方式

4.5.3 离体授粉的方法

1)材料选择

在进行离体授粉时,最好选用子房较大且有多个胚珠的材料,如茄科、石竹科和罂粟科植物,这些植物的胎座上着生着成千上万个胚珠。由于数量大,在分离过程中会有许多胚珠完好无损,授粉后容易进一步发育。

无论是柱头授粉还是胚珠授粉,多保留母体花器官有利于授粉的成功。例如,在小麦离体柱头授粉中,保留颖片有利于子粒发育。

2)离体授粉的程序

离体授粉的一般程序是:
①确定开花、花药开裂、授粉、花粉管进入胚珠和受精的时间。
②去雄后将花蕾套袋隔离。
③制备无菌子房或胚珠。
④制备无菌花粉。
⑤胚珠或子房的试管内授粉。

为了避免非实验要求的授粉,母本花蕾必须在开花前去雄并套袋,开花后 1~2 d 内将花蕾取下带回实验室。先将花萼和花瓣去掉,在75%酒精中漂洗数秒后再用适当的杀菌剂进行消毒,最后用无菌水冲洗 3~4 次,去掉柱头和花柱,剥去子房壁,使胚珠露出来。接种时可将长着胚珠的整个胎座一起培养,或把胎座切成数块,每块带有若干个胚珠,之后再进行离体授粉。在进行离体柱头授粉时,需对雌蕊进行仔细的表面消毒,但不能使消毒液触及柱头,以免影响花粉在柱头上的萌发和生长。

为了在无菌条件下采集花粉,需要把尚未开裂的花药从花蕾中取出,置于无菌培养皿中直到花药开裂。若从已开放的花中摘取花药,应把花药进行表面消毒,然后将其置于无菌培养皿中直至开裂。将散出的花粉在无菌条件下授予培养的胚珠、胎座、子房和柱头上或其周围。如果胚珠表面有水分,则会抑制胚珠上花粉管的生长,因此,胚珠接种后,在培养基表面如果出现水层,需用无菌纸吸干,然后再进行授粉。

离体授粉成功的标志是授粉后能由胚珠或子房形成有生活力的种子。一般来说,授粉后胚珠可以在适宜其生长的培养基上培养,培养基条件也无特殊要求。光照强度一般为1 000 lx,光照时间为 10~12 h/d。受精后的胚,有的可发育成种子,如烟草、矮牵牛、康乃馨等;有的则原位萌发,即子房上直接长出植株。

4.5.4 影响离体受精的因素

1)外植体

(1)柱头和花柱的影响

柱头是某些植物受精前的障碍,要克服这些障碍,必须去掉柱头和花柱。去掉部分柱头,对产生种子的影响不大,但全部去掉则子房结实率较低。

（2）胎座的影响

在试管受精中，子房或胚珠上带有胎座，有利于离体受精的成功。至今试管受精成功的大部分例子，都是用带胎座的子房或胚珠作为材料。同时多胚珠子房的离体受精也易成功。

（3）生理状态

胚珠或子房的生理状态对授粉后的结实率有明显影响，开花后 $1 \sim 2$ d 剥离的胚珠比开花当天剥离的胚珠结实率高。在离体授粉中，可以把剥离胚珠的时间选择在雌蕊授粉后和花粉管进入子房之前，从而增加离体授粉成功的机会。

2）培养基

试管内授粉后，能否保证花粉迅速萌发且萌发率较高，花粉管迅速伸长并在受精允许的时间内达到胚囊，完成受精过程，培养基起到关键作用。常用于离体授粉的培养基有 Nitsch、White、MS 等。研究发现氯化钙对离体授粉有很大影响，如先将离体胚珠在 1% 氯化钙溶液中蘸一下，然后立即授粉，再转移到 Nitsch 培养基上，可获得了具有萌发力的种子。如不用氯化钙处理，则不能形成种子，可见 Ca^{2+} 具有刺激花粉萌发和花粉管生长的作用。培养基中蔗糖浓度一般为 $4\% \sim 5\%$，常用的有机附加物有水解酪蛋白、椰子汁和酵母提取液等。

3）培养条件

在离体授粉中，培养物一般都是在黑暗或光照较弱的条件下培养的。但 Zenkteler 发现，培养物无论在光照还是黑暗条件下培养，离体授粉的结果都没有差别。离体授粉培养的温度一般为 $20 \sim 25$ ℃。

复习思考题

1. 通过哪些途径可以获得单倍体？这些途径之间有何不同？
2. 花药和花粉培养有何异同？
3. 园艺植物杂种胚培养的意义何在？实际操作中应注意哪些方面？
4. 原胚培养与成熟胚培养有何异同？
5. 比较胚培养、胚珠培养和子房培养的异同。
6. 胚乳培养的特点及意义是什么？
7. 离体授粉的意义主要表现在哪些方面？
8. 怎样进行子房和胚珠培养？

项目5 植物细胞培养及次生代谢物质生产

1. 了解植物细胞培养及次生代谢物质生产的意义；
2. 掌握常用的单细胞分离和培养的方法；
3. 能够进行单细胞的分离，并根据培养流程的要求，熟练进行细胞悬浮培养；
4. 理解植物次生代谢物质生产的基本流程及影响因素。

重点

单细胞分离及培养的常用方法，细胞悬浮培养的方式，影响细胞培养的因素。

难点

单细胞分离及培养的常用方法，细胞悬浮培养的方式。

> 植物细胞培养是指从植物体中获得植物细胞，然后在一定的条件下培养以获得所需的细胞系或各种产物，是在植物组织培养的基础上发展并独立出来的一项新技术。其用途有：在工业上主要用于次生代谢物的生产，如色素、药物、香精、酶等的生产，且具有产量高、生产周期短、品质优、不占用耕地等优点；在农业上主要用于种质资源的保存、人工种子的制备和植物种苗的快繁等，与传统方法相比，植物细胞培养速度快、规模大、种质遗传稳定性好。随着科技的发展，植物细胞培养将进一步发展到前所未有的水平，将为人类的健康和经济社会发展做出更大的贡献。

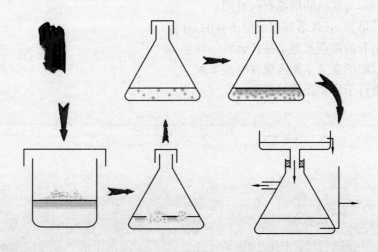

任务 5.1 单细胞培养

5.1.1 单细胞的分离

植物细胞培养首先要获得所需的细胞。单细胞一般可以利用植物的组织、器官,通过机械法或酶解法从植物材料中分离得到,也可以通过诱导愈伤组织而获得。

1) 外植体的种类

外植体的选择要根据试验目的而定,如原生质体培养要选择容易分离原生质体的材料和部位,而利用植物细胞培养生产次生代谢物则要选择主要产生次生代谢物的组织或器官等。

虽然同一植物的所有细胞都含有相同的基因,都具有全能性,但是由于细胞分化的结果,在不同的组织、器官中,基因的表达有所差异。因此在利用植物细胞培养生产次生代谢产物时,外植体应选择植株中主要产生此种次生代谢物的组织或器官。例如,利用东北红豆杉细胞培养生产紫杉醇时,幼嫩的茎、叶和芽均能很快诱导出愈伤组织,愈伤组织生长速度以芽为最快,其次是茎,而叶则最慢,但由叶产生的愈伤组织中紫杉醇含量最高,是茎或芽愈伤组织的 3 倍,故应选用叶作为外植体。

2) 外植体的选择原则

植物细胞培养成功的关键取决于培养条件和培养材料(即外植体)。植物细胞来源于外植体,外植体的选择是否恰当,对单细胞的获取影响较大。一般要选择生长正常、无病虫害的植株,并选择适宜的组织或器官作为外植体。目前,从植物体的各个部位都可以成功地获取单细胞,但不同植物、不同器官的脱分化和再分化能力各不相同,分离单细胞的难易度和培养效果也有很大差异,因此,在进行植物细胞培养时,必须选择合适的外植体。

(1)直接分离单细胞的外植体选择

用于直接分离植物细胞的外植体,必须选择适当生长期的健康植株,并选择细胞之间粘连度较小的植物组织、器官作为直接分离细胞的外植体。叶片是直接分离单细胞的最好材料。1965 年,Ball 等人首次从花生的成熟叶片中直接分离得到了离体单细胞。

外植体直接分离细胞在受机械或酶作用的同时,细胞结构也会受到一定的伤害,获得完整细胞的数量较少,因此其使用受到限制。

(2)从诱导的愈伤组织中分离单细胞的外植体选择

不同的植物种类,同种植物的不同器官,同一器官的不同生理状态等,对诱导愈伤组织的难易程度也不相同。如风信子与郁金香都是百合科的植物,但前者较容易诱导和获得再生植株,而后者则较困难。百合外层鳞茎诱导易于内层鳞茎。

此外,取材季节,外植体的大小对于愈伤组织诱导也有重要影响。大多数植物在生长季节取材,诱导愈伤组织成功率较高。在利用大蒜腋芽为外植体诱导愈伤组织的研究中发

现,当外植体的大小为 0.5 cm×0.3 cm×0.2 cm 时,愈伤组织产生较多,当外植体的大小为 0.2 cm×0.2 cm×0.1 cm 时,愈伤组织产生较少或不产生。除了脱毒培养外,其他培养的外植体不能太小,因为较大的外植体的再生能力较强。通常情况下,叶片、花瓣等外植体材料的面积约 5 mm²,茎段长 0.5 ~ 1 cm。

(3)用于分离原生质体的外植体选择

对于多数植物来说,苗龄和叶龄与原生质体的产率和存活率有很大关系。如在决明子原生质体培养中发现,较老无菌苗的子叶和下胚轴的细胞较难游离出原生质体;而幼嫩无菌苗的子叶和下胚轴的细胞则易于游离出原生质体,但其细胞膜也容易受损。研究表明,14 ~ 15 d 的决明子无菌苗的子叶和下胚轴是游离原生质体的最佳材料。

3)外植体的预处理

在植物组织、细胞培养及原生质体分离之前,为了提高愈伤组织诱导或单细胞游离的效果,往往会对外植体做一些处理,主要包括预培养、暗处理、低温处理等方式(表 5.1)。

表 5.1　外植体预处理的种类及方法

预处理种类	预处理的方法
预培养	将培养材料在加入某些药剂或低糖培养基上培养一段时间后再进行单细胞分离或愈伤组织诱导
黑暗培养	外植体或继代材料在黑暗中培养一段时间后再进行单细胞分离或愈伤组织诱导
低温或高温培养	在接种前或接种后对培养材料进行高温或低温处理一段时间,可提高出愈率
萎蔫处理	将离体叶片在光下萎蔫 2 ~ 3 h 后,再解离单细胞
抗氧化剂处理	在酶解液中加入抗氧化剂可有效防止材料褐化,提高原生质体成活率
高渗透压处理	分离原生质体前,将材料浸泡在高渗透压溶液中预处理,提高原生质体产率及存活率

(1)预培养

预培养可以减轻外植体的褐化现象,提高外植体的成活率。在正常培养基中生长的草莓试管苗幼叶,酶解仅能产生少量原生质体,如果在分离前将试管苗转入蔗糖浓度较低的培养基中预培养 2 ~ 3 周,则原生质体的产量和活力均大大提高。在进行桑树幼叶原生质体分离时,在酶解前将叶片进行预培养处理,与不经预培养处理的叶片相比,其原生质体产量增加约 10 倍。

(2)黑暗处理

黑暗处理对外植体愈伤组织诱导率有较大影响。在分离马铃薯原生质体前,取 3 周苗龄植株上的叶片接种于培养基中,20 ℃全黑暗培养 48 h,后转入 4 ℃全黑暗培养 24 h,可提高原生质体的产量,使其生活力增强。

(3)低温或高温预处理

在研究温度对春小麦愈伤组织诱导率的影响时发现,接种穗在 4 ℃冰箱内进行 3 ~ 6 d 的低温预处理,能够提高产生愈伤组织的比率,但预处理超过 6 d 时,产生愈伤组织的比率则下降。低温预处理的效果明显比接种后低温处理好。在甘蓝型油菜的原生质体培养时，将无菌苗进行4℃低温预处理后，分离得到大小均匀、胞质丰富、生长力强的原生质体。

除上述方法外，还可对培养材料进行萎蔫处理，抗氧化剂处理及高渗透压处理，从而提高愈伤组织的诱导率。

4）单细胞分离的方法

（1）机械法

一般采用植物的叶片作为外植体，将叶片轻轻捣碎，再通过过滤和离心的方法分离单细胞。机械法的优点是获得的植物细胞没有经过酶的作用，不会受到伤害，而且不需要经过质壁分离，有利于进行细胞生理生化方面的研究。但由于受到机械的作用，细胞结构会受到一定的伤害，获得完整的细胞壁或细胞数量少，因此目前使用较少。

（2）酶解法

利用果胶酶、纤维素酶等处理，分离出具有代谢活性的细胞。该方法不仅能降解中胶层，而且还能软化细胞壁。因此用酶解法分离细胞时，必须对细胞给予渗透压保护，如加入适量甘露醇等。另外，在酶液中适当加入一些硫酸葡聚糖钾有利于提高单细胞的获得率。

（3）通过愈伤组织获得单细胞

将愈伤组织用镊子或小刀分割，得到植物小细胞团，也可将愈伤组织转移到液体培养基中，加入经过杀菌处理的玻璃珠，进行振荡培养，使愈伤组织分散成为小细胞团或单细胞，然后用适当孔径的筛网过滤，除去大细胞团和残渣，得到一定体积的小细胞团或单细胞悬浮液。为了增强分散效果，必要时可添加适量的果胶酶，使由果胶粘连在一起的细胞分开。

（4）通过原生质体再生获得单细胞

用酶解法获得植物材料的原生质体后，经过计数和适当稀释，在一定条件下进行原生质体培养，使细胞壁再生，形成单细胞悬浮液。

5.1.2　单细胞培养的方法

植物细胞具有群体生长特性，当经过分离获得单细胞后，按照常规的培养方法，往往达不到细胞生长繁殖的目的。植物单细胞培养的方法主要有看护培养、微室培养、平板培养和条件培养等。

1）看护培养

看护培养是指采用一块活跃生长的愈伤组织块来看护单细胞，使单细胞持续分裂和增殖，从而获得由单细胞形成的细胞系的培养方法（图5.1）。

看护培养的基本过程如下：

①配制适宜于愈伤组织继代培养的固体培养基。

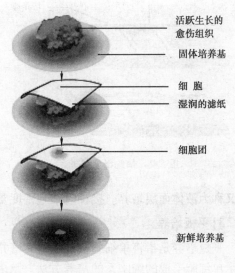

活跃生长的愈伤组织

固体培养基

细　胞

湿润的滤纸

细胞团

新鲜培养基

图5.1　细胞看护培养

②将生长活跃的愈伤组织块接种于固体培养基内。

③在愈伤组织块的上方放置一片面积为 $1 cm^2$ 左右的无菌滤纸,滤纸下方紧贴培养基和愈伤组织块。

④取一小滴经稀释的单细胞悬浮液接种于滤纸上方。

⑤将材料放在一定的温度和光照条件下培养若干天,单细胞在滤纸上进行分裂和增殖,形成细胞团。

⑥将在滤纸上由单细胞形成的细胞团转移到新鲜的固体培养基中进行继代培养,获得由单细胞形成的细胞系。

看护培养的原理尚未清楚,可能是由于愈伤组织为单细胞传递了某些生物信息,或为单细胞的生长繁殖提供了某些物质条件。看护培养效果较好,已在单细胞培养中广泛采用。不足之处就是不能在显微镜下直接观察细胞的生长过程。

2) 微室培养

由人工制造一个微室,将单细胞放到微室中的少量培养基上进行培养,使其分裂增殖,从而形成细胞团的方法。微室培养是用条件培养代替了看护组织,最大的优点就是能够在显微镜下连续观察和记录一个细胞生长、分裂和形成细胞团的过程。

具体方法如下:

①在无菌载玻片上,用2个盖玻片、眼膏(或石蜡油)制作微室"围墙"和"支柱"。

②从悬浮培养物中取出一滴只含有一个单细胞的培养液,滴于做好的微室中。

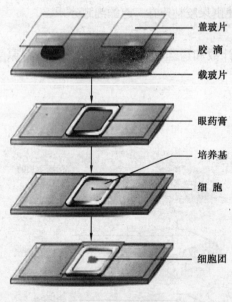

图5.2　细胞微室培养

③将第3个盖玻片覆盖在微室上方,将制作好的微室及细胞悬浮液放在培养皿中,在光下或暗中培养,温度保持在 $26 \sim 28 ℃$。

④当细胞团长到一定大小后,揭掉上面的盖玻片,将细胞团转移到新鲜的培养基上进行培养。

⑤微室培养要特别注意微室的厚度,一般载玻片的厚度在 1 mm 左右,微室的厚度不超过 $20 \mu m$,盖玻片的厚度在 $0.17 \sim 0.18$ mm。使用的眼膏(或石蜡油)能阻止微室中水分的散失,但不妨碍气体的交换(图5.2)。

微室培养还可以将接种有单细胞的少量液体培养基置于培养皿中,形成一个薄层,在静止条件下进行培养。单细胞在液体培养基中生长繁殖,也可以通过低倍显微镜观察单细胞的分裂、生长、繁殖情况,这种微室培养的方法又称为液体面层培养。接种时细胞密度要掌握好,否则难以得到细胞系。

3) 平板培养

平板培养是指将单细胞接种于固体培养基上,在培养皿中进行培养,使其生长繁殖,获得由单细胞形成的细胞系的培养方法。培养时将细胞与未固化的薄层培养基混合倒入培养皿中进行培养(图5.3)。1960年,Bergman首次采用平板培养法进行单细胞培养。此方法操作简便,容易观察和挑选,效果较好,已广泛应用。

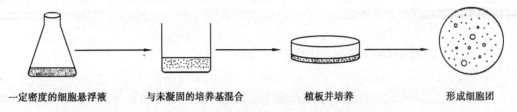

一定密度的细胞悬浮液　　　与未凝固的培养基混合　　　植板并培养　　　形成细胞团

图5.3　细胞平板培养

基本操作如下:

①将分离获得的单细胞或小细胞团制成细胞悬浮液。

②用液体培养基调整细胞密度达到初始植板密度的2倍。

③将细胞悬浮液与含有琼脂的未凝固同种培养基混合均匀后,倒入培养皿,厚度约1 mm。

④用封口膜将培养皿封严,冷却,计数后在25 ℃下进行暗培养,培养一段时间后,计算植板率。

⑤选取生长良好的细胞团接种在新鲜的固体培养基上,进行继代培养,获得由单细胞形成的细胞系。

植板率是指已形成细胞团的单细胞与接种总细胞数的百分比(即每100个铺在培养基上的细胞中有多少个能长出细胞团)。单细胞平板培养的初始植板密度一般为10^3个/ml。细胞密度过低,不利于细胞的生长繁殖;细胞密度过高则形成的细胞团混杂在一起,难以获得单细胞系。单细胞悬浮液的细胞密度可以通过血球计数器计数得到。如果细胞密度过高,可以用一定量的无菌蒸馏水进行稀释;如果密度过低,则可以采用膜过滤等方法进行浓缩。

4)条件培养

条件培养是将单细胞接种于条件培养基中进行培养,使单细胞生长繁殖从而获得细胞系的培养方法。条件培养基是指含有植物细胞培养上清液或静止细胞的培养基。条件培养是在看护培养和平板培养的基础上发展起来的单细胞培养方法。研究表明,植物细胞的培养上清液和静止细胞不但可以促进同种单细胞的生长繁殖,而且还可以促进异种细胞的生长。

条件培养的基本过程如下:

①配制植物细胞培养上清液或静止细胞悬浮液:先将群体细胞或细胞团接种于液体培养基中进行细胞悬浮培养,在一定条件下培养若干天后,在无菌条件下将培养液移入无菌的离心管中进行离心分离,分别得到植物细胞培养上清液和细胞沉淀。得到的细胞沉淀在60 ℃下处理30 min或采用X射线照射处理,得到没有生长繁殖能力的细胞,即为静止细胞或称为灭活细胞。将静止细胞悬浮于一定量的无菌水中,得到静止细胞悬浮液。

②配制条件培养基:将植物细胞培养上清液或静止细胞悬浮液与50 ℃含有1.5%琼脂的固体培养基混合均匀,分装于无菌培养皿中,水平放置冷却,即为条件培养基。

③接种与培养:仿照看护培养或平板培养的方法,将单细胞接种在条件培养基上,在适

宜的条件下进行培养,使单细胞生长繁殖,形成细胞团。

条件培养基为单细胞的生长繁殖提供所需的条件,具有看护培养和平板培养的特点,在植物单细胞培养中经常采用。

5.1.3 影响单细胞培养的因素

植物单细胞培养比愈伤组织培养和悬浮细胞培养更为困难和复杂,对培养条件的要求更加严格,必须根据需要,控制好各种培养条件。

1)培养基成分和 pH 值

不同植物的单细胞对培养基成分的要求各不相同,要根据各自的要求,选择适当的碳源(蔗糖、葡萄糖、果糖、半乳糖)、氮源(硝态氮、铵态氮、有机氮)及其他添加物(植物生长调节剂、有机添加物等)。此外,添加物的浓度也要恰当。

由于植物细胞具有群体生长的特点,因此用于单细胞培养的培养基中还有某些特殊的成分。例如,看护培养基中需加入愈伤组织块,条件培养基含有一定量的植物细胞培养上清液等,才能使单细胞生长和繁殖。

细胞培养的培养基 pH 值一般在 5.0~6.0,若适当调整单细胞培养基的 pH 值,能够有效提高植板率。试验表明,长春花细胞培养以 pH 5.8 为宜。1977 年 Veliky 报道,甘薯的细胞培养物如果 pH 值稳定在 6.3,次生代谢物的产量比不控制 pH 值时高一个倍。当 pH 值下降到 4.8 时,色氨醇的积累几乎完全受到抑制。这说明在一般的培养过程中,培养基中的 pH 值可能有很大的变化,这将对培养物的生长和次生代谢物的积累产生不利的影响。但若在培养基中添加水解酪蛋白和酵母提取液等一些有机成分,可以使培养基得到良好的缓冲,使培养基中的 pH 值相对较稳定。

2)细胞密度

细胞密度是指单位体积内的细胞数目,即每毫升培养液中含有多少个细胞。开始培养时单位体积内的细胞数目称为细胞起始密度,是能使细胞分裂、增殖的最低接种量,也叫最低有效密度。不同的培养方法,有不同的细胞起始密度。细胞密度过低,不利于其生长繁殖;细胞密度过高则形成的细胞团混杂在一起,难以获得单细胞系。

3)植物生长调节物质

生长素和细胞分裂素是植物细胞培养中主要的生长调节物质,其种类和浓度对单细胞的生长繁殖有重要作用,尤其在单细胞密度较低的情况下,适当补充植物生长调节剂,可以显著提高植板率。

4)光照

光照对细胞的生长和次生代谢物质的生产有极大影响,如芸香的愈伤组织在光照下,芳香类化合物的含量比暗培养增加 2 倍以上。但光照也会影响一些物质的合成,如蓝光和白光会阻碍紫草素和萜烯类物质的合成。

5)培养系统中 CO_2 含量

植物细胞培养系统中 CO_2 含量对细胞生长繁殖有一定的影响。大气中的 CO_2 浓度约为 0.03%,如果人为地降低培养系统中 CO_2 含量(用氢氧化钾吸收 CO_2)细胞分裂就会减慢或停止。如果将培养系统中的 CO_2 含量提高到 1% 左右,则对细胞的生长有促进作用,但若 CO_2 含量提高到 2%,则对细胞生长有抑制作用。

6)氧浓度

培养基中溶解氧的浓度会影响细胞再生小植株的方式。如胡萝卜细胞培养时,若培养基中氧浓度低于临界水平,则有利于形成胚状体,若高于临界水平,则有利于根的形成。

任务 5.2 植物细胞的悬浮培养

植物细胞悬浮培养是指将游离的植物细胞按一定的密度悬浮在液体培养基中,不断扩增的无菌培养方法。这是一种从愈伤组织的液体培养方法基础上发展起来的新的培养技术,也是植物细胞大规模培养最有效的方法,其主要优点是:

①能大量提供均匀的植物细胞,为细胞学研究创造了有利的条件。

②细胞增殖的速度快,适合于大规模培养。

将植物细胞如同微生物一样在大型容器中进行培养,生产一些多种植物代谢的次生物质,如各种药用植物的有效成分,从而开创出一条植物产品工业化生产的新途径。至今,已有 300 多种植物通过悬浮培养分离出 400 多种次生代谢产物,其中有 30 多种在培养物中的积累等于或超过原植物体内的含量,如紫草宁在培养细胞中含量达 12%,小檗碱可达 13%,人参皂苷可达 7%。

近年来,我国在人参、红豆杉、毛地黄等植物细胞规模培养中取得显著成效,有的已有产品投入市场。植物细胞的悬浮培养,从早期的试管培养发展到如今大容积发酵罐培养,从不连续培养发展到半连续培养和连续培养。

5.2.1 细胞株的筛选

在细胞悬浮培养中,首先要选择适合于工业化市场的高产细胞株,一般要求其分散性好,细胞大小及生理状态相对一致,生长周期短,利于维持无菌操作,细胞中有效成分含量高,细胞生长与次生产物生产均稳定。

筛选流程如下:

①从培养的愈伤组织中挑出外观疏松且生长快的浅色愈伤组织。

②分离出单个细胞或小的细胞团。

③接种在固体培养基上,2 周后挑选出生长最快的细胞进行继代培养。

④取各细胞系的培养物进行有效成分的测定,从中筛选出有效成分高、生长快的细胞株。

5.2.2 细胞悬浮培养的方法

1)成批培养

成批培养是指在含有固定体积培养基的容器系统中,将细胞分散培养在其中的培养方式,是研究细胞生长、分裂生理的常用方法。在培养过程中,系统除了气体和挥发性代谢产物可以同外界空气交换外,其余均为密闭的,当培养基中的主要营养物质消耗殆尽,则细胞的分裂和生长也随之停止。要使培养的细胞不断增多,必须及时进行继代培养(图5.4)。

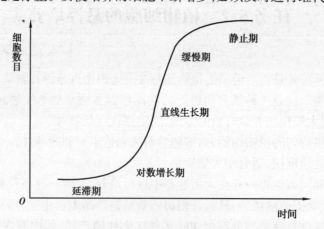

图 5.4 成批培养细胞生长周期

(1)成批培养的特点

①不同物种所用的液体培养基也不相同,但一般适合愈伤组织生长的培养基,不添加琼脂,就可作为悬浮细胞培养基。

②在成批培养中,培养容器内的培养基体积是固定的,细胞生长直到养分耗尽为止。

③在培养时可适当搅拌,使游离细胞或小细胞团在培养基中分布均匀。

④在培养过程中,细胞数目呈"慢—快—慢—停止"的S形曲线。

⑤继代培养要及时,可用注射器吸取培养容器中少量含游离细胞和小细胞团的悬浮液,转移到成分相同的新鲜培养基中(约稀释5倍),继续培养。也可用纱布或不锈钢网进行过滤,滤液接种到新鲜培养基中。

(2)成批培养常用的方法

根据培养基在容器中的运动方式,常用的方法有以下4种:

①旋转培养:培养瓶呈360°缓慢旋转,使悬浮培养基与培养物均匀分布,并能保证空气供应,一般 1 ~ 5 r/min。

②往返振荡培养:培养瓶在一条直线方向往返运动振荡。

③旋转振荡培养:培养瓶在一平面上做旋转振荡,一般 40 ~ 120 次/min。

④搅动培养:利用搅棒的不断转动来搅动培养基。

成批培养的优点是培养设备和操作技术简单,但在培养过程中,细胞的生长、次生代谢产物的积累以及培养基的物理状态常随时间变化而变化,培养检测十分困难。同时,培养周期短,需及时继代,因此容器的清洗、消毒会耗费大量的人力、物力,增加培养成本。

2)连续培养

连续培养是指在培养过程中,在特制的容器内不断加入新的培养基,并排出旧的培养基,保持其衡定体积,使培养物不断得到养分补充,从而大规模培养细胞的方式。该技术由于养分供应充足,可使细胞持久保持快速生长,繁殖速度快,适合于大规模工厂化生产,尤其对次生代谢产物的大规模生产具有重要意义。

(1)连续培养的特点

①由于不断加入新鲜培养基,保证了养分的充足供应,培养物不会出现营养不足的现象。

②培养期间,细胞增殖速度快,可始终保持在对数增长期内。

③适合于大规模工业化生产。

(2)连续培养的类型

①半连续培养:介于成批培养和连续培养之间的一种培养方式。在细胞培养时,每隔一定时间倒出一定量的细胞培养悬浮液于另一个培养容器中,同时分别补充加入等量的新鲜液体培养基进行继续培养,这相当于成批培养时频繁地进行再培养。这种培养方式中,保留的一部分培养基有利于细胞分裂的启动,可以节省细胞的培养成本。目前,此方法在花生、菜豆等多种植物细胞培养中已被应用,但由于保留的细胞悬浮液中细胞状态有所差异,因此会影响下一个培养周期细胞生长的一致性。

②封闭型连续培养:在培养过程中,新鲜的培养基和旧培养基以等量进出,并把排出的细胞收集,放入培养系统继续培养,随着培养时间的延长,细胞密度不断增加。

③开放型连续培养:指在连续培养期间,新鲜培养基的加入速度等于细胞悬浮液的排出速度,细胞也随着悬浮液被排出,并把排出的细胞收集,放入培养系统继续培养,这种方式随着培养时间的延长,细胞密度不断增加。

(3)细胞增殖稳定性的维持

一般可以用浊度恒定法和化学恒定法来维持培养系统中细胞增殖的稳定性。

①浊度恒定法:根据悬浮液浑浊度的提高来注入新鲜培养基的开放式连续培养。可选择一种细胞密度,当培养系统中的细胞密度超过人为设定的细胞密度,超过的细胞会随着排出液一起自动排出,从而保证培养系统中细胞密度的恒定。此法控制细胞密度灵敏度高,在一定限度内,细胞生长速度主要受培养环境的影响,可用于研究环境因子如光照、温度等,对细胞代谢的影响。

②化学恒定法:在培养过程中,除生长限制因子(如氮、磷、糖等)以外的其他培养基成分的浓度都保持在细胞生长所需的水平上,限制因子的任何增减都可由细胞增殖速度的变化反映出来。这是按照某一固定速度,随培养基一起加入对细胞生长起限制作用的营养物质,使细胞增长速率和细胞密度保持恒定的一种开放式连续培养法。其最大的特点是通过限制营养物质的浓度来控制细胞的增长速率。这种方法在大规模细胞培养的工业化生产上有巨大潜力,是植物细胞培养上的一大进步。

连续培养延长了细胞培养周期,增加了细胞产量和次生代谢产物积累的时间,便于系统监控。但该方法需要的装置较为复杂,对反应器设计要求较高。

5.2.3 培养细胞的同步化

同步化是指在培养基中大多数细胞都能同时度过细胞周期的各个阶段。同步性的程度以同步百分数表示。但是,在一般情况下,悬浮培养的植物细胞在大小、形状、核的体积和 DNA 含量以及细胞周期等方面都有很大的差异,这种差异使得研究细胞分裂、代谢、生化及遗传等问题复杂化。因此为了使培养细胞有一定程度的同步性,人们利用一些方法,以期达到细胞分裂的高度同步化。由于活跃分裂的细胞百分数较低,且在悬浮培养中细胞有聚集的趋势,给同步化造成了困难。

完全同步化要求所有的细胞都同时通过细胞周期的某一特定时期,然而这一目的在植物培养细胞中难以实现。常用的方法有物理方法和化学方法两类,物理方法是依据细胞的物理特征(如单细胞或细胞团的大小),来调控培养的环境条件(如光和温度等)从而使培养细胞集中在某一特定的时期。化学方法常用抑制剂来阻止细胞完成细胞周期,从而使其停留在细胞周期的某一特定时期。

1)体积选择法

悬浮培养的植物细胞在形状和大小上是不规则的,并常聚集成团,因此一般根据小细胞团的大小来进行选择比根据单细胞体积的大小来进行选择更加可行。可采用密度梯度离心的方法,根据小细胞团的体积和质量的差异进行分级,将同一层的细胞收集,再在同一培养系统中培养,能获得同步性较好的细胞悬浮培养物。Fujimura 等(1979)在胡萝卜细胞悬浮培养中,使体细胞胚胎发生的同步化达 90%。该方法操作简单,分选细胞维持了自然的生长状态,对细胞活力的影响小。

2)同步化饥饿法

先停止供应细胞分裂所必需的营养物质或生长调节物质,使细胞停止在细胞周期的某一阶段,然后再重新加入这些物质,使细胞能同时步入下一个阶段。如长春花悬浮培养中,先使细胞受磷酸盐饥饿 4 d,然后再将培养物转入含有磷酸盐的培养基中,获得了较多的同步化细胞。Gould 等(1981)报道培养基中磷和糖类物质的饥饿能使假挪威槭细胞停止在 G_1 期和 G_2 期,氮源饥饿的细胞仅积累在 G_1 期。

3)同步化抑制法

在培养基中加入 DNA 合成抑制剂,阻止 DNA 的合成,使细胞都滞留在 G_1 期和 S 期,培养一段时间后,再去除抑制物质,则细胞就进入同步分裂。采用这种方法获得的细胞,同步化程度更高。如 5-氟脱氧尿苷已用于大豆、烟草、番茄等悬浮培养细胞的同步化试验。也可用秋水仙碱处理培养细胞,达到同步化,但要避免秋水仙碱的处理时间过长,否则会增加体系中不正常的有丝分裂。

在植物细胞悬浮培养中,要达到高度的同步化是比较困难的,主要是由于细胞分裂的频率低且常常聚成细胞团。经常采用指数生长的培养物作继代培养可减少这些因子的影响。对一种植物细胞有效的同步化方法或许对另一种植物并不适用,可以把几种方法结合起来使用。

5.2.4　培养细胞的生长和活力测定

1)培养细胞生长的测定

在悬浮细胞培养时,细胞的生长一般以它的总体积(压紧后的细胞体积)来表示,而鲜重、干重、蛋白质总量等也有应用。

(1)细胞计数

悬浮培养中除了游离的单细胞外,还存在着大小不同的细胞团,在培养容器中直接取样很难进行可靠的细胞计数。为了提高细胞计数的准确性,可用铬酸或果胶酶先处理细胞和细胞团,经离析软化后,再用玻璃棒轻捣组织,就得到细胞悬浮液,适当稀释后,再用吸管或注射器吸出一定体积悬浮液在血球计数板上计数。

(2)细胞体积

在一定范围内反映了悬浮培养中细胞数目的增加。测定时取培养细胞悬浮液 15 ml 放入刻度离心管中,2 000 r/min 离心 5 min,可得到细胞沉淀的体积。而每毫升培养液中细胞体积的毫升数称为细胞密实体积。

(3)细胞的鲜重和干重

在琼脂培养基上培养的材料,一般可直接取出称鲜重,但要注意应尽可能少带出培养基。而悬浮培养材料可放在预先称重的尼龙丝网上用水洗去培养基,真空抽滤除掉细胞沾着的多余水分,然后称重。干重通常要在 60 ℃烘箱内烘 12 h,冷却后称重。细胞的干、鲜重常以每 10^6 个细胞或每毫升悬浮培养物的重量来表示。

2)培养细胞活力的测定

细胞培养多用于次生代谢产物的生产,因此培养的细胞必须是活细胞。目前,主要有以下几种方式来测定细胞的活力:

(1)相差显微镜法

在显微镜下,可观察培养细胞的胞质环流和是否有正常细胞核来判断细胞的死活。

(2)二乙酸荧光素法(FDA)

该方法可通过目测,快速鉴定细胞活力。活体细胞会释放出脂酶,而本来无荧光也无极性的 FDA 被脂酶分解释放出有极性的荧光素,荧光素不能穿透质膜而在活细胞体内积累,而在死细胞和破损细胞内则不能积累,在用紫外光照射时,活体细胞内的荧光素会发出绿色荧光,而死细胞则没有,从而可鉴定细胞的活力。

具体操作方法:用丙酮配制 0.5% FDA 储备液,0 ℃保存,测定时将储备液加入细胞悬浮液中,使终浓度达 0.01%,保温 5 min,之后用一定波长的紫外光照射,荧光素就会发出荧光,通过吸收片就可在显微镜下观察。这种方法虽然很直接,但设备较贵。

(3)依凡兰染色法

以 0.025% 依凡兰溶液对细胞进行染色,只有受损伤细胞和死细胞才能被染色,而完整的活细胞不被染色,因而就能区别开活细胞和死细胞。这种方法与 FDA 法得到的结果刚好可以互补。

（4）TTC 法

TTC 即 2,3,5-氯化三苯基四氮唑,活细胞的呼吸作用能将无色的 TTC 还原为红色,所以活细胞会被染成红色,在显微镜下观察被染色的细胞数目,计算活细胞的百分率。也可将红色物质用乙酸乙酯提取出来,用分光光度计进行定量分析,计算出细胞的相对活力。

5.2.5 影响细胞培养的因素

1）碳源成分

悬浮培养的碳源可以使用多种糖类,但糖的种类不同对细胞数量、干重等均有明显影响（表5.2）,一般葡萄糖最好,培养获得的细胞数目最多、干重最大、细胞团最小。

表 5.2 帕尔斯猩红玫瑰悬浮培养中碳源对细胞生长的影响

碳源/(20 g·L^{-1})	干重/mg	细胞数/(个·ml^{-1})	细胞团大小/玫瑰细胞团的细胞数
葡萄糖	261	103 800	100
蔗糖	240	89 972	191
纤维二糖	115	56 442	138
棉籽糖	92	52 117	241
半乳糖	42	25 019	197

2）培养基

培养基的种类对细胞悬浮培养有重要的影响。一般来说,适合于单子叶植物细胞培养的培养基有 N$_6$、MS、B$_5$,适合于双子叶植物细胞培养的培养基有 MS、B$_5$、LS。

悬浮细胞培养基中需额外加入一些有机物,如水解酪蛋白、椰乳、脯氨酸等。悬浮培养往往需要更高的硝态氮和铵态氮。同时,磷酸盐的消耗量也很大,如烟草在 MS 培养基中悬浮培养 3 d 后,磷酸盐的浓度几乎下降至 0,因此含磷较高的 B$_5$ 和 ER 培养基比较适合于高等植物细胞的悬浮培养。

培养基中植物激素的种类和含量对培养细胞的聚集性,细胞分裂的启动速度和分裂速度均有影响,要选择细胞容易散碎的激素种类。如颠茄细胞培养时,培养细胞的分散性与KT 的浓度有关。

3）细胞密度

悬浮培养的最低有效细胞密度一般为$(0.5 \sim 1) \times 10^5$个/ml,不同植物也有所差异。在条件培养或看护培养下,可将细胞的初始密度降低,这样可防止分裂的细胞团之间聚集,比较容易获得单细胞无性系。而单细胞培养的初始密度越高,越容易诱导细胞分裂,细胞植板率增加。

4）振荡频率

振荡频率的大小对细胞生活力和生长均有影响,如玫瑰悬浮培养细胞在 300 r/min 振荡下,能成活且不受损伤,而烟草细胞能耐受的最大振荡仅为 150 r/min。

5) CO_2 的浓度和 pH 值

在低密度细胞悬浮培养中,CO_2 浓度对诱导细胞分裂有影响,如在假挪威槭和其他一些植物的悬浮培养中,在培养容器内保持一定的 CO_2 分压,可以使有效细胞数目显著下降。

常用的培养基缓冲能力较弱,不适合细胞悬浮培养,因此,在悬浮培养中,pH 值可变动较大,从而影响某些养分的可利用性。如在硝态氮和铵态氮之间进行调整,可稳定 pH 值,也可加入一些固体缓冲物,如微溶的磷酸氢钙、磷酸钙或碳酸钙等,也可稳定培养基的pH 值。

任务5.3　细胞固相化培养

人们需要的大多数植物细胞次生代谢产物只有在细胞生长停止时才能合成,因此若采用连续培养,可能很难获得次生代谢产物。悬浮培养的细胞虽然形成次生代谢产物的生物量较高,但这个产量水平远远不能满足生产需要。而固相化培养技术则很好地解决了上述问题,该技术在 20 世纪 70 年代末发展成熟并应用于植物次生代谢产物的生产。

固相化细胞是指把植物细胞固定在一种惰性基质(如琼脂、藻酸盐、聚丙烯酰胺等)的上面或里面,使细胞不能运动,而营养液可以在细胞间流动。在植物细胞培养的方法中,固相化培养是最新的培养技术,同时也是一种最接近自然状态的培养方法。目前,固相化技术已经用于固定完整的植物细胞、原生质体、细胞器(叶绿体和线粒体)等。

5.3.1　固相化培养的机理

Lindsey 等(1983)发现,聚集的或部分组织化的细胞对生物碱的积累能力要比生长迅速而松散的细胞高。一般认为,聚集化和组织化为提高细胞次生代谢物的产量提供了两个条件:

①培养细胞的组织化水平越接近整体植物水平,就越能与整体植物相同的方式对环境因子的刺激起反应。这样,固相化的细胞就越接近其体内环境而对培养中的各种因子起反应。

②固相化的细胞生长速度低于游离悬浮培养细胞,而许多证据表明,生长速度的降低与次级代谢物产量的提高之间有一定的相关性(Lindsey and Yeoman,1985)。固相化的植物细胞既达到了组织化要求,又限制了细胞的生长速度,因此提高了次生代谢物质的产量。

5.3.2　固定化细胞培养的特点

固相化细胞培养与悬浮细胞培养相比,具有以下特点:

①可以消除或极大地减弱流质流动引起的切变力。

②细胞生长缓慢。在细胞中初级代谢和次级代谢往往对前体存在着竞争,细胞生长迅

速时,初级代谢占优势,而细胞生长缓慢时,次级代谢占优势,因此固相化的细胞一般生长缓慢,从而使次生代谢物产量增高。

③固相化会使细胞与细胞彼此之间紧密接触,细胞所处的物理和化学环境与悬浮培养时显著不同。例如,在 O_2 和 CO_2 的供应上会形成梯度,而气体浓度梯度的建立,犹如整体植物组织中的情况,有利于次生代谢。

④便于操作。调控培养基的组分及各物质的比例是使次生代谢物增产的一种有效手段,但成批培养时,要冒着使细胞受损害或被污染的危险。连续培养则无法建立起化学、物理梯度,通过细胞固相化培养,克服了上述缺点。

⑤有利于次生代谢物的收集。对那些能把代谢物运送到周围营养介质中的细胞来说,固相化使收集产物时不损害细胞;对那些天然情况下不向外释放产物的细胞来说,也可用化学处理来诱导产物释放,这样可以消除产物对代谢的反馈抑制作用,使产量能够达到最大化。

5.3.3 常用固定剂

通常是用某种凝胶均匀包埋细胞实现细胞固相化培养。常用的固定剂有藻酸盐、甲叉藻聚糖、琼脂糖和琼脂等。将细胞与这些多聚物按一定比例混合后制成所需大小的凝胶球,细胞既被固定又具有活性。

1)褐藻酸和藻酸盐

褐藻酸是海草灰分离的产物,其水溶液经多聚体链的离子交叉链而形成凝胶,被广泛用于固相化细胞。但由于在培养基中加入了 Ca^{2+} 螯合剂,因此细胞被固相化一段时间后,会出现再悬浮的情况。

藻酸盐是一种由葡糖醛酸和甘露糖醛酸组成的多糖,在 Ca^{2+} 和其他多价阳离子的存在下,糖中的羧基和多价阳离子之间形成离子键,从而形成藻酸盐胶。用离子复合剂(如磷酸、柠檬酸、EDTA 等)处理这种凝胶后,能使该胶溶解并从胶中释放出植物细胞,因此,用这种胶作固相化细胞培养后还能回收细胞作另一种培养处理。

2)甲叉藻聚糖

甲叉藻聚糖在 K^+ 存在的情况下,能形成强力凝胶,也能像藻酸盐那样固相化植物细胞,但与细胞混合时,要选择低熔点(浓度5%时,30～35 ℃)的甲叉藻聚糖预先加热后使用。

3)琼脂和琼脂糖

琼脂是最常用的凝固剂,其本身无毒,代谢物能自由透过。把细胞与一定温度的琼脂(20～25 ℃)水溶液相混合,冷却时就会形成含有细胞的胶囊。

琼脂糖凝胶具有稳定性,无须平衡离子的作用,可在任何介质中制作凝胶,一般选用凝固点较低的琼脂糖。

固定剂除用于固定细胞外,也可固定整个器官或部分器官,凡是需要一个较好的体内环境都可用固相化技术,并且便于各种处理,对研究发育遗传学、生理学具有较大潜力。

5.3.4　固相化细胞培养系统

目前,植物细胞常用的固相化方法有凝胶包埋、表面吸附、网格及泡沫固定、膜固定等。适应于固相化细胞培养的生物反应系统主要有胶粒固定反应器和膜反应器。

1)胶粒固定反应器

此类反应器多以海藻酸钙为载体,采用包埋法固定细胞,在填充床式反应器或流化床循环式反应器中进行细胞的固定化培养(图5.5)。

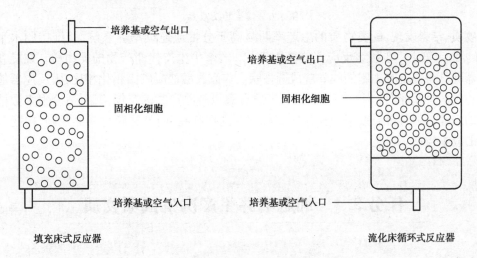

图5.5　胶粒固定反应器

(1)填充床式反应器

在此反应器中,细胞固定于支持物表面或内部,支持物颗粒堆叠,培养基在床层间流动。填充床内单位体积细胞较多,由于混合效果不好常使床内氧的传递、气体的排出及温度和 pH 值的控制较困难。填充床式反应器比较容易实现高密度培养,但该反应器在受压力时易导致颗粒脆裂,进而产生缝隙。

(2)流化床循环式反应器

典型的流化床是利用流体(液体或气体)的能量使支持物颗粒处于悬浮状态。此反应器中,细胞包裹于胶粒、金属或泡沫颗粒中,通过空气培养基在反应器内的流动使固相化细胞呈流态化悬浮,该反应器混合效果较好,但易破坏固定细胞。Dubuis 等用此方法进行阿拉比卡咖啡培养,测定了细胞生长和产物合成的动力学参数,认为该反应器操作方便,适合工业化生产。Morris 等在连续操作下用此方法培养长春花细胞,效果较好。

2)膜生物反应器

膜生物反应器是近年广泛使用的一种固相化反应器,就是采用具有一定孔径和选择透性的膜固定植物细胞。营养物质通过膜渗透到细胞中,细胞产生的次生代谢产物也通过膜释放到培养液中。最常用的膜反应器有中空纤维反应器和螺旋式卷绕反应器(图5.6)。

中空纤维反应器小,细胞保留在装有中空纤维的管中,细胞并不黏附于膜上,可更好地控制流体压力,不受操作规模的限制。Shuler 首次报道了利用中空纤维固定烟草细胞生产

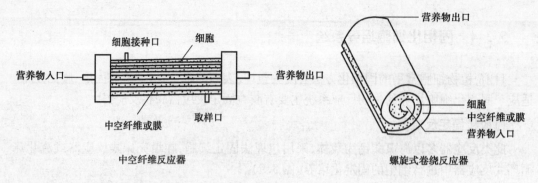

图 5.6 膜生物反应器

酚类物质,结果发现,酚类物质的生产率明显高于分批或连续培养系统,并维持此水平达312 h。Jose 等进一步用该反应器培养胡萝卜和矮牵牛生产代谢产物酚类物质。螺旋卷绕反应器则是将固定有细胞的膜卷绕成圆柱状。与海藻酸盐凝胶固相化相比,膜反应器能提供更均匀的环境条件,同时还可以进行产物分离以解除产物的反馈抑制,适合大多数植物细胞的培养。但其传质效率低和易堵塞等问题同样存在,而且受膜材料的限制,构建膜反应器的成本较高。

任务 5.4 细胞培养生产次生代谢物质

在植物细胞生长发育的过程中,往往会产生一些次生代谢物质,如色素、芳香物质、生物碱、毒素等。次生代谢产物种类相当丰富,按照传统的分类方法,这类物质可以分为生物碱类、抗生素类、多酮类、多酚类、萜类、毒素类、聚多糖类等七大类,其中一部分是医药及工业的原料。由于天然植物资源不能满足人类的需求,而且人工栽培此类植物不仅时间长,生产成本也较高,因此,植物细胞培养技术的兴起为缓和此矛盾、生产更多的有用物质提供了机会和方法。应用植物细胞培养技术生产有用的代谢产物,开辟了植物资源合理利用的新途径,已经成为植物生物工程的主要研究内容,也是当今生物技术最活跃的研究领域之一(表5.3)。细胞的悬浮培养、固相化培养都是生产次生代谢物质的主要途径。

表5.3 植物细胞培养生产次生代谢物质

植物材料	次生代谢物质	主要用途
紫草	紫草宁	色素、消炎
黄连	小檗碱(黄连素)	消炎、止泻
玫瑰茄、紫苏	花青素、花黄素	食用色素、抗氧化
银杏	银杏黄酮、银杏内酯	抗氧化、治疗心血管及神经系统疾病
胡萝卜	胡萝卜素	色素
黄花蒿	青蒿素	抗疟疾、退热
大蒜	超氧化物歧化酶	抗氧化、抗辐射、抗衰老

续表

植物材料	次生代谢物质	主要用途
番木瓜	木瓜蛋白酶、木瓜凝乳蛋白酶	消炎、治疗骨质增生
薰衣草	香豆素	抗病毒、香精
辣椒	辣椒素	色素
薄荷	薄荷醇	食用香精
人参	人参皂苷	调节免疫力、保健
苦瓜	类胰岛素	治疗糖尿病
红豆杉	紫杉醇	抗肿瘤
毛地黄	地高辛	强心药
萝芙木	利血平	降血压
金鸡纳	奎宁碱	抗疟疾
长春花	长春花碱	治疗白血病
烟草	尼古丁	杀虫
鱼藤	鱼藤酮	杀虫

5.4.1 细胞培养生产次生代谢物质的工艺流程

植物细胞大规模培养生产次生代谢物的基本程序是：
①诱导植物产生旺盛生长的愈伤组织和悬浮细胞系。
②筛选高产细胞系。
③在生物反应器中进行大规模培养,获得所需次生代谢物质。
植物细胞培养生产次生代谢物质的工艺流程如图5.7所示。

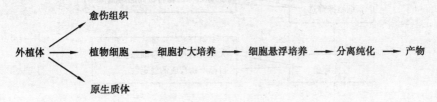

图5.7 植物细胞次生代谢物质生产流程

5.4.2 提高细胞次生代谢物质产量的途径

1)选择适宜的材料

首先必须选择能够高效合成目的产物的植物种类,同时要考虑到器官和组织的特异性,通常选取自然状态下能够积累次生产物部位的细胞,这样的细胞经过培养后常具有合

成目的产物的能力,或比较容易诱导合成目的产物。如东北红豆杉采用幼茎、叶片以及芽3种不同的外植体时,以叶片为外植体产生的愈伤组织中紫杉醇含量是其他两种外植体形成的愈伤组织的3倍。茜草若以叶柄和茎作为外植体,其愈伤组织中蒽醌的积累量比用茎尖和叶做外植体得到的愈伤组织中高。

2)优良细胞系(株)的建立和筛选

细胞系是由原代培养经继代培养纯化,获得的以一种细胞为主,能在体外长期生存的、不均一的细胞群体。细胞株是指从一个经过生物学鉴定的细胞系用单细胞分离培养或通过筛选的方法,由单细胞增殖形成的细胞群。

一般优良的细胞株应满足以下指标:

①分散性好,适合大规模悬浮培养。

②均一性好,细胞大小、生理状态一致。

③生长速度快,培养周期短,不易染菌。

④目标产物含量高,容易分离提取。

⑤细胞遗传稳定。

筛选适合工业生产所用细胞株的一般流程,如图5.8所示。

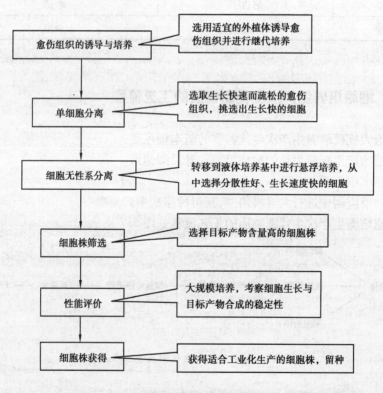

图5.8 筛选适合工业生产所用细胞株的一般流程

3)培养基的筛选

培养基的营养成分一方面要满足植物细胞的生物量增长,另一方面要使细胞能合成和积累次生代谢产物。一般来说,增加培养基N、P和K的浓度能促进细胞生长,而适当增加糖浓度则有利于次生产物的合成。吴奇君等在红豆杉细胞培养中发现,培养的第15 d向培养基中同时加入果糖和前体物质,获得了较高的紫杉醇。葡萄细胞培养中显示,低氮、高蔗糖浓度有利于酚类化合物的积累。

生长调节剂的种类、浓度对细胞的生长、分化和次生产物的合成起着重要的作用。如红豆杉细胞培养的培养基中添加一定浓度的2,4-D,可以显著提高细胞生长速率,增加细胞生物量;若添加适当浓度的BA和KT,则可提高紫杉醇的积累。在烟草愈伤组织培养中,培养基中添加IAA,能合成烟碱,而在含有2,4-D的培养基上,烟碱合成则会受阻。

在培养基中加入次生代谢物的前体物质,将会使目的产物的产量提高,如在烟草愈伤组织培养中,将前体物质烟碱酸加入,将增加烟碱的生成量。但选择适当的前体物质,确定前体物质添加的时间都很重要。

4)培养条件的筛选

培养条件对植物细胞次生代谢物质的生产很重要,如在胡萝卜愈伤组织培养中,光照与低温能够使愈伤组织生成大量的花青苷。

适宜的光照强度能促进植物同化产物的积累,进而有利于次生代谢产物的合成。研究表明,降低光照强度可诱导积累生物碱,从而增加植物组织中生物碱的含量。在红豆杉细胞培养时,若适当遮荫,则紫杉醇含量有所提高。但同时一些研究也表明,光照对新疆紫草愈伤组织中紫草宁衍生物的形成有强烈抑制作用。此外,光质对次生代谢物质的生产也有影响。

温度在调节植物代谢水平上发挥着重要的作用。低温能够促进黄豆根部次生代谢物质的合成,一般植物组织培养的温度在20~25 ℃,超过30 ℃对生长具有明显的抑制作用。次生代谢产物的积累对温度的依赖性不同,不同培养材料略有差异。

培养环境中的氧浓度对维持细胞的存活和增殖有一定的影响。在一定范围内,提高溶氧浓度能加快细胞生长速度,但是过高的溶氧浓度对细胞生长有抑制作用。氧能促进某些次生代谢产物的合成,如黄连细胞的黄连素含量随溶氧的增加而增加,但高溶氧会使三角叶薯蓣细胞中的薯蓣皂甙元含量减少。另外,一定浓度的CO_2对有些植物细胞生长是有利的或必需的,过高则抑制生长。

5)培养技术的选择

选择有利于次生代谢产物合成的细胞培养技术是高效生产目的产物的基本前提。培养技术是一个综合体系,包括对反应器和培养方式的选择。培养技术的选择不仅要考虑细胞生长和产物积累的效率,同时还应考虑技术基础和生产成本。

(1)培养方式的选择

在条件允许的情况下,可优先考虑固定化培养,将细胞培养在惰性基质中,细胞生长缓慢,可提高次生代谢物质的产量。但目前由于受固定细胞材料的限制,使其生产成本较高,在培养细胞时,可采用两段培养法,可同时满足细胞生长和产物合成的需求。以长春花细胞培养中激素为例,在生长培养基中使用生长素类物质2,4-D可促进细胞的生长,在生产培养基中使用6-BA有利于生物碱的合成。

为了防止培养系统中的产物反馈抑制,可采用两相培养技术,就是在培养体系中加入水溶性或脂溶性的有机物或具有吸附作用的多聚化合物,使培养体系形成上、下两相。细胞在水相中生长,合成的次生代谢物质转移到有机相中,即可边合成边回收。

（2）生物反应器的选择

由于植物细胞培养时具有细胞容易聚集且脆弱、物质代谢途径和次生代谢产物形成过程复杂等特点,因此选择合适的反应器类型及操作方法极大地关系到细胞代谢产物的合成。利用生物反应器来培养植物细胞可以更好地控制反应系统(如 pH 值和溶氧浓度可以在线监控等),以便更好地应用于大规模的工业化生产。

目前,应用于植物细胞培养的生物反应器主要有:搅拌式反应器、气升式反应器、鼓泡式反应器、膜反应器、光照培养反应器和转鼓式反应器等。各种反应器都有自身的特点,在选用时要根据不同的植物细胞特点选取相应的反应器类型。

复习思考题

1. 植物细胞培养的特点是什么？
2. 植物细胞培养的类型有哪些？该项技术应用于哪些领域？
3. 单细胞培养的方法有哪些？各有何特点？
4. 影响植物细胞悬浮培养的因素有哪些？
5. 什么是植物细胞的固相化培养？其特点如何？
6. 提高植物细胞次生代谢物质产量的途径有哪些？

项目6 植物离体快繁技术

 学习目标

1. 掌握植物离体快繁的流程及相关技术;
2. 理解植物离体快繁的意义;
3. 了解影响离体快繁的因素及植物无糖组织培养技术;
4. 熟悉离体快繁中常出现的问题及解决措施。

重点

植物离体快繁的流程;快繁过程中常出现的问题及其解决措施。

难点

植物离体快繁的流程及其相关技术;培养材料变异、褐化及玻璃化的防止;植物无糖组织培养技术。

> 作为植物营养繁殖的一种新手段,植物离体繁殖技术正日益普及,这种通过无菌方法进行的无性繁殖(简称"微繁殖")和常规繁殖方法相比最显著的优点是:可以在较短的时间和较少的空间内,利用一个个体产生大量的植株。植物快繁技术是植物组织培养技术在农业生产中应用最广泛的一个领域,涉及的植物种类繁多,技术日益成熟,凭借其独特的优势,成就了工厂化育苗的梦想。

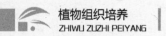

任务 6.1　植物离体繁殖概述

6.1.1　植物离体繁殖的定义

植物离体繁殖(propagation *in vitro*)又称植物快繁或微繁殖(micropropagation),是指利用植物组织培养技术对外植体进行离体培养,使其在短期内获得遗传性一致的大量再生植株的繁殖方法。

6.1.2　植物离体速繁的意义

(1)生长周期短,繁殖速度快

由于不受季节和灾害性天气的影响,材料可以周年繁殖,因此生长速度快、周期短,且材料能以几何级数增殖。一般草本植物 20 d 左右即可完成一个繁殖周期。木本植物的繁殖周期较草本植物长一些,一般在 1~2 个月继代繁殖 1 次。例如,某些兰花品种,一个外植体在一年内可以增殖几百万个原球茎,有利于大规模的工厂化生产。

(2)培养条件可控性强

培养材料完全在人为提供的培养基质中生长,可根据需要随时对营养成分和环境条件进行调节,因而摆脱了四季及多变气候对植物生长带来的影响,更有利于培养材料的生长。

(3)占用空间小,管理方便

一间 30 m² 的培养室可以存放 1 万多个培养瓶,可培育数十万株苗木。另外,培养材料在人工控制的环境条件下生长,可以进行高度集约化的培养生产,同时也省去了田间栽培的一些繁杂劳动,有利于实现自动化和工厂化生产。

(4)经济安全的保存种质资源

通过超低温贮存的方法,使培养材料长期保存并保持其生命活力,既节约了土地和人力资源,又避免了病虫害对植物的影响,尤其适用于无性繁殖的植物和珍稀、优、新品种的保存。

6.1.3　植物离体快速繁殖的应用

1960 年,Morel 首先建立了兰花离体繁殖的方法(原球茎繁殖),很快被兰花经营者所采纳,国际上相继建立了兰花工业,在兰花试管快繁高效益的影响下,许多经济植物的试管快繁和脱毒技术的研究及应用都取得了很大的进步。

植物离体快繁技术的应用主要表现有以下几个方面:

①加速某些难以繁殖的植物的繁殖速度,特别是一些珍稀名贵花卉和濒危植物的繁殖,如金花茶、牡丹、蝴蝶兰、天山雪莲、铁皮石斛、桫椤等。

②用于自然界无法用种子繁殖或难以保持后代一致的三倍体、单倍体及转基因植株的快速繁殖。如超雄性石刁柏、三倍体无籽西瓜等的繁殖。

③用于培育无病毒苗。例如菊花、唐菖蒲、水仙、郁金香、大丽花等长期进行无性繁殖的植物。这些病毒逐代传递并积累,危害日趋严重,严重影响经济效益。通过组织培养可获得无病毒苗,对这些脱毒苗进行扩繁后作为花卉大规模生产的种苗。

④用于稀缺或急需良种的繁殖。一些新选育或新引进的良种由于生产上需求的苗木多而急,常规繁殖速度慢,短时间内无法满足,因此采用离体快速繁殖的方法来解决。如香蕉、杨树、桉树、葡萄、杜鹃、非洲菊、月季、甘蔗、枸杞、木薯等植物。

目前已有近千种植物的离体繁殖已获得成功,能进行快速繁殖的也有数百种,其中包括许多具有重要经济价值的花卉(如兰花、菊花、石竹)、果树(草莓、无籽西瓜、葡萄)、经济作物(马铃薯、甘蔗)、林木(桉树、杨树)均已在种苗生产上广泛应用,取得了巨大的经济和社会效益。

任务6.2 离体快繁的培养过程及相关技术

植物离体快繁的整个流程共分为4个阶段,即初代培养、继代增殖培养、壮苗与生根培养以及试管苗的炼苗和移栽,在每个阶段都有需要注意的关键技术环节。

6.2.1 初代培养

初代培养是接种某种外植体后,最初的培养过程。在这个阶段的主要工作是外植体的选取、无菌培养物的获得以及外植体的启动生长,以便外植体在适宜环境中迅速增殖。初代培养是植物快繁能否成功的关键一步。

1)无菌培养体系的建立

(1)外植体的选取

用来进行快繁的植物材料,应具备品质好、产量高、生长健壮、无病虫害、耐病毒性强等特点。一般而言,木本植物和较高大的草本植物多采用带节茎段、顶芽或腋芽作为外植体;易繁殖、株型矮小或具短缩茎的草本植物则多采用叶片、叶柄、花茎、花瓣等作为外植体。

(2)培养基的选择

初代培养时,常采用诱导或分化培养基,培养基中的生长素和细胞分裂素的配比和浓度最为重要。若刺激腋芽生长时,细胞分裂素的适宜浓度为 0.5 mg/L,生长素的浓度为 0.01~0.1 mg/L。诱导不定芽时,需要较高浓度的细胞分裂素;诱导愈伤组织时,增加生长素的浓度并补充一定的细胞分裂素是十分必要的。

(3)获得无菌培养物的技术关键

首先要通过灭菌关,包括外植体的消毒、培养基的灭菌、接种器械的消毒以及规范性的操作等。其次,筛选出有利于初代培养物形成和生长的培养基。

2）外植体的生长和分化

（1）顶芽和腋芽的发育

采用外源细胞分裂素，可促进具有顶芽或没有腋芽的休眠侧芽启动生长，从而形成一个微型多枝多芽的小灌木丛状结构。在几个月内可以将这种丛生苗的一个枝条转接继代，重复芽到苗的增殖培养，迅速获得较多的嫩茎。然后将一部分嫩茎转移到生根培养基上，就能得到可移栽到土壤中的完整小植株。一些木本植物和少数草本植物也可以通过这种方式进行再生繁殖，如月季、茶花、菊花、香石竹等，这种繁殖方式也称为微型扦插，它不经过愈伤组织途径而再生，因此能使无性系后代保持原品种的特性。适宜这种再生繁殖的植物在采样时，只能采用顶芽、侧芽或带芽茎段，此外也可以种子萌发后取胚轴。

茎尖培养是此发育较为特殊的一种方式，它采用幼嫩顶芽的茎尖分生组织作为外植体进行接种。在实际操作中，采用包括茎尖分生组织在内的一些组织来培养，这样使得操作方便和容易成活。

发育方式：茎尖、侧芽、顶芽等外植体→直接再生丛生芽→幼茎→生根→小植株。

该发育方式的特点是不经过愈伤组织阶段而直接再生繁殖。

（2）不定芽的发育

外植体产生不定芽的方式有两种：一种是外植体首先经脱分化过程，形成愈伤组织，然后经再分化诱导愈伤组织产生不定芽；另一种是外植体不形成愈伤组织而直接从表面形成不定芽。有些植物具有从各个器官上长出不定芽的能力，如矮牵牛、福禄考、悬钩子等。当在试管培养的条件下，培养基中提供了营养，特别是提供了植物激素，从而使植物形成不定芽的能力被大大激发起来。许多种类的外植体表面几乎全部被不定芽覆盖。许多不能用常规方法进行无性繁殖的植物，在试管条件下却能较容易地产生不定芽而再生，如柏科、松科、银杏等。许多单子叶植物贮藏器官能强烈地发生不定芽，如百合鳞片的切块可大量形成不定鳞茎。

发育方式：根、茎、叶等外植体→愈伤组织→生长点→幼茎→生根→小植株。

该发育方式的特点是外植体经愈伤组织途径诱导产生小植株，后代变异率较高。

（3）胚状体的发生与发育

胚状体是指外植体在适宜的培养条件下，经诱导产生的胚状类似物。胚状体可以从愈伤组织表面产生，也可从外植体表面已分化的细胞中产生，或从悬浮培养的细胞中产生。胚状体由于具有胚芽和胚根的两极原基，不经过生根培养即可直接形成完整植株。

该发育方式的特点是：成苗数量大、速度快、结构完整，但胚状体发生和发育情况复杂，通过胚状体途径繁殖的植物种类远没有丛生芽或不定芽涉及得广泛。

（4）原球茎的发育

兰科植物的茎尖或叶芽外植体经培养可产生原球茎（即扁球状体，基部产生假根）。原球茎是短缩的，呈珠粒状，由胚性细胞组成的类似嫩茎的器官，可增殖形成原球茎丛。通过切割原球茎可以增殖，也可以停止切割使其继续生长而转绿，产生毛状假根，叶原基发育成幼叶，将其转移培养生根，可形成完整植株。

石斛属植物是常见的原球茎发育植物，其种子、茎段、茎尖、叶片、幼根都可以作为外植体诱导原球茎产生，但外植体的选取部位对其诱导会产生一定的影响，如铁皮石斛，基部茎段的增殖系数高于上部茎段，生长速度快。

6.2.2　继代培养

在初代培养的基础上所获得的芽、苗、胚状体和原球茎等,数量有限,不能满足生产上的需求,需进一步增殖,使之越来越多,从而发挥快速繁殖的优势。

继代培养是继初代培养之后连续数代扩繁培养的过程,有时也叫增殖培养。这个阶段的主要任务是对初代培养物进行增殖,使之不断分化产生新的丛生芽、不定芽、原球茎或胚状体。该阶段是植物组培快繁中决定繁殖系数高低的一个关键阶段,过程中需要大量的时间。

1)继代培养中扩繁的方法

继代培养中扩繁的方法主要包括:切割茎段、分离芽丛、分离胚状体和分离原球茎等。

(1)切割茎段

常用于茎梢、茎节较明显的培养物。具体做法是:将初代培养物上获得的带有2~4个茎节的芽苗切割成单节茎段,垂直插入培养基中,但茎节不能插入培养基内。也可将茎段平放于培养基表面,以刺激腋芽萌动。此方法简便易行,能够保持母株的优良特性。

(2)分离芽丛

适于由愈伤组织生出的芽丛。培养基为分化培养基,若芽较小,可先切成芽丛小块,放入 MS 培养基中,待到稍大时,再分离开来继续培养。

(3)分离原球茎

将原球茎丛分割成单个原球茎或单个原球茎切割成小块后,转移到新鲜培养基上继代培养,加快增殖速度。

(4)分离胚状体

通过体细胞胚的发生来进行无性系的大量繁殖,具有极大的潜力。其特点是成苗数量多、速度快、结构完整,因而是增殖系数最大的一种方式。但胚状体发生和发育情况复杂,通过胚状体途径繁殖的植物种类远没有丛生芽涉及的广泛。

增殖使用的培养基对于一种植物来说每次几乎完全相同,由于培养物在接近最良好的环境条件、营养供应和激素调控下,排除了其他生物的竞争,因此能够按几何级数增殖。

2)增殖培养基的确定

增殖率的高低是衡量植物离体快繁,尤其是商业性繁殖的重要指标,为了使外植体在继代培养阶段产生较多的繁殖体,需要选择或制定适合培养材料的增殖培养基。增殖培养基的确定常因植物种类、品种、外植体取材部位的不同而异。在继代培养阶段,基本培养基与初代培养阶段相同,不同之处在于细胞分裂素的浓度有所提高。

6.2.3　壮苗和生根培养

试管苗增殖到一定数量后,应使部分苗分流进入壮苗和生根阶段。若不能及时将培养物大量转移到生根培养基上,将导致小苗发黄老化,或因过分拥挤而致使无效苗增多,最后被迫淘汰。这一阶段的任务是为移栽准备小植株。

1）壮苗培养

在继代培养过程中,细胞分裂素浓度的增加有助于提高外植体的增殖系数。但随着增殖系数的提高,增殖的芽往往生长势减弱,不定芽短小、细弱,无法进行生根培养,有时即使能生根,移栽成活率也不高,因此对于继代培养中出现的弱苗必须经过壮苗培养。壮苗培养时,可将生长较好的芽分成单株培养,而将一些尚未成型的芽分成几个芽丛培养。常用的壮苗措施如下:

（1）调整植物生长调节剂的浓度和种类

在继代培养阶段,细胞分裂素/生长素的比值升高,芽的繁殖系数也随之增加,但壮苗效果却有所降低。细胞分裂素/生长素的比值降低有利于形成壮苗。因此,在以丛生芽方式进行增殖时,适当降低培养基中 KT、6-BA 等细胞分裂素的浓度,并增加 NAA 等生长素的浓度,都能达到壮苗目的。此外,在培养基中添加 PP_{333} 可以抑制试管苗徒长,促进根系发育,使试管苗生长健壮。多效唑的使用浓度一般为 0.5～1 mg/L。

（2）改善环境条件

在培养室中组培苗处于高温、高湿、弱光的环境中,在此种情况下,组培苗极易徒长。为了培育壮苗,需要使环境温度保持在 20～25 ℃,光照强度提高至 3 000 lx。

2）生根培养

生根培养是使无根苗形成完整植株的过程。这一过程的目的是使试管苗生出浓密、粗壮的不定根,将人工异养环境中的芽苗转变为在温室或田间自养的植株。试管苗的生根可分为两种形式:试管内生根和试管外生根。

（1）试管内生根

试管内生根是将成丛的试管苗分离成单苗,转接到生根培养基上,在培养容器内诱导生根的方法。生根培养所用的基本培养基与初代培养相同,但需降低培养基中无机盐的浓度,一般用 1/2、1/3 或 1/4 的量,如无籽西瓜在 1/2 MS 时生根较好,月季茎段在 1/4 MS 时生根较好。此外,低浓度的蔗糖对试管苗的生根较为有利,生根培养基中蔗糖浓度一般为1%～2%。

试管苗生根的优劣主要体现在根系质量(直径、长度)和根系数量(条数)两个方面。不仅要求不定根比较粗壮,更重要的是要有较多的须根,以扩大根系的吸收面积,增强根系的吸收能力,提高移栽成活率。优质根的标准是具有 3～5 条主根,根系的长度不宜太长,在粗而少与细而多之间,后者比较理想。

（2）试管外生根

鉴于有些植物种类在试管中难以生根或根系发育不良,吸收功能极弱,移栽后不易成活的特点,同时为了缩短育苗周期,降低生产成本,国内外许多学者,对现有的生根程序进行了改进,从而产生了试管外生根技术。

具体做法:先将芽苗在生长素中快速浸蘸或在含有生长素浓度相对较高的培养基中培养 5～10 d,然后在温室中把芽苗插入基质(如珍珠岩:蛭石＝2:1),经常喷雾保持较高的空气湿度,同时要调控温度,适当遮阴,防止强光照射,经过数天后芽苗即可生根。大花蕙兰、甘蔗、草莓、风箱果、葡萄、猕猴桃等均有试管外生根成功的报道。

3)影响试管苗生根的因素

(1)植物材料

植物的种类、品种不同,甚至同一植株的不同部位和不同年龄对根的分化都有重要影响。一般来说,试管苗生根和扦插苗生根是一样的,即扦插生根容易的植物,试管苗生根也容易;扦插生根困难的植物,试管苗生根也困难。比如,月季扦插生根比较容易,试管苗也比较容易生根。不同植物生根的规律是成年树比幼年树难,木本植物比草本植物难,乔木比灌木难。

(2)植物生长调节剂

试管苗的生根培养需要使用生长素,大多以 IBA、NAA、IAA 单独使用或配合使用,或与低浓度细胞分裂素配合使用。其中最常用的是 NAA 和 IBA,浓度一般为 0.1 ~ 10 mg/L。另外,对于已经分化出根原基的试管苗,可在没有外源生长素的条件下实现根的伸长和生长。

植物生长调节剂的使用方法有两种:一是将植物生长调节剂预先加入到培养基中,然后再接种芽苗诱导其生根,即“一步生根法”;二是将芽苗先在一定浓度植物生长调节剂的溶液中浸蘸或在含有植物生长调节剂的培养基中培养一段时间,再分别转入无任何植物生长调节剂的培养基中,通过此法可显著提高芽苗的生根率,即“两步生根法”,如牡丹试管苗的生根采用两步生根法效果较好。

(3)继代培养

继代培养的次数也会影响其生根能力。一般来说,芽苗随着继代次数的增加,生根能力有所提高。

(4)培养条件

培养条件对芽苗生根的影响主要表现在两个方面,即光照和温度。光照强度和光照时数对生根的影响十分复杂,结果不一,一般认为生根不需要光照。试管苗在试管内生根或在试管外生根,都要求一定的适宜温度,一般为 16 ~ 25 ℃,过高或过低均不利于生根。

6.2.4 试管苗的炼苗和移栽

试管苗移栽是植物组培快繁中的最后一个环节,若这个环节做不好,就会造成所有的组培工作前功尽弃。炼苗和移栽是试管苗由异养到自养的转变,是一个逐渐适应外界环境的过程。

1)炼苗

将生根的组培苗从培养室取出,把培养瓶移到室外遮阴蓬或温室中进行闭瓶练苗10 ~ 20 d,遮阴度宜为50% ~ 70%。然后逐渐打开瓶口适应外界环境3 ~ 7 d,使瓶子中光照条件和空气湿度接近生长环境。经过此阶段就可以进行试管苗的移栽。

2)移栽

移栽时,首先将试管苗从培养瓶中取出,在 20 ℃ 左右的温水中浸泡 10 min,然后一只手轻轻捏住苗的根茎上部,另一只手轻揉苗根,务必将苗根部的培养基清理干净,避免微生物的繁殖污染,造成小苗死亡。若根过长,可用剪刀剪掉一段,蘸生长素(50 mg/L IBA 或

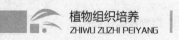

NAA)或生根粉后移入人工配制的混合基质中。基质要具备透气性、保湿性和一定的肥力，且容易灭菌。一般可选用珍珠岩、蛭石、草炭土等按比例混合（如珍珠岩：蛭石：草炭土 = 2：2：1），以利于小植株生长。

移栽后的管理方法如下：

①小苗茎叶表面的角质层不发达或很少，叶面蒸腾量很大，为了维持其体内的水分平衡，应采用加盖塑料薄膜、经常喷雾的方法，提高小苗周围的空气湿度，减少叶面蒸腾。

②移栽初期光照强度应较弱，经过一段时间适应后，增加光照强度。另外，在温度的管理上，喜温植物以 25 ℃左右为宜，喜凉植物以 18 ~ 20 ℃为宜。

③为了防止菌类大量滋生，小苗移栽后每隔 7 ~ 10 d 喷 1 次多菌灵或甲基托布津，浓度为 800 ~ 1 000 倍。

④在日常管理中，浇水过多时应及时将水沥除，防止根系腐烂。另外，试管苗移栽后喷水时，还可在水中加入 0.1% 尿素，或用 1/2 MS 大量元素的水溶液作追肥，加快苗的生长。

任务 6.3　影响快繁的因素

经过前面 4 个阶段的培养，由外植体产生了大量的再生植株，这是一个相当复杂的演变过程，许多因素影响到植物组织、器官的形态发生过程，下面将介绍几个重要的影响因素。

6.3.1　培养基

根据培养的植物种类和培养目的不同，已经设计出了许多种培养基配方，其中 MS 培养基是植物组织培养中应用最广泛的培养基，由于养分全面，可以满足多种植物初代培养和继代培养的营养要求。在长期应用中发现，MS 培养基中的无机盐浓度，对某些植物而言过高，常常表现出抑制和毒害作用。例如在 1/2 MS 培养基上培养捕虫堇的叶片时，由于无机盐浓度过高，外植体常大量死亡，为了适应捕虫堇的要求，需采用 1/5 MS 培养基；还有桃金娘科的南美稔，其嫩茎在 Knop 培养基上生长和增殖效果均好于 MS 培养基。

适宜的糖浓度对植物的器官发生十分重要，在培养基中添加糖类有两个作用：一是作为碳源，满足植物生长对能量的需求；二是维持培养基的渗透压。对多数植物而言，蔗糖和葡萄糖都是良好的碳源，在初代培养和继代培养阶段的使用浓度为 2% ~ 4%，在生根培养阶段，糖类浓度应适当降低到 1% ~ 2%。

植物生长调节剂的种类、浓度及配比是影响植物快繁的重要因素。在初代培养和继代培养阶段，常使用较高浓度的细胞分裂素和较低浓度的生长素，诱导产生丛生芽，增加芽苗数量。生根培养阶段，常单独使用较低浓度的生长素或与低浓度的细胞分裂素配合使用。在诱导胚状体发生时使用 2,4-D，待胚状体诱导出来后，将其转移到低或无生长素的培养基上使其成熟、萌发和生长。

6.3.2 外植体

为了保证快繁的顺利进行,必须选择适宜的外植体,在外植体的选择上应从材料大小、来源以及生理年龄等方面来考虑。

(1)外植体的大小

外植体过大或过小均影响快繁的速率。外植体过大,污染率升高;外植体过小,存活率和繁殖率降低。外植体的适宜大小详见任务2.4。

(2)外植体的来源和生理年龄

不同的植物器官和组织,其形态分化能力各不相同,特别对于一些较难培养的植物种类,需要仔细考虑外植体的来源。带芽茎段和茎尖是最佳的植物快繁外植体,因其形态已基本建成,所以生长速度快,可以在较短时间内获得大量的试管苗。

按植物生理学的基本观点,沿植物体的主轴,越往上的器官生理年龄越老,即接近发育上的成熟,易形成花器官,但分化和再生能力弱;越往下的器官生理年龄越小,远离发育上的成熟,不易形成花器官,但分化和再生能力强。因此,在进行组培快繁时,尽量选择幼年的器官或组织作为外植体。

6.3.3 培养条件

影响组培快繁的条件仍然是光照、温度、湿度和气体状况,在前面任务2.5培养条件中已做详细阐述,在此不再赘述。

6.3.4 继代培养

在继代培养阶段,继代周期和次数也影响到组培快繁的速率。对一些生长速度快或繁殖系数高的种类,如满天星、非洲紫罗兰等,继代周期可稍短,15 d需继代1次;对生长速度比较慢的种类,如非洲菊、红掌等,继代周期可稍长一些,一般30 d继代1次。在前期扩繁阶段,为了加快繁殖速度,只要苗开始分化就可切割继代。后期在保持一定繁殖基数的前提下,进行定量生产时,为了有更多的大苗可以用来生根,可以间隔较长的时间继代,达到既可以维持一定的繁殖量,又可以提高组培苗质量的目的。

继代次数对繁殖率的影响因培养材料而异。有些植物,如葡萄、月季和倒挂金钟等,长期继代可保持原来的再生能力和增殖率。有些植物则随继代次数的增多,变异频率也相应提高,如继代5次的香蕉不定芽变异频率为2.14%,继代10次后为4.2%,生产中可以通过适当减少继代次数、重新建立细胞系等措施减少变异的发生。还有一些植物长期继代培养会逐渐衰退,丧失形态发生能力,具体表现为生长不良,再生能力和增殖率下降等。

6.3.5 移栽

移栽能否成功将直接影响到组培快繁的成本、工作效率以及经济效益,试管苗在容器

内的生长环境与外界自然环境有较大差异,为了保证其移栽成活率,必须采取一些必要措施,使试管苗增强对外界环境的适应能力。

试管苗是在无菌、恒温、适宜光照和相对湿度接近100%的优越环境条件下生长的,且一直培养在富含各种营养成份的培养基中,因此,在生理和形态上与自然条件下生长的正常小苗有显著的差异:

①试管苗生长细弱,茎、叶表面角质层和蜡质层不发达,叶片通常没有表皮毛,或仅有较少表皮毛。

②试管苗茎、叶虽呈绿色,但光合效率较差。

③试管苗的叶片气孔数量多,开口大,不关闭。

④试管苗根的吸收功能弱。

鉴于试管苗的上述特点,其更适合于高湿的环境条件下生长,当把试管苗移栽到试管外时,容易因失水而死亡。因此,为了改善试管苗的上述不良生理、形态特点,必须经过与外界环境相适应的驯化处理。

任务6.4　快繁应注意的问题

6.4.1　遗传稳定性问题

遗传稳定性问题,即保持原有品种特性的问题。虽然植物组织培养中可获得大量形态、生理特性不变的植株,但通过愈伤组织或悬浮培养获得的试管苗,经常会出现一些变异个体,其中有些是有益变异,而更多的则是有害变异。如观赏植物不开花,或花小,或花色不正;果树不结果、或果实变小、或果实品质差以及产量降低等问题,给生产造成损失,因此必须给予高度重视。

1)影响遗传稳定性的因素

(1)基因型

培养材料的基因型不同,发生变异的频率也不同。据报道,在玉簪叶片的离体培养中,杂色叶培养的变异频率为43%,而绿色叶仅为1.2%。

(2)继代次数

继代培养时间和次数是造成变异的关键因素,一般随继代时间的延长和继代次数的增加,变异频率呈上升趋势。

(3)发生方式

一般通过茎尖、茎段、体细胞胚发生的植株,不变异或变异率极低。而通过愈伤组织或悬浮培养分化不定芽的方式,获得的再生植株变异率较高,因此,应尽量避免用这两种方式大量繁殖名贵品种和珍稀植物。

2)提高遗传稳定性、减少变异发生的措施

①选用不易发生遗传变异的基因型材料。

②减少继代次数,缩短继代时间,继代一段时间后,重新选择外植体进行培养。

③采用不易发生遗传变异的增殖途径。

④培养基中减少或不使用容易造成诱变的化学物质。

⑤定期检查,剔除形态异常和生理异常的苗。

6.4.2 玻璃化问题

玻璃化指组培苗呈半透明状,外观形态异常的现象。玻璃化是组培苗的一种生理失调症状,表现为组培苗叶、嫩梢呈水晶透明或半透明水浸状;植株矮小肿胀、失绿;叶片皱缩成纵向卷曲,脆弱易碎;叶表缺少角质层、蜡质,无功能性气孔和栅栏组织,仅有海绵组织。

玻璃化苗因其体内含水量高,干物质、叶绿素、蛋白质、纤维素和木质素含量低,角质层、栅栏组织发育不全,表现为光合能力和酶活性低,组织畸形,器官功能不全,分化能力降低,生根困难,移栽后也很难成活。植物组培快繁时,玻璃苗的出现严重影响繁殖率的提高,已成为茎尖脱毒、工厂化育苗和材料保存等方面的严重障碍。

1)玻璃化苗发生的原因

玻璃化苗是在芽分化启动后的生长过程中,碳、氮代谢和水分发生生理异常所引起的,主要原因为:

(1)培养基成分

琼脂和蔗糖浓度与玻璃化成负相关,琼脂或蔗糖浓度越高,玻璃化苗的比率越低。琼脂和蔗糖浓度影响培养基的渗透势,渗透势不适时,试管苗的玻璃化率较高。培养基中琼脂浓度低时玻璃化率增加,随着琼脂浓度的增加,玻璃化苗比率减少,但由于培养基太硬,影响养分的吸收,使试管苗的生长速度减慢。此外,培养基中铵态氮含量高时,也容易引起试管苗玻璃化。

(2)植物生长调节剂

细胞分裂素和生长素的浓度及比例均影响玻璃化苗的发生。高浓度的细胞分裂素可促进芽分化,但玻璃化苗的比率也会相应提高。细胞分裂素和生长素的比例失调,使试管苗正常生长的激素水平失衡,从而导致玻璃化苗的发生。

(3)培养条件

①温度:随着培养温度的升高,苗的生长速度明显加快,但高温达到一定限度后,会对正常的生长和代谢造成不良影响,促进玻璃化的产生。变温培养时,温度变化幅度大,容易在瓶内壁形成小水滴,增加容器内湿度,提高玻璃化发生率。

②光照:不同的植物对光照的要求不同,只有满足植物对光照强度和时间的需求,试管苗才能正常生长。大部分植物在光照时间 10~12 h/d,光照强度 1 500~2 000 lx 的条件下,均能正常生长发育,但当光照不足时,加之温度过高,极易引起试管苗的玻璃化。

③湿度:瓶内湿度与通气条件密切相关,使用通气较好的封口膜时,通过气体交换,瓶

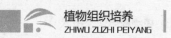
内湿度降低,玻璃化发生率减少。相反,不透气的封口膜不利于气体的交换,在高湿条件下,苗的生长势快,但玻璃化的发生率也相对较高。

2)预防玻璃化苗发生的措施

①适当提高培养基中蔗糖和无机营养的浓度。

②改变培养基中的供氮形态,适当减少铵态氮而提高硝态氮用量。

③增强光照,适当降低培养室内温度。

④使用通气性好的封口膜,增强容器内外气体交换,降低瓶内湿度。

⑤在培养基中添加其他物质,如在培养基中加入间苯三酚或活性炭等均有助于降低玻璃化苗的发生。

⑥适当降低培养基中细胞分裂素和赤霉素浓度,添加低浓度的多效唑、矮壮素等生长抑制物质。

6.4.3 污染问题

污染是指在培养过程中由于真菌、细菌等微生物的浸染,在培养容器中滋生大量菌斑,使培养材料不能正常生长和发育的现象。

1)污染发生的原因

在植物组织培养过程中,污染是不可避免的,但可以把其控制在最低限度内。污染通常是由于环境不洁、培养基和培养材料消毒不彻底、操作过程不慎、操作人员或工具带菌而引起的。

按病原不同,污染可分为细菌性污染和真菌性污染两大类。细菌性污染的特点是在培养基表面或材料表面出现黏液状物质、菌落或浑浊的水迹状,有时甚至出现泡沫发酵状,一般在接种 1~2 d 后就能发现。真菌性污染的特点是在培养材料表面或培养基上出现菌丝,继而很快出现黑、白、黄、绿等孢子,一般在接种 3~10 d 后才能发现。

2)预防措施

①改善接种室和培养室的环境条件,保证接种和培养环境清洁无菌。

②操作人员严格遵守无菌操作规程。

③培养基及接种工具要严格灭菌。

④严格外植体的消毒处理。

⑤污染的外植体要及时淘汰,倘若外植体有限,可对其进行二次灭菌后再次接种。

6.4.4 褐化问题

褐化是指培养材料向培养基中释放褐色物质,致使培养材料变褐死亡的现象。在组织培养中,褐化是普遍存在的,这种现象与菌类污染和玻璃化并称为植物组织培养的三大难题,而控制褐化比控制污染和玻璃化更困难。因此,能否有效地控制褐化是某些植物组培能否成功的关键。

1）褐化的原因

很多植物尤其是木本植物内含有较多的酚类化合物,在完整植物体的细胞中,酚类化合物与多酚氧化酶分隔存在,因此比较稳定。当外植体被切割后,切口附近细胞的分隔效应被打破,细胞中的多酚氧化酶被激活,使酚类物质氧化产生棕褐色的醌类物质,这些醌类物质慢慢扩散到培养基中,从而使培养基褐化,其结果严重影响培养物的生长和分化,甚至造成培养物死亡。

2）影响褐化发生的因素

（1）植物材料

植物体内含有的单宁和酚类化合物的数量不同,发生褐化的严重程度也不同。一般情况下,木本植物比草本更容易发生褐化;多年生草本植物比一年生草本植物容易发生褐化。另外,同一种植物的不同品种品系之间褐化程度也不一样,有的发生较轻,有的较严重。

（2）外植体的生理状态

褐化程度的轻重与外植体组织的年龄有关,通常是幼龄部位组织木质化程度轻,材料中含醌类物质少,产生褐化较轻。随着组织的老龄化及木质化的加强,材料中醌类物质增多,褐化程度也加重。

（3）外植体取材时间、部位和大小

一般在春夏季,尤其是春季取生长旺盛部位的外植体产生褐化较轻,秋冬季取材褐化严重;处于生长旺盛的幼嫩枝条褐化轻,而已木质化的枝条和处于休眠状态的芽褐化严重;外植体的大小也会影响褐化,外植体越小,越容易发生褐化。

（4）培养基成分

无机盐浓度和植物生长调节剂的种类,以及培养基的pH值,都与外植体的褐化程度有关。一般来说,外植体在液体培养基上比在固体培养基上褐化程度轻,因为外植体溢出的有毒物质能够很快扩散到液体培养基中。培养基中无机盐浓度过高,会引起酚类物质大量产生,导致褐化,降低无机盐浓度,可减轻外植体的褐化程度。细胞分裂素如6-BA和KT不仅能促进酚类化合物的合成,而且还能刺激多酚氧化酶的活性,增加褐化;而生长素如2,4-D和NAA可延缓多酚物质合成,减轻褐化。另外,培养基的pH值较低时常有利于减轻外植体的褐化。

（5）培养条件

外植体接种后,光照和温度条件对其褐化程度也有一定的影响。在采摘外植体之前,如果事先对母株枝条进行遮光处理,然后再切取进行培养,可有效抑制褐化。通常在较低温度下,培养植物材料能有效抑制褐化,因为低温能抑制酚类化合物氧化,降低多酚氧化酶的活性。

（6）培养时间

材料培养时间过长或转移不及时,会引起褐化物的积累,加重对培养材料的毒害,甚至导致培养材料的死亡。

3) 预防措施

(1) 选择适宜的外植体

许多研究表明,选择适当的外植体是克服褐化的主要手段,如果外植体有较强的分生能力,处于旺盛的生长状态,可以减少褐化。因此,初代培养要选择生长旺盛植株的顶芽或腋芽作为外植体。

(2) 及时对外植体进行清洗和处理

在外植体材料表面消毒前用流水冲洗一段时间(数小时),然后进行表面消毒,消毒完后用无菌水反复清洗,洗尽切口处渗出的酚类物质并对外植体进行冷藏处理。另外,在外植体接种前的切割和接种操作过程中,尽可能减少在空气中的暴露时间,也可减轻褐化。

(3) 选择适宜的培养基和培养条件

注意培养基的构成,如无机盐浓度、激素水平及组合对褐化的影响。培养初期在黑暗或弱光下进行,温度控制在适宜范围(18~25 ℃),可有效抑制多酚氧化酶的活性,阻止酚类物质的氧化,从而降低褐化的发生率。

(4) 培养基中加入抗氧化剂或吸附剂

在组织培养中,加入一些抗氧化剂或用抗氧化剂进行外植体的预处理或预培养,可预防醌类物质的形成。在培养基中加入抗坏血酸、柠檬酸、硫代硫酸钠、半胱氨酸、聚乙烯吡咯烷酮等抗氧化剂,利用这些物质的还原性,可有效防止酚类物质的氧化,从而防止褐化的发生。此外,在培养基中加入0.5%~1%活性炭,用以吸附褐化产生的有害物质,还可一定程度降低光照强度,从而减轻褐化的危害。

(5) 连续转移

对于易褐化的材料,外植体接种后1~2 d立即转移到新鲜培养基中或同一瓶培养基的不同部位,这样能减轻醌类物质对培养物的毒害作用。连续转移5~6次可基本解决外植体的褐化问题。

总之,防止褐化的措施很多,有时采用一种措施即可有效抑制褐化,但多数时候需要综合几种措施才能更好的抑制褐化的发生,保证外植体的正常生长。

任务6.5 植物无糖培养技术

6.5.1 植物无糖培养的概念及意义

植物无糖组培技术,又称为光自养微繁殖技术,是指在植物组织培养中改变碳源的种类,通过输入 CO_2 代替糖作为碳源,并控制影响组培苗生长发育的环境因子,促进植株的光合作用,以更接近自然生长的状态生产优质种苗的一种全新植物组织培养技术。

常规植物组织培养中,小植株主要依靠培养基中的糖作为碳源,极易引起微生物的污染。为了减少微生物的污染,必须采用封闭的、小型的培养容器,培养的试管苗叶片表层结构发育差,气孔开闭功能不强,叶片小,叶绿素含量低,降低了小植株进行光合作用的能力,同时还导致了植株在生理和形态上的紊乱,难以适应的植物种类则生长发育缓慢甚至死亡(图6.1)。

有糖培养

无糖培养

图6.1　植物无糖培养与有糖培养苗的差异

研究表明,培养容器中的小植株都有相对较高的光合能力,在光独立培养及无糖条件下,也可能比在异养和兼养的条件下生长快。在此论点的基础上,提出了植物无糖组培技术。采用无糖组培技术可使试管苗长势良好,生物量较有糖培养显著增加,污染率明显降低,同时生产成本也大幅度的降低。

6.5.2　植物无糖培养的技术特点及优势

1)植物无糖培养的技术特点

(1)CO$_2$代替了糖作为植物体的碳源

在传统的植物组织培养中,小植株是以糖类作为主要碳源进行异养或兼养。而无糖组培快繁技术是以CO$_2$作为小植株的唯一碳源,通过自然或强制性换气系统供给小植株生长所需的CO$_2$,促进其光合作用。

(2)环境控制促进植株的光合速率

在传统的组织培养中,很少对植株生长的微环境进行研究,研究的重点是放在培养基的配方以及激素的用量和有机物质的添加上;而无糖组织培养技术是建立在对培养容器内环境控制的基础上的,根据容器中植株生长所需的最佳环境条件(如光照强度、CO$_2$浓度、环境湿度、温度、培养基质等)来对植株生长的微环境进行控制,最大限度地提高小植株的光合速率,促进植株的生长。

(3)培养容器的改变

在传统的组织培养中,为了防止污染,一般使用较小的培养容器。而无糖组培快繁在培养过程中不使用糖及各类有机物质,从而降低了污染率,使各类大型培养容器的使用成为可能,可以根据培养材料和生产规模的需要选用不同规格的培养容器。

(4)培养基质的改变

在传统的组织培养中,通常使用琼脂作为培养基质,而无糖培养主要是采用多孔的无机物质,如蛭石、珍珠岩、纤维、成型岩棉等作为培养基质,可以极大地提高小植株的生根率

和生根质量,而且与琼脂相比价格低廉,降低了生产成本。

2)植物无糖培养的技术优势

①通过人工控制动态调整优化植物的生长环境,为种苗繁殖生长提供最佳的 CO_2 浓度、光照、湿度、温度等环境条件,促进植株的健壮生长。

②继代与生根培养过程合二为一,培养周期缩短了40%以上。

③培养基中不添加糖类,微生物失去了最佳繁殖的营养条件,植株污染率降低。

④消除了小植株生理和形态方面的紊乱,种苗质量显著提高。

⑤提高了植株的生根率和根的质量,使试管苗移栽成活率显著提高,特别是木本植物。

⑥节省投资,降低生产成本,与传统的微繁殖技术相比,种苗生产综合成本平均降低了30%。

⑦组培苗生产工艺简单化,流程缩短,技术和设备的集成度提高,降低了操作技术难度和劳动作业强度,更易于在规模化生产上的推广应用。

6.5.3 植物无糖培养技术

1)无糖培养室的设计

常规的植物组织培养室是半开放式的,有门窗,目的是使自然光透过门进入培养室并加以利用。然而,在阳光进入室内的同时,也带入了一些病菌和微生物,增大了污染和空调的耗电量。为了节约能源,同时又能更好的控制环境,无糖培养室采用闭锁型设计,窗口全封闭,门也尽可能密封;墙内填入保温材料,墙面光滑,防潮反光性好;便于清洁灭菌,进行全方位的人工环境控制,不会因天气变化而受到不利影响;能有效防治病菌的进入,为植物工厂化周年生产提供最佳条件。

2)无糖培养的容器

常规的植物组织培养由于培养基中添加了糖类物质,一般采用小型的培养容器以防止培养过程中菌类污染。小苗在高湿、弱光、CO_2 浓度稀薄的环境条件下,生长瘦弱,生根率较低。而无糖组织培养技术由于培养基中不添加糖类,污染率大大降低,因此可以使用大型的培养容器,培养容器的设计应考虑透光性、空气湿度、气体的流通等因素。昆明市环境科学研究所开发了一种大型培养容器,用有机玻璃制作,尺寸依据日光灯管的长度和培养架的宽度来定,可以放在培养架上多层立体式培养。

3)利用反光设施提高光能利用率

培养室中用于照明消耗的电量占总消耗电量的70%,常规组培技术忽视了对光能的利用率,很多光不是照射到小植株上,而是照射到小植株的根部以及墙壁上,从而造成了极大的资源浪费。在无糖组织培养中,采用透光性中等的材料制作培养容器和反光铁片,可以最大程度的将光能集中在小植株上,显著提高光能的利用率。据测定,两支灯管假如不设置反光设施,光照强度为 2 200 lx,而增加反光设施后光照强度提高到 3 400 lx。

4)培养室的 CO_2 供给系统

无糖组培技术的一个重要特征就是培养基中除去了糖类,由 CO_2 代替糖类作为植物生长的碳源。将 CO_2 作为植物生长的碳源后,单靠容器中的 CO_2 远远不能满足植物生长的要求,如何满足植物对 CO_2 的需求,就显得十分关键。一般而言,CO_2 的输入方式有两种:一是自然换气,通过培养容器上的微小缝隙或透气孔,进行培养容器内外的气体交换;二是强制性换气,利用机械力的作用进行培养容器内外的气体交换。在强制性换气条件下生长的植株,一般都比自然换气条件下生长的要好。

目前,国内比较成熟的 CO_2 输入系统是采用箱式无糖培养容器和强制性管道供气系统,供气系统由 CO_2 浓度控制装置、混合配气装置、消毒装置、干燥装置、强制性供气装置、供气管道等构成。整个系统适合于规模化生产,且 CO_2 浓度、混合气体的构成、气体的灭菌和气体的流速等都容易控制。至于通入 CO_2 混合气体的次数、流速及浓度等,要根据培养植物的种类和生长情况、培养周期来确定。

5) 无糖培养的基质

在植物组织培养中,培养基质的种类和性质直接影响到植株根区的环境及植株的生根率。常规的组织培养主要采用琼脂作基质,植株的根系在琼脂中发育一般比较瘦小且脆弱,在进行驯化移栽时根系容易受到损伤,因此,幼苗移栽成活率低。无糖组培技术主要采用多孔无机基质,如塑料泡沫、蛭石、珍珠岩、岩棉、陶粒等。试验证明,多孔的无机基质空气扩散系数高,植株的根区环境中有较高的氧浓度,十分有利于小植株的生长。另外,多孔的无机基质较琼脂价格便宜,可大大降低生产成本。

6) 植物生长调节剂的应用

在无糖组织培养中,由于植株生长健壮,在生根培养阶段,加入或不加入植物生长调节剂对植株的生根率没有显著影响。但是在增殖阶段,由于植株的叶面积较小,需加入细胞分裂素促进细胞分裂,从而增大繁殖系数。

6.5.4　无糖培养技术的应用实例

植物无糖组织培养技术具有污染率低、生产成本低、适于规模化生产等优点。目前在许多植物上得到了应用,显示出了巨大的优势和良好的效果。

植物组织培养技术在花卉新品种选育、名优花卉快繁、脱毒花卉种苗生产等方面都发挥了重要的作用。但与其他植物的组织培养一样,培养过程中也遇到了一些瓶颈,诸如褐化、污染、玻璃化、生根率低和移栽成活率低等问题。随着无糖组培快繁技术的逐渐成熟和推广,该技术在花卉快繁方面表现出了明显的优势,如云南省农业科学院花卉研究所对康乃馨、非洲菊、满天星等植物进行无糖培养结果表明,试管苗污染率降低了50%,生根率提高了13.2%,移栽成活率提高了12.5%,培养成本降低了20%左右。目前,该项技术已初步应用于非洲菊、彩色马蹄莲、灯盏花、满天星、情人草等植物并获得了成功。

近年来,随着生态环境的日益恶化,加上人们对药用植物资源的掠夺性采挖,一些珍稀中草药资源逐渐匮乏甚至灭绝。由于无糖组培技术具有成苗率高、生产成本低、便于规模化生产等优势,因此运用无糖组培技术快速繁殖药用植物种苗,对于缓解药用植物资源匮乏具有重要的作用,目前在石斛、丹参、薯蓣、半夏等中药材的繁殖中已得到了广泛应用。

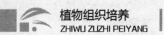

复习思考题

1. 什么叫植物离体繁殖？植物离体快繁有何意义？

2. 试述植物离体快繁的培养过程？

3. 影响植物离体快繁的因素有哪些？

4. 玻璃化现象是组培中的常见问题,哪些因素会引起玻璃化现象的发生？

5. 什么是褐化？哪些因素会导致外植体的褐化？

6. 什么是植物无糖组织培养？与传统的组织培养相比,植物无糖组织培养有哪些技术优势？

项目7 植物无病毒苗木繁育技术

 学习目标

1. 了解无病毒苗木培养的意义及生产中的应用情况；
2. 理解组织培养脱毒的原理和无病毒苗木的保存、利用方法；
3. 掌握组织培养脱毒的方法及流程，脱毒苗的科学检测方法。

重 点

病毒的科学检测方法；组织培养脱毒的方法和培养流程；无病毒苗木的保存和利用方法。

难 点

组织培养脱毒的原理；病毒的科学检测方法。

> 病毒是一种极其微小的颗粒体，由核酸和蛋白质构成，只有用电子显微镜才能观察到。病毒寄生于活组织细胞内，随寄主的有机物质而运输扩散至寄主全身，干扰寄主的正常新陈代谢，使其生长发育受到阻碍。有文献记载，危害植物的病毒有 600 多种，采用生物、物理和化学的方法来防治收效甚微，甚至毫无成效，致使世界范围内植物病毒病的发展越来越严重，给园艺植物的生产造成了巨大的损失。

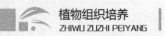

任务7.1 脱毒的意义

7.1.1 植物病毒病的危害

　　植物病毒是一种极其微小的非细胞形态专性寄生分子生物,一旦侵入植物体内,通过改变细胞的代谢途径,使植物的正常生理机制受到干扰和破坏,导致植物发生病毒病。植物发病后,将致使产量和品质的降低。一般情况下,苹果发生病毒病可减产15%～45%,马铃薯减产50%以上,葡萄果实推迟成熟1～2周、产量下降10%～15%、含糖量下降20%。花卉发生病毒病可使花朵变小,色泽变暗,失去观赏价值等。多数园艺植物为无性繁殖,很容易受到病毒的侵染,并且随着种质资源交流范围的扩大,生态条件的改变,植物受病毒危害的程度也日益严重。

　　病毒对园艺植物的危害有时甚至是灭顶之灾,例如,草莓病毒的危害曾使日本草莓产量严重降低,品质大大退化,使草莓生产受到毁灭性的灾难;柑橘的衰退病曾经毁灭了巴西大部分柑橘,圣巴罗州75%的甜橙死亡,该病毒病至今仍然威胁着世界柑橘产业;可可肿枝病使非洲地区大部分可可树被迫砍伐;枣疯病对金丝小枣具有毁灭性的作用;最近几年出现并逐步发展的苹果锈病也是我国果树生产上亟待防治的病毒病。

　　我国有许多优良的品种,由于长期的栽培,导致病毒危害日益严重,难以控制,尤其对无性繁殖作物的危害更大,已成为生产上的严重问题。病毒可通过带毒的无性繁殖材料传给下一代,并逐代积累,导致植物种性退化。主要作物品种的病毒病防治和种质资源的安全保存是科研和生产上亟待解决的问题。

7.1.2 繁育脱毒苗的意义

　　病毒对植物所造成的危害远远超过细菌性病害,并且越来越严重,特别是对无性繁殖的植物。由于病毒在母株体内逐代积累,造成的危害就更加严重,因此自发现病毒病以来,人们就不断寻找防治方法。病毒病危害与真菌和细菌性病害不同,不能通过化学杀菌剂和杀菌素进行防治。因为病毒的复制增殖与植物的正常代谢非常相似,对病毒有毒害作用的药物同样对植物也有害。用化学药物杀死传播媒介的昆虫,虽能减轻一些病毒的蔓延,但也有些病毒是机械传播或一觅食就立即传播的。此外,植物也没有特异性的反应免疫可被利用。因此,植物组织培养已经成为目前可脱出植物病毒最有效的方法。通过组培脱毒,可使植物恢复种性,增强抗性,生长健壮,光合作用增强,可明显提高作物的产量和品质。组织培养脱毒技术在生产实践中得到广泛应用,且有不少国家已将其纳入良种繁育体系,有的还专门建立了大规模的无病毒苗生产基地。我国是世界上从事植物脱毒最早、发展最快、应用最广的国家,目前,已经建立了马铃薯、甘薯、草莓、苹果、葡萄、香蕉、菠萝、番木瓜、甘蔗等植物的无病毒苗木生产基地,每年可提供各类脱毒苗几百万株。

通过植物组织培养培育无病毒苗在植物病理学上也有重要意义。它丰富了植物病理学的内容,从过去消极的砍伐病枝、销毁病株,到病株的脱毒再生,是一个积极有效的生物预防途径,并且对绿色产品的开发、减少污染、保护环境、增进健康都具有长远意义。

任务 7.2 植物脱毒的方法

7.2.1 茎尖分生组织培养脱毒

1)茎尖培养脱毒的原理

自 1943 年 White 首先发现在感染烟草花叶病毒的烟草植株生长点附近,病毒的浓度很低,甚至没有病毒,病毒含量随植株部位及年龄而异后,Morel 等从感染花叶病毒的大丽菊分离出茎尖分生组织,通过培养获得的植株嫁接在大丽菊实生砧木上检验为无病毒植株,从此茎尖培养成为植物脱毒的一条有效途径。

茎尖培养之所以能够去除病毒,是因为病毒在感染植株上分布不一致,即成熟组织病毒含量高,而幼嫩及未成熟的组织病毒含量较低,生长点区域(0.1~1 mm)则几乎不含或很少含病毒。这是因为病毒增殖运输速度与茎尖细胞分裂生长速度不同,病毒向上运输速度慢,而分生组织细胞增殖快,这样使得茎尖区域部分细胞没有病毒。

不同植物或同种植物要脱去不同病毒所需茎尖的大小各异。通常茎尖培养脱毒效果的好坏与茎尖大小呈负相关,即切取的茎尖越小,脱毒效果越好;而培养茎尖成活率的高低则与茎尖的大小呈正相关,即切取茎尖越小,成活率越低。因此,具体操作时既要考虑脱毒效果,又要考虑成活率,一般切取 0.2~0.3 mm 带 1~2 个叶原基的茎尖作为培养材料效果较好。

2)茎尖培养脱毒的方法

一般春秋两季取材为宜,选取田间生长旺盛的新梢,摘取 2~3 cm 长,去掉较大叶片,用自来水冲洗片刻即可进行消毒。对于多年生植物,休眠芽也可以作为试验材料。

消毒在超净工作台上进行,先把材料浸入 70% 酒精中 30 s,再用 10% 漂白粉上清液或 0.1% 升汞消毒 10~15 min,消毒时适当摇动瓶子,使药液与材料表面充分接触,达到彻底消毒的目的,最后再用无菌水冲洗 3~5 次,就可剥离茎尖。消毒后,把材料置于双目显微镜下,用解剖针仔细剥离幼叶和叶原基,切取 0.1~0.2 mm 仅带 1~2 个叶原基的茎尖分生组织,立即挑入培养基上(图 7.1)。

大于 0.5 mm 的茎尖外植体可以在不含生长调节剂的培养基上长成完整植株,但加入少量生长素或细胞分裂素对其生长发育往往也是有利的。

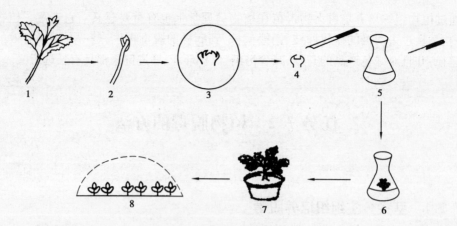

图 7.1　茎尖脱毒繁殖程序
1—采样;2—去叶片;3—剥离茎尖;4—切取茎尖分生组织;
5—茎尖培养;6—茎尖再生植株;7—病毒鉴定;8—防虫网内繁殖脱毒苗

7.2.2　热处理脱毒

1)热处理脱毒的原理

热处理的方法有两种:一种是热水浸泡;另一种是高温空气处理。这是利用病毒和寄主植物对高温忍耐性的差异,其原理为:某些病毒受热后不稳定,钝化失去活性。因为病毒和植物细胞对高温的忍耐性不同,高温可以延缓病毒的扩散速度并抑制其增殖,使病毒浓度不断降低,这样持续一段时间后,病毒就自行消失而达到脱毒目的。

不同病毒的抗热能力是不同的,除病毒衣壳蛋白分子结构的差异外,许多外部因素也会影响这种能力的高低,其中最主要的是病毒的浓度、寄主体内正常蛋白质的含量以及处理的时间。一般寄主体内病毒的浓度越大,寄主体内正常蛋白质含量就越多;处理的时间越短,则所需的钝化能就越大,也就需要较高的温度。这也就是为什么在处理某些果树时,过高的温度同时对植物会造成伤害。因此,多以不损伤植物或轻微损伤植物的温度、较长时间处理而达到脱毒目的。

2)热处理脱毒的方法

(1)热水浸泡处理

热水浸泡处理是将剪下的接穗或种质材料在 50 ℃的热水中浸泡数分钟或数小时,方法简便,但容易使材料损伤,到 55 ℃时则大多数植物都会被杀死。该方法适合于处理木本植物的休眠芽和甘蔗。

(2)高温空气处理

高温空气处理是将旺盛生长的植物放在 35 ~ 40 ℃条件下生长发育,处理时间的长短因病毒种类的不同,可由数分钟到数周不等,热处理后立即把茎尖切下来嫁接到无病毒的砧木上。此方法对活跃生长的茎尖效果较好,既能消除病毒又能使寄生植物有较高的存活机会,目前使用较多。

3）热处理脱毒的应用

自 1936 年 Kunkel 在桃树上首次利用热处理技术获得抗黄萎病的无病毒植物以来,相继报道了在蔓长春花、马铃薯、苹果、树莓、草莓、黄瓜、梨和康乃馨等植物上通过热处理除去病毒的研究,有些已在生产实践中得到应用。热处理脱毒技术简单,且耗费人力、物力较少,经济方便。但热处理的使用受到很大的限制,且高温处理也极易使材料受热枯死,造成损失。就目前的发展趋势而言,热处理脱毒仅应用于木本果树和林木的部分病毒的脱除。

7.2.3 热处理结合茎尖培养脱毒

某些病毒,如 TMV、PVX 和 CMV 等能够侵染正在生长中的茎尖分生组织区域。如 0.3 ～ 0.6 mm 长的菊花茎尖愈伤组织形成的植株都带毒。在此情况下,需将茎尖培养与热疗法相结合。热处理可在脱毒之前的母株上或在茎尖培养期间进行。如 36 ℃ 热处理 6 周与茎尖培养相结合,比单独茎尖培养更容易消除草莓轻型黄边病菌,热处理可提高多数草莓品种植株的生长速率。PVS 和 PVX 是马铃薯常见的两种病毒,单独热处理或单独茎尖培养都不易消除,然而这两种方法结合起来就可以很容易脱除这两种病毒。33 ～ 37 ℃ 热处理大蒜鳞茎 4 周,剥离 2 ～ 3 个叶原基的茎尖,脱毒率比未经热处理而培养的茎尖高 22% ～ 25%。32 ～ 35 ℃ 处理马铃薯块茎 3 ～ 13 周,可提高脱毒株率 33% ～ 83%。热处理时要注意处理材料的保湿和通风,以免过于干燥和腐烂。

当茎尖外植体是取自未受过或只受过短时间热处理的植株时,外植体的大小对实验的成败至关重要,但经充分热疗的植株情况有所不同。某些难以消除的病毒,经过多个周期的热处理再进行茎尖培养就可脱除。如马铃薯块茎放入 35 ℃ 恒温培养箱中热处理 4 ～ 8 周,然后再进行茎尖培养,可除去一般培养难以脱除的马铃薯纺锤形块茎类病毒。热处理可在切取茎尖之前的母株上进行,即由热处理之后的母体植株上切取较大的茎尖(约 0.5 mm)进行培养,或先进行茎尖培养然后再用试管苗进行热处理,也可获得较多的无病毒个体。热处理结合茎尖培养脱毒法的不足之处是脱毒时间相对较长。

7.2.4 其他方法脱毒

1）微体嫁接脱毒

有些多年生的木本植物,茎尖培养很难成苗,或即使成苗也往往难以生根。在此情况下,可通过微体嫁接以获得完整的脱毒植株。微体嫁接是通过组织培养与嫁接方法相结合来获得无病毒苗的一种新技术。它是将 0.1 ～ 0.2 mm 的茎尖作为接穗,嫁接到由试管中培养出来的无菌实生砧木上,继续进行试管培养,愈合成为完整的植株。目前,微体嫁接是成功获得无病毒柑橘苗最有效的方法。此外,在杏、桉树和山茶等植物中,用微体嫁接来消除病毒也非常有效。

影响微体嫁接成活率的主要因素是接穗的大小。试管内嫁接成活的可能性与接穗的大小呈正相关,而无病毒植株的培育与接穗茎尖的大小呈负相关。因此,为了获得无病毒植株,可以采用带两个叶原基的茎尖分生组织做接穗。

2）抗病毒药剂脱毒

在茎尖和原生质体培养中，在培养基中加入抗病毒醚能抑制病毒复制。抗病毒醚是一种脱氧核糖核酸或核糖核酸，具有广谱作用的人工合成核苷物质。

加入抗病毒醚的培养基，继代培养 80 d 以上的试管苗可脱除苹果茎沟病毒，且不管抗病毒醚浓度的高低均有效果。抗病毒醚对存在于苹果植株内的退绿叶斑病毒（ACLSV）和苹果茎沟病毒（ASGV），在苹果植株体内均具有抑制其增殖的作用。在加入抗病毒醚的培养基中增殖的新梢，其顶端部分在继代培养过程中逐渐脱除病毒。

对于抗病毒药剂的效果，因病毒种类的不同而异。目前，用此方法也不能脱除所有病毒，若使用不当，药害比较严重，此法目前还处于探索阶段。

3）愈伤组织培养脱毒

植物的各个部位器官和组织均可通过去分化诱导产生愈伤组织，经过几次继代培养，愈伤组织再分化形成小植株，得到无病毒苗。这在马铃薯、天竺葵、大蒜、草莓等植物上已先后获得成功。

有关愈伤组织培养脱毒的机制尚不清楚。据日本学者森氏报道，用感染烟草花叶病毒的烟草髓部组织诱导出的愈伤组织，经 4 代继代培养，可脱除病毒，即病毒质粒会在愈伤组织的继代培养中逐渐消失。

愈伤组织在长期继代培养中，由于培养基中激素的刺激，常常会发生体细胞无性系变异，这种变异的范围和方向都是不确定的。因此，对于无性繁殖的作物，为了保持其优良特性，一般不用此法脱毒。

4）花药或花粉培养脱毒

花粉和花药培养的一般程序均为先经过脱分化诱导愈伤组织，再经过再分化诱导芽和根器官的分化形成小植株。由于经过愈伤组织的分化阶段，加之形成雄配子的小孢子母细胞在植物体内属于高度活跃，不断分化生长的细胞。因此，从理论上讲含病毒质粒很少或几乎不含。1974 年大泽胜次等利用草莓花药培养获得了大量无病毒植株，证实了花药培养可脱除某些植物的病毒。我国学者王国平等利用花药培养获得了大批无病毒草莓植株，在 17 个省市示范栽培，增产 7.8% ~45.1%。经比较发现，草莓病毒脱除采用花药培养比茎尖培养和热处理获得的无病毒植株的概率要高得多。大多数园艺植物为杂合体，采用花药培养可获得纯合体，在一定程度上改变了其遗传背景，产量和品质均有所下降。

5）珠心胚培养脱毒

此法适用于具有珠心胚的果树，如柑橘、芒果等。普通作物受精产生的种子绝大多数只形成一个胚，而柑橘、芒果等的种子常形成多个胚。多胚中只有一个是受精后产生的有性胚，其余的都是珠心细胞形成的无性胚。自 1968 年 Rangan 首先报道通过珠心胚培养获得无病毒柑橘植株以来，利用该方法在柑橘类很多品种病毒的脱除上获得了成功。

通过珠心胚培养可以获得无病毒植株可能是因为病毒的转移通常是经维管束的韧皮组织传播的，细胞之间转移的很慢，而珠心与维管系统无直接连接，因此，由珠心组织诱导产生的植株就可以脱除病毒。

任务7.3　脱毒苗的检测

7.3.1　指示植物鉴定法

指示植物鉴定法是病毒检测中最古老和常用的一种方法。该方法就是利用一种植物上的病毒在其他植物上产生的枯斑和某些病理症状，作为鉴别病毒及其种类的标准。自1992年美国病理学家 Holmes 发现，用感染了花叶病毒的普通烟叶粗提液和少许金刚砂混合，然后在心叶烟草的叶片上摩擦，2～3 d 后原本健康的烟叶上出现了局部坏死斑点。在一定范围内，枯斑数与侵染病毒的浓度成正比，此方法条件简单，操作方便，一直沿用至今。指示植物法虽然不能测出病毒总的核蛋白浓度，但可以检测被鉴定植物体内是否含有病毒质粒以及病毒的相对感染力。

指示植物鉴定法对依靠汁液传播的病毒，可采用摩擦损伤汁液传播鉴定法；对不能依靠汁液传播的病毒，则可采用指示植物嫁接法。常用的指示植物有千日红、野生马铃薯、曼陀罗、辣椒、心叶烟草、黄花烟草、豇豆等。理想的指示植物是容易并能快速生长，具有适用于接种的大叶片，且能在较长时间内保持对病毒的敏感性，容易接种，并在较广大的范围内具有同样的反应。指示植物一般有两种类型：一种是接种后产生系统性症状，出现的病毒扩展到植物非接种部位，通常没有局部病斑明显；另一种是只产生局部病斑，常由坏死、退绿或环斑构成。

（1）摩擦损伤汁液传播鉴定法

病毒接种鉴定工作必须在无虫温室里进行，接种时从被鉴定植物上取1～3 g 幼叶放于研钵中，加入10 ml 磷酸盐缓冲液（pH 7.0）研磨成匀浆后用双层纱布过滤，汁液中加入少量过500～600目标准筛的金刚砂作为指示植物叶片摩擦剂。加入金刚砂的滤液用棉球蘸取少许，在叶片上轻轻涂抹2～3次进行接种，之后用清水把叶面冲洗干净，也可用手指涂抹、塑料刷子、玻璃抹刀或喷枪等进行接种。接种后温度应保持在15～25 ℃，2～6 d 后即可出现症状。若无症状，则可初步判断被检测植物无病毒，但还需进行多次重复鉴定，经重复鉴定均未发现病毒的植株才能进一步扩大繁殖，用于生产。

（2）指示植物嫁接法

对于采用汁液法难以鉴定的植物，如木本果树和草莓等，可通过嫁接法进行鉴定。以指示植物为砧木，被鉴定植物为接穗。目前，世界草莓病毒的鉴定和检测均采用指示植物小叶嫁接法，操作步骤为：

①从待测株上剪取成熟叶片，去掉两边小叶，留带1～1.5 cm 叶柄的中间小叶，用锐利刀片把叶柄削成楔形作为接穗。

②选取生长健壮的指示植物，剪去中间小叶作为砧木进行嫁接，用塑料薄膜包好，整个植株套上塑料袋保温保湿。成活后去掉塑料袋，逐渐剪去未接种的老叶，观察新叶上的症状反应（图7.2）。

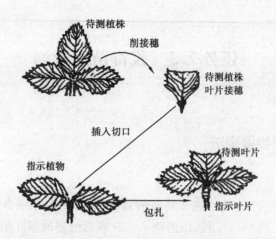

待测植株

削接穗

待测植株
叶片接穗

插入切口

指示植物

待测叶片

包扎

指示叶片

图 7.2　指示植物嫁接法鉴定脱毒苗

7.3.2　抗血清鉴定法

　　植物病毒是由蛋白质和核酸组成的核蛋白,因而是一种较好的抗原,给动物注射后会产生抗体。抗体结合抗原后使其失活,这种结合称为血清反应。这种反应不但可以在动物体内进行,也可以在动物体外进行。抗体是动物在外来抗原的刺激下产生的一种免疫球蛋白,主要存在于血清中,故含有抗体的血清称为抗血清。由于不同病毒产生的抗血清都有各自的特异性,因此,用已知病毒的抗血清可以鉴定未知病毒的种类。这种抗血清在病毒的鉴定中成为一种高度专化性的试剂,特异性高,检测速度快,一般在几小时甚至几分钟之内就可以完成。血清反应还可用来鉴定同一种病毒的不同株系以及测定病毒浓度。因此,抗血清法成为植物病毒鉴定中最常用的有效方法之一。

　　抗血清鉴定法首先要进行抗原的制备,包括病毒的繁殖、病叶研磨和粗汁液澄清、病毒悬浮液的提纯以及病毒的沉淀等过程。同时要进行抗血清的制备,包括动物的选择和饲养、抗原的注射和采血、抗血清的分离和吸收等过程。血清可以分装在小玻璃瓶中,置于 $-25 \sim -15℃$ 的冰箱中贮藏,有条件者可冻制成干粉,密封冷冻后长期保存。抗血清鉴定的方法之一是将待测植株的一滴汁液加到几种不同的抗血清中,在哪一种抗血清中出现沉淀,就证明该植株带有哪一种病毒。

7.3.3　电子显微镜鉴定法

　　普通光学显微镜可以看到小至 200 nm 的微粒,而电子显微镜则将分辨率增大到 0.2 ~ 0.5 μm,达到肉眼能直接观察分子和原子的水平。近年来,随着电子显微镜技术水平的提高以及制样等有关技术的发展和完善,电子显微镜已经广泛应用于病毒学、细胞学、生物化学、分子生物学、遗传工程等各个领域。

　　利用电子显微镜可直接观察检测出病毒的有无,并可看到病毒质粒的大小、性状和结构,根据这些特征,可以深化人们对病毒的认识,这对病毒的分类鉴定具有重要作用。但电子显微镜价格昂贵,操作程序复杂,一般单位不必购置,仅科研单位、重点高校和大企业中配置,可供其他单位使用。

7.3.4　酶联免疫测定法

酶联免疫测定法(enzyme linked immunosorbent assay,ELISA)是 20 世纪 70 年代在荧光抗体和组织化学基础上发展起来的一种新的免疫测定技术,是在不影响酶活性和免疫球蛋白分子的反应条件下,使酶分子和免疫球蛋白分子共价结合成酶标记抗体。酶标记抗体可直接或通过免疫桥与包被在固相支持物上待测定的抗原或抗体特异结合来检测病毒的有无,其灵敏度高、特异性强、安全快速、容易观察。

酶联免疫测定法操作简便,无需特殊仪器设备,结果容易判断,且可以同时检测大量样品。近年来,已广泛应用于植物病毒检测中,为植物病毒的鉴定和检测开辟了一条新途径。

7.3.5　分子生物学方法

1)反转录聚合酶链反应(RT-PCR)

RT-PCR 的基本原理是以所需检测的病毒 RNA 为模板,反转录合成 cDNA,从而使微量的病毒核酸扩增上万倍,以便于分析检测。基本步骤是:先提取病毒 RNA,根据病毒基因序列设计合成引物,反转录合成 cDNA,然后进行 cDNA 扩增,利用琼脂糖凝胶电泳技术来检测扩增产物。RT-PCR 技术与免疫学方法相比较不需要制备抗体,且检测所需的病毒量少,具有灵敏、快速、特异性强等优点,近年来已在病毒检测和分子生物学研究等领域得到迅速发展和广泛应用。在植物病毒检测上,自 1990 年起,国外已经用此技术检测了多种植物病毒,如大豆黄叶病毒、马铃薯卷叶病毒、马铃薯 A 病毒等。目前,RT-PCR 已由原来的只能检测某一种病毒发展到能够同时检测多种病毒。

2)核酸斑点杂交技术(NASH)

近年来,核酸斑点技术已经广泛用于植物病毒检测。NASH 是根据核苷酸单链可以互补结合的原理,将一段核酸单链以某种方式加以标记,制备探针,与互补的待测病原核酸杂交,带探针的杂交物指示病原的存在。Singh 等利用此技术检测了马铃薯休眠块茎中的 PVY 病毒,发现 NASH 比 ELISA 法更灵敏、更可靠。但此法的灵敏度和特异性比 RT-PCR 差一些,存在的缺点是在检测大量样品时,探针的分离比较困难。

任务 7.4　无病毒苗的保存与繁殖

7.4.1　无病毒苗的保存

经过复杂的分离培养程序以及严格的病毒检测获得脱毒苗是很不容易的,因此一旦培育出来,就应该很好的隔离保存。脱毒苗移栽后的苗木被称为原原种,一般多在科研单位

的隔离网室内保存。原原种繁殖得到的苗木称为原种,多在县级以上良种繁育基地保存。由原种繁殖的苗木作为脱毒苗提供给生产单位栽培。这些原原种或原种材料,保管得好可以利用5~10年,在生产上经济有效地发挥着作用。

脱毒苗木本身并不具有额外的抗病毒性,它们可能很快又会重新被感染。为此,通常脱毒的原种苗木应种植在隔离网室中,以使用32~360 μm的网纱罩棚为好,可以防止蚜虫等媒介昆虫的进入。栽培床的土壤应进行消毒,周围环境也要整洁,及时打药。附近不得种植同种植物和可互相侵染的寄主植物,以保证材料在与病毒严密隔离的条件下栽培。有条件的地方可以在合适的海岛或高寒山区繁殖无病毒材料,因为这些地区虫害少,有利于无病毒材料的生长繁殖。

园艺植物中许多种类均为无性繁殖,这些植物的种质资源可以采用试管保存。试管苗保存技术具有节省土地和劳动力,避免病虫害感染和环境伤害以及能快速繁殖等优点。试管苗保存种质资源的主要缺点是有些材料的再生能力差,会在继代培养过程中逐渐丧失,还会发生染色体畸变,难以保护原有的遗传基因。保存试管苗种质,关键是要维持最低的生长速度,以延长继代培养的时间。而生长速度又取决于培养温度、培养基组成和品种特性。

7.4.2　无病毒苗的繁殖

1)脱毒植株的继代培养快繁

继代培养快繁主要有3条途径,即通过愈伤组织、不定芽和丛生芽。通过愈伤组织繁殖速度最快,但后代的遗传性不稳定。通过促进腋芽萌发成苗变异较小,但许多植物在开始培养时产生腋芽的数量较少,速度也较慢,而后期产生腋芽的数目快速增加,目前此方法应用较多。通过不定芽繁殖速度较快,但有形成嵌合体的可能,以至出现性状不稳定,表现不一致的情况。根据选取的快繁途径,设计筛选出适宜的培养基,建立优化的快繁体系。将无菌苗按照合适的培养方式,分割或切段后接种在继代培养基上,置于23~28 ℃,光照10~16 h/d,光照强度1 500~3 000 lx的培养室内培养增殖。

2)脱毒苗的生根培养

将生长至1 cm以上的无菌苗按茎节切段,逐段接种到筛选好的生根培养基上,大蒜快繁簇生芽整丛移栽效果更好。也可把无根试管苗蘸上生根剂直接插入灭菌处理的栽培基质中,通常效果也很好,同时减少了无菌操作的步骤,降低培养成本。

3)脱毒苗的田间快繁

(1)防蚜塑料大棚快繁

在3月中旬,将5~7片叶的脱毒试管苗打开瓶口,室温下光照炼苗5~7 d。移栽的前一天下午,在棚内苗圃上撒上用40%乐果乳油100 ml加水2.5~5 kg稀释后与15~25 kg干饵料伴成的毒饵,以消灭地下害虫。然后按照5 cm×5 cm株距栽种在覆盖防虫网的塑料大棚内,浇足水后加盖一层小拱棚,将温度控制在25 ℃左右。待苗长至15~20 cm时剪下蔓头继续接种。采用这种双膜育苗法繁殖系数可达100倍以上,但要注意勤浇水,通风透气,保证温度在10~30 ℃。

（2）防芽网棚快繁

在4月下旬或5月初,将经过锻炼具有5~7片叶的脱毒试管苗,按每亩10 000株的密度栽种在防芽虫大棚内,勤施肥水,待苗长至约15 cm时摘心,促进分枝。以后待分枝苗长至5片叶时继续剪苗栽种繁殖,或直接用于繁殖原原种。

（3）防蚜冬暖大棚越冬快繁

9月底到10月初,将脱毒试管苗移栽在外加40目防虫网的冬暖式大棚内。11月上旬盖塑料薄膜,12月上、中旬加盖草帘子,使棚内温度保持在10~30 ℃。注意及时防治蚜虫,到翌年4月中、下旬将苗移至苗圃进行扩繁。此方法因脱毒苗在外暴露时间过长,重新感染病毒的机会较大,一般较少采用。

复习思考题

1.植物病毒在植物体内是怎样分布的? 为什么?

2.植物病毒会对寄主产生什么危害?

3.植物病毒的传播方式有哪些?

4.植物病毒的脱除机制是什么?

5.常用的植物脱毒方法有哪些? 各有何特点?

6.影响植物茎尖培养脱毒的因素有哪些?

7.如何检测所获得的脱毒苗是否真正无毒?

8.如果进行脱毒苗的保存和繁殖?

 项目8 种质离体保存和组织培养育种

学习目标

1. 了解种质离体保持的概念及特点；
2. 掌握种质离体保存的主要方法和人工种子的制备；
3. 理解植物组织培养在品种改良上的应用。

重点

植物种质资源离体保持的方法；人工种子的概念及结构；植物组织培养在育种中的应用。

难点

植物种质资源的超低温保存；种质离体保存的遗传完整性；人工种子的制备。

> 保护生物多样性是一个备受重视的国际性问题。由于生态平衡的破坏，大量物种正在逐渐丧失。植物的优良基因是品种改良和农业可持续发展的基础，但随着经济的发展，生态环境的恶化，物种流失极其严峻。人工选择及良种的推广，品种构成逐渐单一化，致使许多潜在有益的珍贵种质资源丢失。因此，植物种质资源保存已成为全球关注的焦点。植物组织培养技术为种质资源保存开辟了一条新颖有效的途径。此外，植物组织培养是生物技术的重要组成部分，在育种研究中具有重要的应用价值。如种质资源保护、优良品种的快速繁殖、诱发和离体筛选突变体、克服远缘杂交困难、克服种子发育中的障碍、单倍体育种、基因工程的基础技术等，这些方面的研究和应用均须借助于植物组织培养技术的基本程序和方法。

任务 8.1　种质离体保存

8.1.1　种质离体保存概述

种质是指亲代通过生殖细胞或体细胞直接传递给子代并决定其固有生物性状的遗传物质。植物种质资源是指携带各种不同遗传物质的植物总称,又称遗传资源或品种资源,包括栽培、野生及人工创造的各种植物品种或品系。

种质资源保存是指利用天然或人工创造的适宜环境,借以保存种质资源,使个体中所含的遗传物质保持其完整性,且有较强的生活力,能通过繁殖将其遗传特性传递下去。植物种质资源保存的方式有原生境保存和非原生境保存;原生境保存是指在原来的生态环境中进行繁殖保存,如建立自然保护区、保护小区、保护点等途径来保护作物及经济林木的野生近缘种;非原生境保存是指种质保存于该植物原生态生长地以外的生境,包括异地保存(建立种质圃或植物园)、种质库保存、离体保存等。

原生境保存和异地保存固然重要,但此法若用于保存大量种质时,需耗费巨大的人力、物力和土地,在实际操作中很难实施,且易受自然灾害、虫害和病害的侵袭,造成植物种质资源的丧失。种质资源离体保存是指对离体培养的小植株、器官、组织、细胞或原生质体等材料,采用限制、延缓或停止其生长的处理措施来进行保存,在需要时可重新使其恢复生长,并再生植株的方法。

离体种质保存有以下优点:

①所占空间少,节省人力、物力和土地。

②有利于国际间的种质交流及濒危物种抢救和快繁。

③需要时,可以用离体培养方法很快大量繁殖。

④避免自然灾害引起的种质丢失。

8.1.2　常温限制生长保存

1)常温限制生长保存的概念

在正常条件下的组织培养不适合于种质保存。因为在这种条件下,材料生长很快,需要经常转接。这不仅使保存工作量加大,费用升高,也导致在转接中污染和由取样的随机性造成基因资源的丢失。

因此,理想的保存方法是使培养物处于无生长或缓慢生长状态,减少继代次数,达到长期保存的目的。需要时可以迅速恢复其正常生长。抑制生长的外植体可以是茎段、茎尖及愈伤组织。

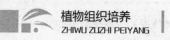

2)常温限制生长保存的方法和原理

(1)高渗保存法

高渗保存法是指通过提高培养基的渗透压,减少离体培养物从培养基中吸收养分和水分的量,减缓生理代谢过程,从而减缓生长速度,达到抑制培养物生长的保存方法。具体方法有:

①提高蔗糖浓度到10%左右,就可达到抑制培养物生长的目的。由于蔗糖是组培中最常用的碳源和能量,提高渗透压的同时又不会对材料生理代谢产生不利影响。不同植物保存所需的渗透物质含量不同,但试管苗保存的时间、存活率、恢复生长率受培养基中高渗物质含量影响的变化趋势基本相同,呈抛物线形。

②添加惰性物质,如甘露醇、山梨醇等都是优良的渗透压调节物质,这样可以使其限制离体培养物生长的作用维持更久。一般用4%~6%甘露醇处理培养基,或用2%~3%蔗糖加2%~5%的甘露醇混合处理。

③增加培养基中琼脂的用量来提高渗透压,降低培养物的生长速率。这种方法最早在木薯和马铃薯培养物上应用。在马铃薯外植体的培养基上加入8%蔗糖或3%甘露醇,均可降低培养物的生长速率,延长继代培养间隔期。在木薯培养中,把蔗糖浓度提高到4%,温度降至20 ℃,继代培养间隔期可延长至15个月。

(2)生长抑制剂保存法

在离体种质保存中使用植物生长抑制剂可以延缓或抑制离体培养物的生长,延长继代时间以达到离体保存种质的目的。生长抑制剂保存法是指在培养基中加入生长抑制剂或延缓剂,如 ABA、青鲜素、矮壮素、B_9、多效唑、烯效唑等。

试验证明,调整培养基中的生长调节剂配比,特别是添加生长抑制剂,利用激素的调控技术,不仅能够延长培养物在试管中的保存时间,而且能够提高试管苗的质量和移栽成活率。马铃薯茎尖培养物在含有 ABA 和甘露醇或山梨醇的培养基上保存1年后,生长健壮,转移到 MS 培养基上生长正常。高效唑能显著抑制葡萄试管苗茎叶的生长,从而促进根系加粗,提高根冠比,使试管中扦插的葡萄茎段产生极度缩小的微型枝条,易于中长期保存。

(3)低压培养保存法

通过降低培养容器内氧分压或改变培养环境的气体状况,能抑制离体培养物细胞的生理活性,延缓衰老,从而达到离体保存种质的目的。

低压保存就是通过降低气压和降低氧分压来进行保存。降低气压是通过降低培养物周围的大气压而起作用,其结果是降低了所有气体分压,使培养物的生长速度降低。降低氧分压是在正常气压下,向培养容器中加入氮气等惰性气体,使其中氧分压降低到较低水平,从而达到抑制生长的目的。自1981年 Bridge 和 Staby 首次报道采用降低培养物周围的大气压力或改变氧含量来保存植物组织培养物以来,Augereau 等(1994)用矿物油覆盖技术成功地保存了多种愈伤组织。Dorion(1994)发现,桃茎尖培养物在0 ℃、低氧体积分数0.2%~0.25%条件下保存了12个月后,不仅全部成活,而且后期再生能力很强。目前,有些学者极力倡导这项保存技术,但有关低氧对细胞代谢功能的影响还有待研究。

(4)饥饿法

从培养基中减去某一种或几种营养元素,或降低某些营养物质的浓度,或稍微改变培养基成分,使培养植株处于最小生长阶段。通过调整培养基的养分水平(1/2 MS、1/4 MS),

可有效限制细胞生长。如菠萝组培苗在 1/4 MS 培养基上保存 1 年,小苗存活率达 100%。

（5）培养物干燥保存

水是一切生命活动的介质,降低水分含量,植物的生长活动就自然延缓。此法与传统的种子保存相类似。20 世纪 70 年代,Jones 和 Nitzsche 分别将胡萝卜体细胞胚和愈伤组织放在滤纸上,置于空气流通的无菌箱中风干 4~7 d。然后将体细胞胚或愈伤组织置于附加生长抑制剂或高浓度蔗糖的培养基中保存,两年后胚仍然能恢复生长。保存过程中的脱水和限制糖供应,可看作是一个正常种子成熟的类似过程。

8.1.3　低温保存

1）低温保存的概念

植物种质资源的低温保存是指利用离体培养的方法在非冻结的低温下（一般 1~9 ℃）保存种质的方法。低温保存种质资源具有方法简单、存活率高的特点。

2）低温保存的原理

在植物的生长条件中,温度是一个重要的因素。植物要生长必需有适宜的温度,温度降低以后,植物的生长速度就会受到抑制而减慢,老化程度延缓,因而延长了继代的时间而达到保存种质的目的。把离体培养物置于中低温条件下,应用中低温调控外植体生长量,是离体保存种质资源较常用的方法。

3）低温保存的方法

植物对低温的耐受力不仅取决于基因型,也与它们的起源和生长的生态条件有关。在低温保存植物培养物过程中,正确选择适宜低温是保存后高存活率的关键。温带植物保存的最适低温为 0~6 ℃,如马铃薯、苹果、草莓及大多数草本植物。热带植物保存的最适低温为 15~20 ℃,如木薯、甘薯。Mullin 和 Schlegel（1976）在 4 ℃ 的黑暗条件下,使 50 多个草莓品种的茎培养物保持生活力达 6 年之久,期间只需每几个月加入 1 次新鲜的培养基。葡萄和草莓茎尖培养物分别在 9 ℃ 和 4 ℃ 下连续保存多年,每年仅需继代 1 次。

低温保存种质资源方便简单、材料恢复生长速度快,适于现代化种质库的管理。现有的研究资料表明,如果中低温保存与生长抑制剂或高渗透压等抑制生长的化学和物理因素结合起来,可能有助于延长保存年限。

8.1.4　超低温保存

1）超低温保存概述

植物种质资源的超低温保存是指将植物的离体材料经过一定的方法处理后在 -80 ℃（干冰温度）到 -196 ℃（液氮温度）,甚至更低的温度条件下进行保存的方法。超低温保存可追溯到 18 世纪,但直到 1973 年,Nag 和 Street 才首次成功地在液氮中保存了胡萝卜悬浮细胞。到目前为止,植物种质超低温保存取得了巨大的进展。

超低温下保存材料的细胞代谢和生长活动几乎完全停止,这不仅能够保持生物材料的遗传稳定性,也不会丧失其形态发生的潜能（保持其再生能力）。因此,已成为长期稳定保

存植物种质资源及珍贵实验材料的重要方法。植物离体材料的超低温保存是长期保存种质资源的理想方法,可以节约大量的人力、物力和土地,克服长期继代培养导致的再生能力丧失,也便于国际间种质资源的交流。

2)超低温保存的原理

植物的正常生长发育是一系列酶促反应活动的结果,植物细胞处于超低温环境中,细胞内自由水被固化,仅剩下不能被利用的液态束缚水,酶促反应停止,新陈代谢被抑制,植物处于"假死"状态。如果在降、升温的过程中,没有发生化学组分的变化,而物理结构的变化是可逆的,那么保存后的细胞能保持正常的活性和形态发生潜力,且不发生任何异常变异。

如果降温速率适宜,脱水和蒸汽压变化保持平衡时,细胞内溶液冰点将平稳降低,从而避免细胞内结冰。如果降温速率过慢,细胞脱水过度,则可能发生以下几种损伤:

①细胞内高含量溶液可能会引起"溶液效应"。
②液态水减少可能引起细胞膜系统不稳定。
③细胞体积可能减少到细胞成活的最小临界值。
④细胞外水被固化。
⑤脱水可能使细胞产生质壁分离。
⑥有弹性的细胞壁将产生阻止细胞体积减小的拉力,结果造成膜伤害。

如果降温速率过快,或细胞外水流速率和蒸汽压变化不平衡,细胞内结冰,也可能引起机械伤害。但如果降温速率非常快,细胞迅速通过冰晶生长危险温度区,就不会死亡,如果植物材料经高含量的渗透性化合物处理后,快速投入液氮,这时由于水溶液含量太高而不能形成冰晶,仍保持无定形状态,这种状态水分子不会发生重组,也就不会产生结构和体积变化,保证了复苏后的细胞活力。

3)超低温保存材料的选取

在超低温离体保存种质中,已经研究或应用过的植物材料或培养物主要有3类:
①愈伤组织、悬浮细胞、原生质体。
②花粉和花粉胚。
③茎尖、腋芽原基、胚、幼龄植物。

在超低温保存离体种质的实际应用中,需考虑培养物的再生能力、变异性和抗冻性。选择遗传稳定性好、容易再生和抗冻性强的离体培养物作为保存材料是超低温保存离体种质成功的关键。茎尖、腋芽原基、胚、幼龄植株等有组织结构的离体材料,是理想的离体保存材料,因为其遗传稳定性好,易于再生,且细胞体积小,液泡小,原生质稠密,含水量较低,细胞质较浓,比含有大液泡的愈伤组织细胞更抗冻。而愈伤组织和悬浮细胞并不是理想的保存材料,因为这类材料普遍存在遗传不稳定性,且经过长期的保存再生能力也较差。

4)材料预处理

材料预处理是为了使材料适应将要遇到的低温,提高自由水含量低的新细胞的生成,避免冷冻过程中细胞内大冰晶的形成,提高细胞的成活率和再生能力,时间一般为3~4周。具体方法如下:

（1）加速继代

加速继代培养以提高新分裂细胞的比例。因为新分裂的细胞小,胞内自由水含量少,在冷冻过程中不易形成大冰晶,细胞不易受害。

（2）提高培养基渗透压

用甘露醇、山梨醇和蔗糖等提高培养基渗透压来增强抗寒力。如在含8%蔗糖的改良MS液体培养基中振荡预培养6 d,红豆杉愈伤组织在超低温保存后细胞活力可保持最高。

（3）添加冷冻防护剂

冷冻防护剂在溶液中能够产生强烈的水合作用,提高溶液的黏滞性,进而保护细胞免遭冻害。用冷冻防护剂对材料进行预处理可明显提高细胞的存活率和再生能力。常用的冷冻防护剂有5% ~8%二甲基亚砜(DMSO)、甘油、10%脯氨酸。糖类、PEG、乙酰胺、糖醇和福美氧化硫等,其中DMSO是最好的防护剂。冷冻防护剂既可以单独使用,也可以混合使用,这样可以降低冷冻防护剂的毒性,提高细胞存活率和再生能力。

（4）低温预处理

低温预处理是将离体培养物置于一定的低温环境中(0 ~4 ℃),使其接受低温锻炼,细胞内可溶性糖及类似的具有低温保护功能的物质积累,束缚水/自由水比值增大,原生质的黏度、弹性增大,代谢活动减弱,抗寒能力提高。

5）材料冷冻的方法

（1）传统的超低温冷冻保存

传统的超低温冷冻保存法是通过预培养、冷冻保护剂处理、降温速度和转移温度等步骤,创造合适的保护性脱水,实现种质资源的超低温保存。从降温方式来看,超低温冷冻保存方法有快速冷冻法、慢速冷冻法、两步冷冻法和逐级冷冻法等几种。

①快速冷冻法:将保存材料从0 ℃或其他预培养温度直接投入液氮中保存。其降温速度在1 000 ℃/min以上。这种方法适用于高度脱水的植物材料(如种子、花粉、球茎或块根等)和经过冬季低温锻炼抗寒性较强的木本植物的枝条和芽。细胞内的水分在降温冷冻过程中, −140 ~ −10 ℃是冰晶形成和增长的危险温度区,在 −140 ℃以下,冰晶不再增长,快速冷冻法就是利用在液氮中温度骤然降低到最低点(−196 ℃),使细胞内水分迅速通过冰晶生成的危险温度区,产生的玻璃化状态对细胞结构不产生破坏作用,从而减轻或避免细胞内结冰所造成的危害。

②慢速冷冻法:在冷冻保护剂存在下,以0.1 ~10 ℃/min降温速度从0 ℃降到 −70 ℃,接着浸入液氮中进行冷冻保存。这样可以使细胞内的水分有充足的时间流到细胞外结冰,从而使细胞内的水分减少到最低限度,避免细胞内形成冰晶;同时又能防止因溶质含量增加引起"溶液效应"的毒害。这种方法适用于大多数植物离体种质的保存,即使体积较大、液泡大、含水量较高的植物材料,也可以用此法保存得到较好的保存效果。慢速冷冻法需要配备程序降温器,技术系统昂贵。

③两步冷冻法:慢速冷冻和快速冷冻结合起来的一种冷冻方法。在冷冻保护剂存在下,先用慢速冷冻法(降温速度0.1 ~4 ℃/min)降到转移温度(一般为 −70 ~ −40 ℃),在此温度下平衡0.5 ~2 h,使细胞达到保护性脱水状态,然后投入液氮中迅速冷冻。目前,大多采用0.5 ~4 ℃/min的降温速度降到 −40 ℃,然后投入液氮保存。

④逐级冷冻法:材料经保护剂在0 ℃预处理后,依次经过 −10 ℃、 −15 ℃、 −23 ℃、

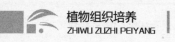

-40 ℃、-70 ℃等温度处理,在每级温度上停留一定时间(约5 min),然后浸入液氮。

（2）玻璃化冷冻法

玻璃化是指液体转变为非晶体(玻璃态)的固化过程。玻璃化法超低温保存种质资源就是将生物材料经高浓度玻璃化保护剂处理使其快速脱水后直接投入液氮,使生物材料和玻璃化保护剂发生玻璃化转变,进入玻璃化状态。此间水分子没有发生重排,不形成冰晶,也不产生结构和体积的变化,因而不会由于细胞内结冰造成机械损伤或溶液效应而伤害组织和细胞,保证快速解冻后细胞仍有活力。

与传统的超低温保存方法相比,玻璃化法操作简单、重演性好,避免了一些种质的冷敏感问题,并且在复杂的组织和器官的超低温保存方面有较好的应用潜力,因而是一种较理想的超低温保存方法。但由于PVS(plant vitrification solution)保护剂浓度很高,对材料毒害性极大,因此需严格控制脱水过程及冰冻保护剂的渗透性。

（3）包埋脱水法

包埋脱水法是将包含有样品的褐藻酸钠溶液滴向高钙溶液,因褐藻酸钙的生成而固化成球状颗粒,然后将包埋后含有保存材料的藻酸钙小珠在含有高浓度蔗糖的培养基上预培养,使样品获得高的抗冻力和抗脱水力后,结合适当的脱水和降温,最后浸入液氮中保存。

与玻璃化法相比,包埋脱水法采用高浓度的蔗糖预处理样品,对低温保护剂敏感的植物样品有着很大的应用潜力。包埋脱水法也不需要昂贵、复杂的降温设备,降温过程不甚严格;同时避免了玻璃化中二甲基亚砜等高浓度保护剂对材料可能造成的损害;样品易于操作,被保存样品体积可以比较大;样品可获得较高的抗冻力,使保存后的样品不经愈伤组织直接成苗,降低了遗传变异的可能性。

（4）包埋玻璃化法超低温保存

包埋玻璃化法是包埋脱水法与玻璃化法的结合,克服了玻璃化法和包埋脱水法的缺点。基本操作程序:预培养和包埋→玻璃化溶液脱水→液氮保存→化冻→恢复培养。

（5）其他保存方法

①干燥法:干燥法是利用无菌空气流、真空、干燥硅胶饱和溶液表面的气相等对样品进行脱水,然后快速将样品投入液氮冻存。

②预培养法:预培养法是将保存材料在含有冷冻保护剂的培养基上预培养一段时间,诱导脱水,然后将脱水材料浸入液氮进行保存。该方法主要用于合子胚和顶端分生组织的保存。

③预培养-干燥法:此方法是预培养法和干燥法结合的冷冻保存方法。材料先在含冷冻保护剂的培养基上预培养,并进行干燥,然后浸入液氮保存。有些研究者用高浓度盐溶液和压缩空气流处理,使要保存的材料脱水干燥。

6）解冻

解冻是将液氮中保存的材料取出,使其融化,以便进一步恢复培养。超低温冷冻材料解冻时,再次结冰的危险区域是-60~-50 ℃。从理论上讲,可借助快速解冻通过此温度区,从而避免细胞内次生结冰。解冻的速度是解冻技术的关键,可分为快速解冻和慢速解冻两种方法。

（1）快速解冻法

快速解冻法是把冷冻的材料取出后,迅速放入35~40 ℃(该温度下解冻速度一般为

500～700 ℃/min)温水浴中解冻,并小心摇动,待材料中的冰晶完全融化为止。由于此法融冰的速度快,细胞内的水分来不及再次形成冰晶就已完全融化,因而对细胞的损伤较轻。

(2)慢速解冻法

把材料置于0 ℃或2～3 ℃的低温下慢慢融化。少数超低温保存的材料只有采用慢速解冻才能存活,如木本植物的冬眠芽,因其在慢速冷冻的过程中,经受了一个低温锻炼的过程,细胞内的水分已最大限度地渗透到细胞外,若解冻速度太快,细胞吸水过猛,细胞膜就会受到强烈的渗透冲击而破裂,进而导致材料死亡。

选择快速解冻还是慢速解冻,不仅与材料的特性有关,也与材料原来冷冻速度有关。一般来说,冷冻速度超过 -15 ℃/min,解冻时宜采用快速解冻,否则应采用慢速解冻。液泡小和含水量少的细胞(如茎尖分生组织)可采用快速解冻方式,而对于液泡大和含水量高的细胞、脱水处理后的干冻材料以及木本植物的冬眠芽则宜用慢速解冻法。试管中的冰一旦溶解,就应该将试管转移到20 ℃水浴中,并尽快洗涤和再培养,以免造成再伤害。

样品在冻存前如果加入了冷冻保护剂,解冻后一般要洗涤若干次,尽量清除材料表面和组织内部的冷冻保护剂,以减少其毒害作用。最常用的洗涤方法是用含1.2 mol/L 蔗糖溶液的培养基洗涤10～20 min(25 ℃),也可用含1.5～2 mol/L 山梨醇的培养液洗涤。

而有些材料洗涤后反而存活率降低,如对解冻后的玉米细胞重新培养时发现,不清除保护剂比清除的存活率高。其原因可能是在冲洗时,细胞在冷冻过程中渗漏出来的某些重要活性物质也被冲洗掉了。

7)保存材料复苏培养

由于冷冻与解冻的伤害,冻后细胞在生理与结构上都不同于未冷冻的细胞,因此,适于两种细胞生长的培养基成分是不同的。为了提高再培养时的存活率,对冷冻保存后的材料重新培养时,需要一些特殊的条件。例如,为了减少再培养中的光抑制,利于离体材料恢复生长,冻存的材料解冻洗涤后一般先在黑暗或弱光下培养1～2周,再转入正常光下培养。再培养所用的培养基一般与保存前的相同,但有时需将大量元素或琼脂用量减半,有时则在培养基中附加一定量的PVP、水解酪蛋白、赤霉素和活性炭等成分以利于恢复生长。

8)超低温保存后细胞或组织活力检测

超低温保存植物种质资源,其目的是要长期保持植物具有高的活力、存活率以及遗传稳定性,能通过繁殖将其遗传特性传递下去。因此,对冷冻保存后细胞活力、存活率以及遗传稳定性的检测是非常重要的。

细胞活力的检测一般采用TTC 还原法、FDA 染色法、伊凡蓝染色法等。由于染色法是根据细胞内某些酶与特定的化合物反应表现出的颜色变化来测定酶的活性,从而检测细胞的活力,因此,不能全面反映细胞的重新生长状况及保存效果。细胞的再生长才是最终检验细胞活力的唯一可靠方法。存活率是检测保存效果的最常用的指标。

目前对超低温保存材料的遗传变异情况的检测方法很多,形态学观察是最简便、最直观的方法;细胞学则可通过核型分析或原位杂交等来观察染色体数目和结构变异;同功酶变化判断变异的情况;分子生物学方法是最理想的检测方法,如基于PCR 扩增的RFLP 和RAPD 等分子标记技术,越来越多地应用于组织培养中体细胞无性系变异的检测。

整个超低温保存的流程见图8.1。

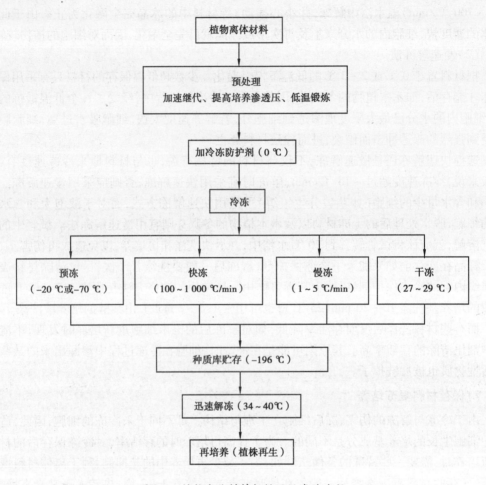

图 8.1 植物离体材料超低温保存的流程

任务 8.2 人工种子

8.2.1 人工种子的概念及意义

人工种子又称合成种子,一般指离体培养条件下的植物材料,通过繁殖获得大量高质量的成熟胚状体,把这些胚状体外面包上有机化合物作为保护胚状体和提供营养的"种皮",从而创造出与真种子类似的结构。1977 年,Murashige 首先提出高速度、大规模生产繁殖胚状体的设想以及人工种子的概念。1981 年,Lawrence 研究了芹菜和莴苣体细胞胚的包埋技术后,就有许多人工种子的报道。1984 年,Redenbaugh 将人工种子分为 4 类:

①裸露或休眠繁殖:鸭茅草干燥胚状体在含水量降至 13% 时,有些还能成株;休眠微鳞茎、微块茎,不加包裹成株率也较高,它们对种皮包裹不严格,可直接种植。

②种皮包裹的繁殖体：如胡萝卜的干燥胚，由一层聚氧乙烯包裹，胚重新水合后能够发芽。

③水凝胶包裹的胚状体、不定芽等繁殖体：其中加入多种养分或激素促进发芽。

④含水的繁殖体：处于液胶包埋带中，如甘薯体细胞胚。

人工种子在本质上属于无性繁殖体，其优点在于：

①使自然条件下不易结实或种子昂贵的材料能快速繁殖和保存。

②繁殖速度快，以一个体积12 L容器计算，在二十几天内可产生胡萝卜体细胞胚1 000万个。

③固定杂种优势，可使F_1优势多代利用，使优良单株快速繁殖成无性系而多代利用，保持杂种材料的遗传稳定性。

④由于从任何材料都能得到胚状体，为基因工程技术应用于生产提供桥梁。

⑤在人工种子的制作中，加入各种营养成分或生长调节剂，调节植物生长，提高植物抗逆性。

⑥常规种子繁殖每年消耗大量粮食供播种，人工种子在一定程度上可取代天然种子而节约粮食，同时人工种子体积小，贮运方便，且可以像天然种子那样播种育苗。

8.2.2　人工种子的结构

完整的人工种子是由胚状体、人工胚乳和人工种皮3部分组成（图8.2）。胚状体相当于天然种子的胚，是有生命的物质结构。人工胚乳一般由含有供应胚状体养分的胚囊组成，养分包括矿质元素、维生素、碳源和激素等。胚囊之外的包膜称为人工种皮，其作用与天然种皮一样，能在适宜条件下维持胚状体正常的生长发育，这要求人工种皮能够具备透水透气、固定成型、耐机械冲击且不损坏的特性。由此可见，人工种子是类似自然种子的人造颗粒，外形为乳白色、半透明、圆粒状的类似于石榴果实内的小颗粒。

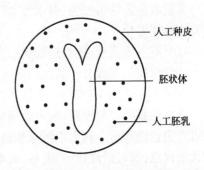

图8.2　人工种子的结构

8.2.3　人工种子的制备

1）胚状体的诱导和形成

胚状体一般指的是体细胞胚，体细胞胚作为人工种子的核心，其质量的好坏直接关系到人工种子制作的成败，影响人工种子将来能否萌发和转化成正常植株。高质量体细胞胚是指发育完整，生长健壮，具有明显胚根和胚芽双极性结构，且萌发和转化成小植株的能力较强的胚状体。一般情况下，高质量胚大多是成熟胚或接近于成熟的胚，这类胚体积较大，内部物质积累较丰富，结构也较完整。植物体细胞胚发生是一个普遍的现象，目前已从200多种植物中诱导出体细胞胚。

以胡萝卜为例，阐述体细胞胚的诱导过程。将胡萝卜天然种子表面消毒后，在无菌条

件下培养成无菌苗,之后切割下胚轴或子叶接种在含 2,4-D 0.5~1.5 mg/L 的 MS 培养基上诱导胚性愈伤组织。将胚性愈伤组织悬浮在 MS₀ 培养基中,诱导体细胞胚,每 7~10 d更换一次培养液,随后扩大繁殖量或继代培养。

此外,自 1987 年 Bapat 等首次成功地采用桑树试管苗腋芽制作人工种子以来,人工种子技术的研究已经逐渐由体细胞胚人工种子转向胚类似物人工种子。所谓胚类似物,是指芽、短枝、愈伤组织和花粉胚等。

2)人工胚乳的制备

人工胚乳包含人工配制的保证体细胞胚生长发育的营养物质。这些营养物质与植物组织培养的培养基大体相似,但通常还要再加入一定量的天然大分子化合物(如淀粉)以减少营养物的泄漏。常用的人工胚乳有 MS(或 SH、White)培养基 + 马铃薯淀粉水解物1.5%,或 1/2 SH 培养基 + 麦芽糖 1.5% 等。还可根据需要在上述培养基中添加适量的生长调节剂、抗生素、农药和除草剂等。人工胚乳应根据各种不同植物的要求和特点来进行配制,不可随意套用。

3)人工种皮的选择

人工种皮不是由细胞组成的,没有种脐、种孔等结构,是人造的化合物,通常包括内膜(内种皮)和外膜(外种皮)两个部分。作为人工胚乳的支持物,内膜应具备的条件是:

①对繁殖体无毒、无害,有生物相容性,能支持胚。

②具有一定的透气性、保水性,既不影响人工种子贮藏保存,又不妨碍人工种子在发芽过程中的正常生长。

③具有一定强度,能维持胶囊的完整性,以便于人工种子的贮藏、运输和播种。

④能保持营养成分和其他助剂不渗漏。

⑤能被某些微生物降解,降解产物对植物和环境无害。

根据内膜筛选的原则,前人的研究结果表明,海藻酸钠、明胶、果胶酸钠和洋槐豆树胶均可作为包埋基质。其中以海藻酸钠用得最广,这主要是因为海藻酸钠具有其他物种不可替代的优点,如有活性物质、无毒、成本低、工艺简单等。但海藻酸钠也存在一些缺点,如保水性差,水溶性营养成分及助剂易泄漏,易失水干燥且不能吸水回胀,机械强度差,不便于机械化播种等,致使人工种子的研究一度徘徊于实验室阶段,不能推广实用化。

4)人工种子的包埋

人工种子的包埋方法主要有液胶包埋法、干燥包裹法和水凝胶法。

①液胶包埋法:是将胚状体或小植株悬浮在一种黏滞的流体胶中直接播入土壤的方法。Drew(1979)用此法将大量的胡萝卜体细胞胚放在无糖而有营养的基质上,获得了 3 株小植株;Baker(1985)在流体胶中加入蔗糖,结果有 4% 的胚活了 7 d。

②干燥包裹法:是将体细胞胚经干燥后再用聚氧乙烯等聚合物进行包埋的方法,尽管Kitto 等人报道的干燥包埋法成株率低,但该法证明了体细胞胚干燥包埋的有效性。

③水凝胶法:是指通过离子交换或温度突变形成的凝胶包裹材料的方法。Redenbaugh等(1987)首先用此法包裹单个苜蓿体细胞胚制成人工种子,离体成株率达 86%,以后这种包埋法很快被其他人工种子研究组广泛采纳。常用海藻酸钠来包裹的离子交换法,操作如下:

在 MS 培养基中加入 2% 海藻酸钠制成胶状,加入一定比例的胚状体,混匀后逐滴滴到 0.1 mol/L $CaCl_2$ 溶液中,经 10 ~ 15 min 的离子交换络合作用,形成一个圆形的具有一定刚性的人工种子,之后经无菌水漂洗 20 min,终止反应,捞起晾干(图 8.3)。

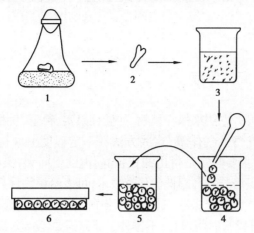

图 8.3 水凝胶法制备人工种子

1—再生培养基诱导体细胞胚;2—体细胞胚;3—将体胚加入含有 2% 海藻酸钠中;

4—含体胚的海藻酸钠悬滴加入到 $CaCl_2$ 溶液中;5—无菌水冲洗;

6—培养基上发芽,转换实验或进一步包裹人造种皮

8.2.4 人工种子的贮藏与萌发

目前,人工种子的贮藏难度较高,主要表现在以下几个方面:

①许多物种的体细胞胚质量太差,完全满足不了人工种子的需求,也有的胚早期发育正常,但后期却停止了生长。

②种皮内糖分引起胚腐烂。

③贮藏期间容易失水。

目前报道的人工种子贮藏方法有低温法、干燥法、液体石蜡法和抑制剂法等。要让种子在贮藏期间不发芽,以免在以后的播种过程中易受伤,且生长不整齐或根系风干致死。液体石蜡不能抑制发芽,而低温能有效地抑制发芽,减慢生长速率。有报道指出,液体石蜡法或干燥与 2 ℃低温结合能提高人工种子贮藏的效果。干燥失水能使体细胞胚停止生长并保持其耐贮藏能力,但对人工种子的伤害较大,以至复水后幼苗生长势差。低温、干燥、ABA 处理及减少培养基中的糖分等方法也常用于人工种子和植物体细胞胚的贮藏。

对人工种子的发芽试验研究不多。一般而言,在人工种皮内补充添加剂有利于有菌条件下萌发。试验表明,在蛭石、珍珠岩等基质上发芽率较高。其中真正决定种子萌发的是种子本身的内部因子,如体细胞胚的健壮度、种皮的性质和内源激素等。人工种子萌发的幼苗中,弱苗和畸形苗较多,主要原因是人工种子的质量问题,包括体细胞胚的发育和完善程度、遗传变异的影响等。

任务8.3　植物组织培养在品种改良上的应用

8.3.1　种质资源离体保存

长期以来人们想了很多方法来保存植物,如储存果实、种子、块根、块茎、种球、鳞茎;用常温、低温、变温、低氧、充惰性气体等,这些方法在一定程度上取得了好的或比较好的效果,但仍存在许多问题。主要问题是付出的代价高,占的空间大,保存时间短,而且易受环境条件的限制。植物组织培养结合超低温保存技术,可以给植物种质保存带来一次大的飞跃。因为保存一个细胞就相当于保存一粒种子,但所占的空间仅为原来的几万分之一,而且在 -193 ℃的液氮中可以长时间保存,不像种子那样需要年年更新。

环境的不断变化使很多植物种类已经灭绝,还有很多植物种类濒临灭绝,留给人类的只是一种遗憾。如何挽救这些植物,已成为世人关注的问题。实践证明,通过组织培养的方法可以使一部分濒危植物得到延续和保存;如果结合超低温保存技术,就可以使这些植物得到永久性的保存。其实,对大多数普通植物来说,用组织培养的方法保存其种质材料,也具有十分重要的意义。因为,人们现在无法预知哪些植物会面临灭顶之灾,或许今天看似繁茂的植物,明天就可能被沙漠、洪水、大火或战争所吞没。将植物材料以组培形式保存在容器内,便于开展国家间、地区间的种质资源交换和植物商品交流,不仅能够节省时间和空间,降低运输成本,而且能够减少种子和非试管植株材料所携带的有害生物的危险。

此外,当偶然发现某一个珍稀材料,但又面临即将丢失的时候,用常规方法很难将其保存下来。例如,在其他植株已经谢花时,发现一株雄性不育株,但又不能进行常规的无性繁殖,此时最好的办法就是将其进行离体培养保存下去,到下一个生长季节再将其种到地里,作进一步的研究。

8.3.2　优良品种快速繁殖

由于组织培养法繁殖作物的突出特点是快速,因此,对一些繁殖系数低、不能用种子繁殖的"名、优、特、新、奇"等品种的繁殖,意义更大。因为材料的单一个体性,所以遗传性状也是一致的,那么在试验和生产的整个过程中就能够达到微型化与精密化,既节约了人力、物力,又能够更好的对培养基成分、培养的温度、湿度、光强度、光质及光周期进行有效控制,实现周年生产。因此,在优良品种培育方面的应用能够迅猛发展。通过离体快繁,加上不受区域气候条件的影响,可以进行脱毒苗、新育成、新引进,还有稀缺品种、转基因植株等较常规快数万倍乃至数十万、数百万倍的速度进行增殖,以提供更多的优质种苗。

在植物杂交与选种过程中,由于子代很难有均一的变异,造成基因型的异质化太高。可以根据需要,选择优良性较高的植株进行分生,这样就可以得到与母株一模一样的植株,其原因是组织培养育苗是由母株的组织或器官等发展而来的,能够保持母株的全部特征,比如花的形状、颜色,植株的形状,抗逆性等。

8.3.3 诱发和离体筛选突变体

培养细胞处在不断分生状态,很容易受培养条件和外加压力(如射线、化学物质)的影响而产生诱变,从中可以筛选出有用的突变体,从而育成新品种。目前,用这种方法已经筛选到抗病、抗盐、高蛋白、高产等突变体,有些已经用于生产。

(1)矮化性

矮化性变异植株主要通过对再生植株的广泛筛选获得。20 世纪 80 年代,Stover 等和 Swrtz 等分别在香蕉和草莓的组培苗中发现了存在矮化性状的突变体,该突变体与 GA 合成酶基因突变有关。梨体细胞矮化突变体中存在对火疫病高度抗性的个体。

(2)抗病性

利用体细胞无性系变异筛选园艺植物抗病新种质的研究较多,常用的方法是向培养基中添加病原菌产生毒素,以此为选择压,进行多代选择而获得抗性细胞系,并产生植株。目前已发现的抗病突变体有梨抗火疫病、越橘抗真菌病、香蕉抗尖孢镰孢、杧果抗盘长孢状毛盘孢、草莓抗尖孢镰孢、苹果抗仙人掌疫霉病和抗解淀粉欧文氏杆菌、桃抗田野黄单孢菌及丁香假单孢菌、桃抗根癌线虫和甘蓝抗菌核病等。

(3)抗盐性和抗旱性

以 NaCl 为选择压,通过逐代正向选择的方法,以获得耐盐 0.17 mol/L 的甜橙,耐 1% NaCl 的枳壳、枸橼、印度酸橘等耐盐突变体。耐盐突变体对 K^+、Na^+、Ca^{2+}、Cl^- 等离子的平衡吸收和排放能力加强,抗氧化酶 POD 和 SOD 活性增强,并有新的同工酶合成。植物对盐分胁迫与干旱表现出交叉适应性。Ochatt 和 Power 利用樱桃叶片原生质体培养获得了耐 200 mmol/L NaCl 和 15% 甘露醇的突变体,由其再生叶片诱导获得的愈伤组织就表现出抗旱和抗盐的双重特性。抗性变异体的生理基础研究也从另一个角度明确了植物抗旱性与抗盐性存在着某些共同的调节机制。

(4)抗寒性

植物的抗寒性由微效多基因控制,抗寒细胞变异体筛选未取得明显进展。通过改善植物的渗透调节能力来提高植物的抗寒性是可能的。作为一种渗透调节物质,脯氨酸能调节植物细胞膜稳定性,维持细胞水分平衡,甚至有冷冻保护作用。以脯氨酸的类似物羟脯氨酸为选择压,成功地获得了锦橙珠心愈伤组织的抗寒植株,经测定其抗寒性比对照增强 2.4 ℃,叶片中脯氨酸、亮氨酸、精氨酸含量均超过对照的 2 倍,RAPD 分析发现抗寒植株核基因组 DNA 可能与对照存在细微的差异,变异植株抗寒性的遗传稳定性及其品质性状尚待研究。

8.3.4 获得体细胞杂种

(1)远缘杂种

远缘杂交是物种形成的重要途径,是生物进化的重要因素之一,远缘杂交可打破种(或科、属)间的界限,使不同物种间的遗传物质进行交流或融合,将两个或多个物种经过长期

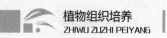

进化积累起来的优良性状结合起来,再经过染色体组天然加倍和自然选择,形成生命力更强的新物种。但是,在远缘杂交时,由于双亲的亲缘关系较远,遗传差异大,染色体数目或结构也不同,生理上也常不协调,通常会引起不亲和。因此,采用常规有性杂交的方法很难获得远缘杂种,而通过原生质体融合则比较容易获得远缘杂种。早在 1978 年,就有马铃薯和番茄的原生质体融合获得了二者的远缘杂种的报道。我国学者将白菜与甘蓝的原生质体进行融合,获得了"白蓝"。Soost 等(1980)用同源四倍体葡萄柚与无酸柚进行体细胞杂交,培育出了两个三倍体品种。野梨和 Colt 樱桃分别属于梨亚科和李亚科的砧木类型,二者有性杂交不亲和,但二者的体细胞杂种与梨亚科和李亚科内的其他种嫁接均亲和。

(2)细胞质杂种

在园艺植物中,细胞质杂种的利用在育种中发挥着十分重要的作用。十字花科蔬菜中,萝卜细胞质雄性不育基因已经转移到白菜、甘蓝、花椰菜和青花菜等芸薹属植物中,但由于核质不协调和幼叶黄化的问题,在应用细胞质杂种之前,一直得不到解决。后来通过原生质体不对称融合,得到了具有正常亲本的叶绿体、不育材料的线粒体的细胞质,结果既保持了雄性不育,幼叶又不黄化。从而使萝卜细胞质雄性不育基因转移到芸薹属植物中,应用于杂种种子的生产。

8.3.5　克服种子发育中的障碍

(1)克服种子发育不良和克服远缘杂种的不育性

有些园艺植物常有胚发育不良或中途败育现象,导致种子不能发芽,如早熟桃,其果实发育期短,胚发育不良,种子发芽率低或不发芽,阻碍早熟桃的杂交育种。兰花种子缺乏胚乳,种子无法单独萌发。可通过胚培养来解决上述问题。此外,幼胚培养也是克服远缘杂交不育性的重要途径。梁红等(1994)进行了甘蓝与菜心的种间杂交,经过幼胚培养获得了远缘杂种。葡萄杂交后通常由于胚发育障碍,致使胚生理成熟速率慢于果实成熟速率,而难以获得饱满成熟种子,或即使获得成熟种子也难以出苗。采用胚培养技术,不仅有可能获得综合性状超过双亲的优良株系,还能克服杂种种子发育不良,难以成苗的困难。马铃薯抗病育种的一个重要途径是种间或属间远缘杂交,但这种远缘杂交常出现授粉后不久胚乳就解体,导致幼胚死亡,难以获得杂种后代。通过分离发育不良的种子或即将败育的种胚进行离体培养,可使杂交育种或远缘杂交获得成功。

(2)打破休眠,缩短育种周期

某些园艺植物,如桃、李等落叶果树,种子虽已发育成熟,但有休眠期,导致育种周期过长。通过胚培养可缩短休眠期,Randolph 和 Cox(1943)通过胚培养使鸢尾的生活周期由 2~3 年缩短到 1 年以下。在桃和杏的某些杂种中,通过胚培养所获得的植株开花早,且花量大。

(3)克服多胚品种珠心胚的干扰

柑橘、芒果、蒲桃和仙人掌等具有多胚性的园艺植物,产生珠心胚的能力强,珠心胚进入胚囊,使合子胚发育受阻,利用生物技术,可早期分离合子胚进行培养,排除珠心胚的干扰,获得杂种胚,大大提高了杂交育种的效率。

8.3.6　快速纯化育种亲本

在蔬菜和草本花卉中,杂种一代非常普遍。杂种一代的整齐度和优势度均与亲本基因型的纯合度有关。通过多代杂交,虽然可以获得纯系,但需要的时间较长,更重要的是很多异花授粉作物由于多方面原因,很难获得纯系。通过花药或花粉培养则可在短时间内获得基因型纯合的类型,使杂种优势增强,杂种率提高,杂种一代的整齐度也提高,从而提高商品性和经济效益。

在石刁柏生产中,由于雌株的种子发育需要消耗较多的营养物质,使其产量比雄株低。石刁柏雄株基因型为 XY 型,雌株为 XX。按常规的杂交方法,只能获得 50% 雄株,如果把雄株的基因型转变为 YY 型的超雄株,这种基因型与雌株杂交后就能获得 100% 的雄株。通过花药和花粉培养可获得超雄株。

8.3.7　植物基因工程的基础技术

自 1983 年首次获得转基因植物以来,植物基因工程的研究和利用进展十分迅速。获得的转基因粮食作物包括水稻、玉米、马铃薯等,获得的转基因经济作物有烟草、棉花、大豆、油菜、亚麻、向日葵等,获得的转基因蔬菜有番茄、黄瓜、芥菜、甘蓝、花椰菜、胡萝卜、茄子、生菜、芹菜等,获得的转基因牧草有苜蓿和百花草,获得的转基因瓜果有苹果、核桃、李、木瓜、甜瓜、草莓等,获得的转基因花卉有矮牵牛、菊花、香石竹、伽蓝菜等。转基因植物研究取得了令人鼓舞的突破性进展。

基因工程中,植物基因转化技术按其是否需要通过组织培养可分为两大类:一是需要通过组织培养再生植株,常用的方法有农杆菌介导转化法和基因枪法;另一类不需要通过组织培养,目前比较成熟的主要有花粉管通道法。第一类方法把目的基因转入到植物材料后,要应用组织培养的方法将目标组织培养成植株。

复习思考题

1. 种质资源离体保存的方法有哪些?
2. 种质资源常温限制生长保存的方法和特点是什么?
3. 怎样进行种质资源的超低温保存?
4. 研究人工种子的意义何在? 如何提高人工种子的质量?
5. 怎样制备人工种子?
6. 简述植物组织培养在园艺植物育种中的应用。

项目9 组培苗工厂化生产技术

 学习目标

1. 了解组培苗工厂化生产的主要设施设备；
2. 理解植物组织培养工厂化生产的工艺流程；
3. 掌握工厂化生产组培苗的技术环节，能制订出科学合理的生产计划和经营管理方案，准确地进行成本核算和效益分析。

重 点

组培苗工厂化生产的设施设备；生产工艺流程与生产技术；生产计划的制订和经营管理；成本核算和效益分析。

难 点

生产计划制订和经营管理；成本核算和效益分析。

植物组培技术在生产上的应用始于20世纪70年代的美国兰花工业，在80年代已被认为是能带来经济效益的产业。40年来，新兴的植物组培工厂化育苗技术在国内外广泛兴起，显示出广阔的发展前景。植物组培苗的工厂化生产，即在人工控制的最佳环境条件下，充分利用自然资源、社会资源，采用标准化、机械化、自动化技术，高效优质地按计划批量生产健康植物苗木的过程。组培苗的工厂化生产需要哪些设施设备，有哪些主要技术环节，将是本项目介绍的主要内容。

任务9.1 组培苗工厂化生产的工艺流程

组培苗工厂化生产的工艺流程是以其快繁程序为基础建立起来的。工艺流程的拟定，一要依据生产目的；二要依据组织培养的技术路线。图9.1 所示是目前较为成熟的植物组培苗生产工艺流程。

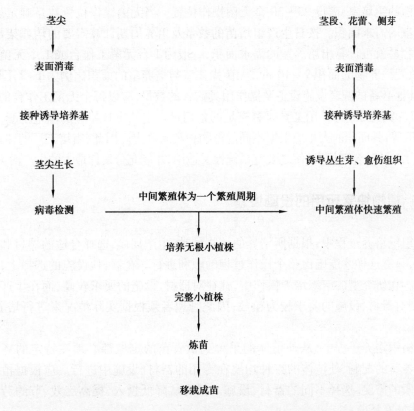

图9.1 茎尖脱毒及快速繁殖的工艺流程图

任务9.2 工厂化生产的主要设施设备

9.2.1 生产车间的设计

根据生产规模，设计组培生产车间时，按工作程序先后，安排成一条连续的生产线，避免环节错位。

组织培养的生产线主要包括：培养器皿清洗，培养基的配制、分装、包扎和高压灭菌，无

菌操作材料的表面灭菌和接种,进入培养室培养,试管苗出瓶、移栽等。各个房间的面积要合理,做到大小适中,工作方便,减少污染,节省能源,使用安全。

9.2.2　组培苗生产规模的确定

生产规模的确定首先应根据市场需求、生长的植物种类和经济实力来确定,例如,木本植物比草本植物的培养周期长,设计时必须比草本植物多增30%的空间、设备。一般一个熟练的接种工人根据繁殖品种的不同,年生产量可达15万~20万棵苗,即规划一个年生产量达500万株的组培室,需设25~30个无菌操作位置。当无菌操作位置数量确定后,即可计算出接种室的需求面积。按日生产组培苗的数量及培养周期计算需要的培养架数量,以此为基础很容易就可计算出培养室的需求面积,一般为1台无菌工作台或1个无菌操作位置,需配备放置培养物的面积7~10 m²,无菌操作室与培养室的面积比例为1:2,围绕组培工厂建设,其他必备的配套设施设备及操作用具购置的数量,应以每个无菌工作台的需求量计算,解剖刀、镊子、刀片等常用工具要有充足的备用量。室外应有相应的温室配套,生产品种栽培展示区等,其面积的大小应根据不同的植物种类来确定。因此,组培工厂的建设,需要认真规划、仔细计算、合理投资,使之既有系统性又适用,才能充分发挥最大的生产潜力。

9.2.3　植物快繁所用的设施设备

在植物组织培养过程中,根据所培养的植物种类、生产规模,选择合适的器材和设施是十分必要的,只有这样才能确保整个操作过程的顺利进行。在器材、设施的选择上,应选择实用性强的。在研究型的组织培养操作中,往往对器材、设施的要求较高,而在生产型的组织培养中,则对器材、设施的要求较为粗放,因此管理者须根据实际情况来进行培养器材、设施的选择。

在植物组织培养过程中,从外植体的采集到试管苗的定植都必须在特定的环境中进行,例如,培养基的配制、外植体的接种均要在专用的器材、设施中进行。应根据植物组织培养不同阶段的需要,选择不同的器材、设施。只有从降低投入、提高工效、节约劳力等多方面考虑,才能有所收益。

组培苗工厂化生产建筑设施见表9.1,组培苗快速繁殖车间设施和仪器见表9.2。

表9.1　组培苗工厂化生产建筑设施

序号	名　称	面积/m²	单价/(元·m⁻²)	金额/万元
1	预处理室	40	600	2.4
2	试剂室	40	600	2.4
3	培养基制备室	60	600	3.6
4	灭菌室	40	700	2.8
5	无菌接种室	40	800	3.2
6	培养室	80	800	6.4

续表

序号	名称	面积/m²	单价/(元·m⁻²)	金额/万元
7	观察记载室	20	600	1.2
8	温室	667	400	26.68
9	塑料大棚	667	100	6.67
10	防虫网	1 200	10	1.2
11	锅炉房	30	500	1.5
12	工作间	100	500	5.0
13	仓库	200	300	6.0

表 9.2 组培苗快速繁殖车间设施和仪器

序号	名称	数量	规格	单价/元	金额/万元
1	药品橱	2	组合型铝合金橱	1 600	0.32
2	操作台	4	2 400 mm×750 mm×850 mm	3 000	1.2
3	大冰箱	2	380 L	5 000	1
4	通风橱	1	1 050 mm×450 mm×185 mm	5 000	0.05
5	恒温培养箱	2	150 L,0~60 ℃,数字控温	7 000	1.4
6	液体培养摇床	2	旋转或垂直	6 000	1.2
7	培养架	100	5~7层,1.25 m×0.55 m×1.8 m	1 400	14
8	电子天平	2	0~1 200 g,0.01 g	3 500	0.7
9	电子分析天平	2	0~210 g,0.000 1 g	8 000	1.6
10	空调	4	50 LW 或 60 LW	5 500	2.2
11	高压灭菌锅	4	自动、数显、立式,30 L	4 000	1.6
12	蒸馏水器	2	10 L/h 或 20 L/h	1 500	0.3
13	培养基放置架	4	—	500	0.2
14	超净工作台	4	洁净度 100 级,双人双面	9 000	3.6
15	紫外灯	10	30 W 或 40 W	100	0.1
16	移液器	2 套	0.5~10 μl;5~20 μl;20~200 μl;100~1 000 μl;1~5 ml	4 000	0.8
17	解剖镜	10	400 倍	1 500	1.5
18	pH 计	4	0.1 级,pH 0.0~14.0	800	0.32
19	磁力搅拌器	4	调速范围 0~2 400 r/min	400	0.16
20	微波炉	2	1.5 kW	500	0.1
21	电磁炉	2	2 kW	300	0.06

续表

序号	名 称	数量	规 格	单价/元	金额/万元
22	温湿度计	10	—	150	0.15
23	除湿器	2	36 L	3 500	0.72
24	加湿器	2	10 L	400	0.08
25	电热干燥箱	2	220 V,(250±1)℃,4.5 kW	4 500	0.9

任务9.3　工厂化生产技术和工艺

组培苗工厂化生产包括品种选择、离体快繁、炼苗移栽、苗木传送和运输、苗木质量检测等5个技术环节。

9.3.1　品种选择

选择的植物品种既要适应当前市场的需求,又要适应栽培地的环境条件,便于简化生产条件,降低生产成本。

9.3.2　离体快繁

组培苗的快速繁殖包括无菌培养体系的建立、继代增殖、壮苗及生根培养等环节,目的是培养出大量的生根组培苗。本阶段在组培快繁车间完成,其培养方法与实验室中组培快繁的流程相同,只是规模有所扩大而已。

9.3.3　炼苗移栽

组培苗在诱导出根原基或生出一定数量的根后,应及时进行炼苗移栽。

1)准备工作

(1)选择容器

常用的组培苗移栽容器有穴盘、营养钵等,经济实惠。

(2)选配基质

基质的作用是支持固定栽培的植物、保持水分(营养液)、改善根际透气性。基质需要具有良好的透气性,孔隙中有空气,可以供给植物根系呼吸所需的氧气;良好的缓冲能力,当外来物质或在栽培过程中,根系生长本身所产生的一些有害物质危害根系时,缓冲作用能把这些危害化解,使根系生长的环境比较稳定。基质种类可以分为有机基质和无机基质。

①有机基质:有机基质主要包括草炭、炭化稻壳、苔藓、锯木屑、菇渣等。草炭是由半分解的水生、沼泽湿地生、藓沼生或沼泽生的植被组成,有较高的持水能力(吸水后重量达干重的10倍),pH 3.8~5.4,适合作育苗基质。碳化稻壳是将稻壳烧制成炭壳,炭化程度以完全炭化但基本保持原形状为标准,质地疏松,保湿性好,含少量磷、钾、镁等,pH 8.0以上,使用前必须用水清洗,必要时用300倍浓硫酸洗涤,在移苗前5~7 d灌营养液,使pH稳定后再用。除了有毒和有油的树种外,一般树种的锯木屑都可以使用,但需完全腐熟。

②无机基质:无机基质的蓄肥能力相对较差,但其来源广泛,且可以长期使用。因此,在组培苗的移栽中也占有相当重要的地位,主要有岩棉、陶粒、珍珠岩、蛭石等。

珍珠岩是一种由灰色火同岩(铝硅酸盐)加热至1 000 ℃时,岩石颗粒膨胀而形成的,pH 7.0~7.5。其优点为易于排水、易于通气,物理和化学性质比较稳定,吸水能力强等;不足之处为粉尘污染较严重,质量过轻,固定植株能力较差,且易于漂浮在水面上,因此最好同其他基质混合使用。

蛭石是由云母类矿物加热至800~1 000 ℃时,经高温膨胀形成的,pH值因产地、组分的不同而略有差异,一般为中性至微碱性,少数为碱性,pH 9.0以上。与酸性基质(如泥炭)混合使用时,不会出现问题。若单独使用,由于pH值过高,需用少量酸中和后再使用。蛭石较容易破碎,而使结构受到破坏,孔隙度减少,结构变细,影响透气和排水,一般使用1~2次后结构变坏,需及时更换。

陶粒是页岩加热至1 000 ℃时膨胀成为多孔的粒状物,呈粉红色或砖红色。结构疏松,孔隙多。特点是清洁卫生,不会产生虫害,轻便安全,通透性良好,保肥能力适中,化学性质稳定,可同时向根系提供水分和空气,适宜栽培花卉大苗,而不适于栽培根系纤细的花卉。

上述基质除单独使用外,还可以几种混合应用,取长补短,发挥各自的优势。不同的植物组培苗应选用不同类型的栽培基质,并且针对不同植物的要求配制其最佳的栽培基质,方能保证取得较高的移栽成活率。

(3)场地、工具及基质消毒

组培苗的移栽场地、工具及所用基质上均附有大量的微生物,在移栽组培苗之前需进行消毒处理,否则将影响其正常生长。常见的消毒方法有以下几种:

①代森锰锌粉剂消毒:每立方米苗床土用药60 g,药剂与基质混拌均匀后要用薄膜覆盖2~3 d,撤膜后待药味散尽方可使用,对病害有一定的防治效果。

②氯化苦消毒:氯化苦消毒对土壤传播的全部病虫害都有防治效果,该药使用适温为15~20 ℃,且床土应稍湿润为佳。用药前先把床土堆成30 cm高的土方,每隔30 cm插入一个小孔,孔深10~15 cm,向每个小孔中倒入5 ml氯化苦,然后封死孔口,再用薄膜封住土堆。7~10 d后撤膜,充分翻倒土堆,让药味挥发,经7~10 d后方可使用床土。

③溴甲烷消毒:对土传病虫害均有一定的杀灭作用,把床土堆成30 cm高的长条堆,表面整平后在土堆中间位置放一个小盆,放入溴甲浣后用带孔的盖子盖上,每平方米床土用药量100~150 g。用小拱棚封闭,防止药挥发后外溢,10 d后撤膜,翻倒床土,再经2~3 d后,药味挥发完后即可使用。

④蒸汽和微波消毒:把营养土放入蒸笼或高压锅内蒸,加热到90~100 ℃,持续30~60 min(加热时间不宜过长,以免杀死分解肥料的有益微生物,影响土壤肥效),可杀灭大部

分细菌、真菌、线虫和昆虫,并使大部分杂草种子丧失活力。蒸汽消毒没有残余,是一种良好的消毒方法。微波消毒使利用微波照射土壤,能杀死草、线虫和病菌。行走式微波消毒机由功率30 kW高波发射装置和微波发射板组成,行走速度为0.2~0.4 km/h,工作效率高。

⑤甲醛(福尔马林)消毒:能防治猝倒病和菌核病。取40%甲醛400~500 ml加水稀释50倍后,均匀喷洒在1 m² 培养土中,然后堆土,盖塑料膜,密闭24~48 h,去掉覆盖物,摊开土,待甲醛气体完全挥发后即可使用。

(4)营养液配制

植物生长的大量元素有C、H、O、N、P、K、Ga、Mg、S 9种。微量元素有Fe、Mn、Zn、Cu、Mo、B、Cl 7种。其中大量元素中的C、H、O,植物可从周围的空气和水中获取,微量元素中的Cl在大多数情况下也可从水中获取,因此在配制营养液时只配制含其他12种元素的营养液即可。

植物种类不同所需营养不同,即使同一种植物,不同的生长发育时期,所需的营养也不相同。因此,组培育苗时用到的培养液配方多种多样,下面介绍几种常见的营养液配方供参考(表9.3)。

表9.3　常用营养液的配方

	化合物	浓度/(mg·L⁻¹)	化合物	浓度/(mg·L⁻¹)	化合物	浓度/(mg·L⁻¹)
配方1	尿素	450	钼酸钠	3	磷酸二氢钾	500
	硫酸铜	0.05	硼酸	3	螯合态铁	40
	硫酸锰	2	—	—	—	—
配方2	硝酸钙	950	硫酸锰	2	硝酸钾	810
	钼酸钠	3	硫酸镁	500	硫酸铜	0.05
	磷酸二氢铵	155	硫酸锌	0.22	硼酸	3
	螯合态铁	40	—	—	—	—
配方3	复合肥*	1 000	硫酸锰	2	硫酸钾	200
	钼酸钠	3	硫酸镁	500	硫酸铜	0.05
	过磷酸钙	800	硫酸锌	0.22	硼酸	3
	螯合态铁	40	—	—	—	—
配方4	硝酸钾	411	硼酸	3	硝酸钙	959
	硫酸锰	2	硫酸铵	137	钼酸钠	3
	硫酸镁	548	硫酸铜	0.05	磷酸二氢钾	137
	硫酸锌	0.22	氯化钾	27	螯合态铁	40

续表

	化合物	浓度/(mg·L^{-1})	化合物	浓度/(mg·L^{-1})	化合物	浓度/(mg·L^{-1})
配方5	硝酸钙	950	钼酸钠	3	磷酸二氢钾	360
	硫酸铜	0.05	硫酸镁	500	硫酸锌	0.22
	硼酸	3	螯合态铁	40	硫酸锰	2
配方6	硫酸镁	500	硫酸锰	2	硝酸铵	320
	钼酸钠	3	硝酸钾	810	硫酸铜	0.05
	过磷酸钙	1 160	硫酸锌	0.22	硼酸	3
	螯合态铁	4	—	—	—	—

注：*N：P：K＝15：15：12

营养液的配制如下：

①水质：倘若是硬水，营养液中能够游离出来的离子数量较少，不能满足植物对矿质离子的吸收。自来水中含有氯化物和硫化物(氯气消毒)，这些对植物都是有害的。此外，自来水中的一些重碳酸盐也会妨碍根系对铁的吸收。因此，在用自来水配制营养液时，要加入少量的乙二胺四乙酸二钠来克服重碳酸盐的不利影响。

②营养液的pH值：营养液偏碱时用1 mol/L的H_3PO_4、H_2PO_4或HCl调整；偏酸时用1 mol/L NaOH调整。在测定营养液的pH时，除用精密pH试纸以外，还可以观察植物的表现。例如，当溶液偏碱时，会妨碍Mn和Fe的吸收，造成植物叶片黄化；偏酸时，营养液中会游离出过多的铁而造成幼根枯死。

③配制营养液时的注意事项：

a.配制营养液时忌用金属器具，应该用陶瓷、塑料或玻璃器具。

b.配制时仔细核对药品说明、化学名称、分子式，看是否含结晶水，若含有结晶水，计算加入量时需将结晶水排除。

c.准确称量。

d.配制时，先用50 ℃的少量温水将各种药品分别溶化，再按照配方上所排列的顺序，依次倒入占配制量2/3的水中，边倒边搅拌，最后将水定容到配制量。

e.调pH时，先配制1 mol/L的HCl和NaOH，然后根据营养液的酸碱性选择其一逐滴加入，同时不断测试pH，直到符合要求。

2)组培苗的炼苗与移栽

工厂化组培苗的炼苗与移栽方法可参阅项目6内容，在此不再赘述。

3)成苗的管理措施

(1)及时供水

在成苗期，由于苗木较大，需水量大，通风多，失水快，因此，要注意及时浇水，保持育苗基质湿润。

(2)温度

初期，苗床的温度可以稍高些，以后要逐渐降低温度。植物种类不同，应采取不同的温

度控制,一般白天温度维持在 $20 \sim 25$ ℃,夜间温度 $10 \sim 15$ ℃,促进生根缓苗,这一阶段的温度主要是利用太阳辐射和保温、通风设施来调节。

(3)追肥

在基肥充足的条件下,可以不追肥,倘若有条件可以每隔 $3 \sim 5$ d 叶面喷施 0.2% KH_2PO_4,也可以随水追施复合肥。追肥后一定及时浇透水,防止发生烧苗现象。在此期间,还要注意防治病虫害,做到早发现、早消灭。总之,成苗管理床温、湿度要适宜,做到促、控结合,使苗木既不徒长,又不老化。

9.3.4　苗木包装和运输

由于在运输过程中,苗木长时间被风吹袭,会造成失水过多,质量下降,甚至死亡。因此,在运输中应尽量减少水分的流失和蒸发,以保证苗木的成活率,这要求必须注意苗木的包装与运输。

1)运输前的准备工作

运输前应密切关注天气预报,做好灾害天气的防护准备,在起苗的前几天应进行组培苗锻炼,逐渐降温,适当少浇或不浇营养液,以增强组培苗的抗逆性。

2)组培苗的包装

组培苗的包装应快速进行,缩短包装时间,减少搬运次数,将组培苗损伤降到最低程度。组培苗最好用泡沫箱或纸箱包装,包装材料一般多用吸足水的草帘、蒲包、革袋等,包装填充物可用吸足水的碎稻草、稻壳以及苔藓等,绑缚材料用草绳、麻绳等。包装时苗根放于同一侧用草帘将根包住,其内加填充物,包裹之后用湿草绳捆绑,挂上标签,注明品种、数量等,即可外运。

3)组培苗的运输

城市交通情况复杂,运输途中押运人员要和司机配合好,尽量保证行车平稳,运苗途中要迅速及时,短途运苗不应停车休息,要一直运到施工现场。长途运苗应经常给组培苗根部洒水,中途停车应在遮荫场所,遇到刹车绳松散、苫布不严等情况应及时停车处理。如用带有温度调节的运输车运苗,应注意调节温湿度,防止过高或过低温湿度为害组培苗。

9.3.5　苗木质量鉴定

随着组培技术的推广应用,越来越多的组培苗进入商业化流通,由于其生产方式独特,要求质量检验尤为严格。组培苗质量鉴定是保证苗木质量和保护种植者利益的重要环节,同时也是按质量论价的重要依据,因此必须认真对待。

(1)商品指标

采用规格等级和形态等级相结合的分级标准,规格等级根据苗高、叶片数目、生根率等来进行分级。形态等级根据组培苗的外观表象,如茎、叶生长状况,是否玻璃化,愈伤组织多少,污染情况等指标来进行分级。

（2）健康状况

健康状况是指组培苗是否携带病原真菌、细菌、病毒,以及是否受到病虫害损伤等。

（3）遗传稳定性

遗传稳定性问题,即保持原有良种特性的问题。虽然植物组织培养中可获得大量形态、生理特性不变的植株,但通过愈伤组织或悬浮培养诱导的苗木,经常会出现一些体细胞变异个体。鉴于这种情况,可以采用随机扩增多态性 DNA 技术（RAPD）或扩增片段长度多态性技术（AFLP）等分子标记方法来检测。

任务9.4　组培育苗工厂机构设置及各部门岗位职责

9.4.1　管理层

（1）企业法人

设 1 名来统揽全局。

（2）副总

设 1～2 名来协助企业法人主管日常事务和财务管理,具体工作由企业办公室和财务室协助办理。

9.4.2　生产部

（1）人员配备

经理 1～2 人,生产工若干。

（2）任职条件

①熟悉植物组培苗生产技术、生产过程及工艺流程,具有较高的专业技术素质。

②熟悉组培苗生产的各种设施设备的性能和操作方法,并能熟练使用这些设施设备。

③具备一定的组培苗生产的组织管理能力、协调能力及开拓创新精神。

（3）岗位职责

生产组培苗,改进工艺流程。

注:岗位职责应明确、具体,便于执行。

9.4.3　质量检验部

（1）人员配备

经理 1 人,质检员若干。

（2）任职条件

①具备认真负责的工作态度,全面的专业技术素质。

②熟悉植物组培苗生产技术及过程。

③精通企业组培产品质量的检测与管理。

（3）岗位职责

进行苗木质量检测与分级，打造企业品牌和信誉。

9.4.4 技术开发部

（1）人员配备

经理1人，技术研发人员若干。

（2）任职条件

①具有较全面的专业技术素质和一定的科研及技术攻关能力。

②熟悉植物组培苗生产技术及工艺流程。

③具备团结协作、技术革新和创新精神。

（3）岗位职责

改进生产技术与工艺流程，引进新技术，研发新产品。

9.4.5 市场营销部

（1）人员配备

经理1~2人，营销员若干。

（2）任职条件

①具有一定的市场营销和管理经验。

②具有敏锐的市场洞察力和分析判断能力。

③具有较强的沟通能力和谈判能力。

④具有较强的语言及文字表达能力。

⑤具有吃苦耐劳的精神和机智灵活、果断敏捷的工作作风。

（3）岗位职责

确定销售目标，销售产品实现利润最大化。

9.4.6 物资供应、后勤保障部

（1）人员配备

经理1人，采购管理员1~2人。

（2）任职条件

①具有一定的管理经验和认真负责的工作态度。

②具有吃苦耐劳的精神和服务意识。

③熟悉企业生产设施设备的结构与性能。

④具备一定的组织、协调能力。

（3）岗位职责

采购、供应企业生产经营必需物资，提供职工生活福利设施。

任务9.5 组培育苗工厂设计的主要技术参数

9.5.1 培养基的需要量

一般 250 ~ 300 ml 的培养瓶每瓶分装培养基 40 ~ 50 ml,平均接种约 5 个材料,计算时需考虑污染率(如 5%)、接种成活率(如 85%)、增殖倍数(如 4 倍),有效苗率(如 90%)等。

9.5.2 继代增殖系数与继代周期

1)增殖系数

一般控制在 3 ~ 8。增殖系数小于 3 时,生产效率太低;但若增殖系数大于 8 时,增殖的丛生芽过多,可用于生根培养的健壮苗相对较少,且难以获得优质的试管苗。

2)继代周期

一般控制在 4 ~ 5 周或更短。继代周期过长,不仅会增加培养和管理费用,而且还会导致污染率的提高,从而增加生产成本,降低生产效益。

9.5.3 生根诱导

诱导分化形成的中间繁殖体经过数次增殖培养,丛生芽数目达到一定的基数后,一部分芽苗继续用于增殖培养,另一部分芽苗则用于壮苗生根培养。

1)诱导生根的芽苗与继代增殖芽苗的比例

一般不小于 1∶2,即每次继代培养所产生的芽苗总数中至少有 1/3 被接种到生根诱导培养基上进行生根培养,诱导生根的芽苗长应达 1 ~ 2 cm。例如,对某组培植物试管苗增殖培养时,1 瓶接种了 5 个芽,若增殖系数为 4,再次继代转接时,20 个芽中应至少挑选出 5 个株高在 1 ~ 2 cm 的健壮苗进行生根培养,其余的继续留作继代增殖。对于某些植物品种而言,若培养初期种芽数量较少,则必须迅速扩大种苗基数,一般采用适当增加培养基中细胞分裂素的浓度,增大增殖系数进行丛生芽增殖。某些植物的丛生芽必须经过壮苗培养后才能获得可用于诱导生根的芽苗。一般而言,壮苗后可获得更高比例可诱导生根的芽苗。

2)生根的诱导时间、生根率和发根数

诱导时间一般为 20 ~ 30 d,生根率应高于 70%,每株发根数在 2 ~ 3 条以上。生根诱导的时间不宜过长,否则易引起培养基污染,而且发根的整齐度不一致,影响苗生长的整齐度,给集中移栽带来困难。如果生根率过低则生产成本极高,发根数太少,降低移栽成活率,对大规模生产不利。

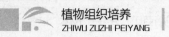

任务 9.6　生产规模与生产计划

生产规模的大小也就是生产量的大小,要根据市场的需求,组织培养试管苗的增殖率和生产种苗所需的时间来确定。

9.6.1　试管苗增殖率的估算

试管苗的增殖率是指植物快速繁殖中间繁殖体的繁殖率。估算试管苗的繁殖量,以苗、芽或未生根嫩茎为单位,一般以苗或瓶为计算单位。增殖率的计算有理论计算和实际计数两种方法。

1)试管苗增殖率理论值的计算

试管苗增殖率的理论值是指接种一个芽或一块增殖培养物,经过一定时间的培养后得到的芽或苗数。如年生产量(Y)决定于每瓶苗数(m)、每周期增殖倍数(X)和年增殖周期数(n),计算公式为:

$$Y = mX^n \tag{9.1}$$

例1　在某花卉的工厂化育苗中,若每年增殖8次($n=8$),每次增殖4倍($X=4$),每瓶8株苗($m=8$),则全年可繁殖的苗是:$Y=8\times4^8=52$(万株)。此计算为生产理论数字,在实际生产过程中还有其他因素,如污染、培养条件发生故障等,会造成一些损失,实际生产的数量将比估算的数值低。

上述公式还可为年生产计划的制定提供依据。如在香蕉试管苗的生产中,若一株无菌苗每周期增殖3倍,一个月为一个繁殖周期,那么从今年8月至明年2月,要培育5 000株成苗应从多少株无菌苗开始培养?

根据上式可知 $m=Y/X^n$,将 $Y=5\ 000$、$X=3$、$n=6$ 代入公式,$m=5\ 000/3^6=6.86$ 个。

若把培养物的污染率、试管苗不合格率及成活率等因素都考虑在内,保险系数应该增加1倍,即最初应从 $6.86\times2\approx14$ 个无菌苗开始培养,半年后才能得到5 000株成苗。

2)试管苗增殖率实际值的计算

试管苗增殖率的实际值是指接种一个芽或转接一个苗,经过一定的繁殖周期所得到的实际芽或苗数。众所周知,每一次继代培养所得到的新苗并非都是可以利用的,其中有部分弱苗、畸形苗及操作引起的损伤苗和污染苗等,这些损耗苗要淘汰掉。根据曹孜义等(1986年)报道,葡萄的一个芽一年可繁殖23万~230万株苗,而实际只能得到3万株成活苗,由此可看出实际值远比理论值低。

试管苗实际增殖苗数的计算方法是通过生产实践经验积累而来的,为了使计算数值更接近实际生产值,有必要引入有效苗和有效繁殖系数的概念。

①有效苗(N_e,effective seedlings):指在一定时间内平均生产的符合一定质量要求的能真正用于继代或生根的试管苗。

②有效苗率(P_e,percentage of effective seedlings):指繁殖得到的新苗中有效苗所占的比率。

③有效繁殖系数(C,the effective propagation cocifficient):指平均每次继代培养中由一个苗(或芽段)得到有效新苗的个数。

若设N_e为有效苗数,N_o为原接种苗数,N_t为新苗数,L为损坏苗数,C为有效繁殖系数,P_e为有效苗数,则有:

$$N_e = N_t - L \tag{9.2}$$

$$P_e = N_e/N_t \tag{9.3}$$

$$C = N_e/N_o = N_t \cdot P_e/N_o \tag{9.4}$$

那么,m个外植体连续n次继代繁殖后所获得的有效试管苗数(Y)为:

$$Y = mC^n = m(N_e/N_o)^n = m(N_t \cdot P_e/N_o)^n \tag{9.5}$$

例2 一株高6 cm的矮牵牛试管苗,被剪成4段转接于继代培养基上,30 d后这些茎段平均又再长出3个6 cm高的新苗,其中可用于再次转接繁殖的苗为新生苗的85%。如此反复培养半年后,可获得多少株马铃薯试管苗?

将已知$m = 1$、$N_t = 4 \times 3 \times 4 = 48$、$n = (6 \times 30)/30 = 6$、$P_e = 85\%$、$N_o = 4$代入公式9.5式得:$Y = m(N_t \cdot P_e/N_o)^n = 1 \times (48 \times 85\%/4)^6 \approx 1\ 126\ 162$(株)

在实际生产中,由试管苗到合格的商品苗,一般还要经过生根培养、炼苗和移栽等程序,其中存在客观损耗。若有效生根率为R_1,生根苗移栽成活率为R_2,成活苗中合格商品苗率为R_3,那么m个外植体经过一定时间的试管繁殖后所获得的合格商品苗总量(M)为:

$$M = Y \cdot R_1 \cdot R_2 \cdot R_3 \cdots \tag{9.6}$$

例3 若矮牵牛试管苗的有效诱导生根率为85%,移栽成活率为90%,合格商品苗的获得率为95%。那么,例2中所得到的试管苗最终可以培养出多少株合格的商品苗?

将上述数值代入9.6式,$M = Y \cdot R_1 \cdot R_2 \cdot R_3 = 1\ 126\ 162 \times 85\% \times 90\% \times 95\% \approx 818\ 438$(株)

相比之下,理论估算值比有效增殖值高出2.65倍,比合格商品苗总量高出3.65倍,可见,引入有效苗和有效繁殖系数等概念后,组培苗增殖值与合格商品苗产量等数值的计算更加符合生产实际,不失为组培苗增殖值实际值计算的一种好方法。

9.6.2 生产计划的制订

根据市场的需求和种植生产时间,制订全年植物组织培养生产的全过程。制订生产计划,虽不太复杂,但需要全面考虑、计划周密、工作谨慎,把正常因素和非正常因素都要考虑进去。往往制订出计划后,在实施过程中也容易发生意外事故。制订生产计划必须注意以下几点:

①对各种植物的增殖率应做出切合实际的估算。

②要有植物组织培养全过程的技术储备(外植体诱导技术、中间繁殖体增殖技术、生根技术、炼苗技术等)。

③要掌握或熟悉各种组培苗的定植时间和生长环节。

④要掌握组培苗可能产生的后期效应。

制订全年组培生产计划时应注意,一个植物组织培养种苗工厂,应能生产当地适用、适销的各种植物种苗,全年生产,全年供应。

$$全年生产量 = 全年出瓶苗数 × 炼苗成活率 \qquad (9.7)$$

例4 组培生产无论有多少种植物,它们平均30 d为一个增殖周期,一部超净工作台每人转苗量1 200株,按全年300个工作日计算全年的生产量。若30%苗量为增殖培养,70%苗量为生根出苗,计算全年成活出苗量。

$$全年生产量 = 1\ 200 × 300 = 360\ 000(株)$$
$$全年出苗量 = 360\ 000 × 70\% = 252\ 000(株)$$

任务9.7 组培苗的生产成本与经济效益

对生产成本进行核算是制订产品价格的依据,是了解生产过程中各项消耗、改进工艺流程、改善薄弱环节的依据,是反映经营管理工作质量的一个综合指标。

通过对成本的核算可以防止各种不必要的浪费,促进企业比较各项技术措施的经济效益,有助于企业做出最好的技术决策或选择最优的技术方案,是提高效益、节省投资的必要措施。

9.7.1 直接生产成本

直接生产成本包括药品费、人工费、水电费及各种易耗品费用等。按生产每10万株苗的全过程中(包括继代接种、生根诱导等)耗用1 500~2 000 L培养基推算,制备培养基的药品、人工工资、水电及各种消耗品(如酒精、刀具、纸张、记号笔等)约需直接生产成本3.8万元。

其中,培养期间的耗电量占很大比重,如果能充分利用自然光来减少人工光照和合理利用光源,将会使成本大大降低。此外,随着各项生产技术的改进、自动化设备的引进,扩大生产规模也可以有效地降低直接生产成本。一般情况下,每株组培苗的直接成本可控制在0.2~0.3元或更低(表9.4)。

表9.4 生产100万株组培出瓶苗的成本估算

项 目	总费用/元	每株费用/元	相对百分数/%
培养基成本(MS)	36 473.48	0.036	12.01
接种成本	88 592.5	0.089	29.17
培养成本	147 618.24	0.148	48.62
清洗包装成本	15 000	0.015	4.94
消毒成本	15 000	0.015	4.94
其他	1 000	0.001	0.33
合计	303 684.22	0.304	100

9.7.2　固定资产折旧

固定资产折旧包括厂房、基本设备等的折旧费,一般折旧率为5%。按年产100万株苗的组培工厂规模,在厂房和基本设备方面的投资约需100万元,如果按每年5%的折旧率计算,即5万元的折旧费,则每株组培苗须增加成本费0.05元左右。

9.7.3　市场营销和经营管理开支

市场营销和经营管理开支包括市场调查、经营与管理等费用。如果市场营销和各项经营管理费用的开支按苗木原始成本的30%运作计算,每株组培幼苗的成本增加0.1～0.15元。

此外,生产项目的科研开发经费或技术转让经费也是组培苗生产成本的重要组成部分,若每年以5万元计,则每株组培幼苗的成本将再增加0.05元。

以上各项成本费累计后,每株组培幼苗的成本为0.53～0.75元。

目前,组培苗经营很少以出瓶幼苗为货源,多以移栽后的成苗作为商品苗出售。合格商品苗的成本包括瓶苗成本和移栽成本两部分,若瓶苗的有效苗率为90%,移栽成活率和移栽后成苗商品合格率均为95%,那么100万株瓶苗通过移栽所获得的合格商品苗为812 250株,每株成本为0.85～0.90元(表9.5)。若每株定价1元,年盈利为812 250×1元－689 684.86元＝122 565.14元。

在组培苗成本构成中,试管苗移栽成本、接种成本和培养成本所占比重较大。因此,实际生产中应从这些工作环节中挖掘潜力,以进一步降低生产成本。值得注意的是,组培苗生产技术含量高,投资大,风险高。在组培育苗工厂建设立项和技术引进、研发、投资时,务必要慎重,必须在广泛调查的基础上,选择有市场发展前景、销售价格较高的植物品种进行规模化生产,否则有可能造成巨大的经济损失。

9.7.4　降低成本提高效益的措施

(1)掌握熟练的技术技能,制定有效的工艺流程,提高生产效率

组培工厂化生产技术路线要成熟,操作工转接操作要熟练,每天转接苗1 000～1 200株,污染率不能超过1%;组培苗按繁殖周期生产;炼苗成活率达到80%以上。按照工艺流程操作,按计划生产,就能降低成本,提高生产率。

(2)减少设备投资,延长使用寿命

试管苗生产需要一定的设备投资,少则数万元,多则数十万元。除了应购置一些基本设备外,可不购的尽量不购,能代用的尽量代用,如用精密pH试纸代替昂贵的酸度计。一个年产木本植物3～5万株苗,草本植物10～20万株苗的组培工厂,一部超净工作台即可。经常及时检修、保养、避免损坏,延长寿命,是降低成本提高经济效益的一个重要方面。

(3)降低器皿消耗,使用廉价的代用品

试管繁殖中使用大量培养器皿,少则数千,多则上万,投资大,加上这些器皿易损耗,费用较大。培养瓶除有一部分三角瓶做试验用之外,生产中可采用果酱瓶替代。蔗糖可用食

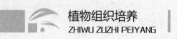

用白沙糖代用,生产的产品效果是相同的。

(4)节约水电开支

水电费在组培苗总生产成本中占有较大比重,节约水电开支也是降低成本的一个重要环节。组培苗增殖和生长均需一定温度和光照,应尽量利用自然光照和自然温度。制备培养基一般要求使用去离子水,但经一些单位试验证明,只要所用的水含盐量不高,pH 值能调至 5.8 左右,就可以用自来水、井水、泉水等代替去离子水或蒸馏水,以节省部分费用。在生产过程中还要注意节约用水。

(5)降低污染率

试管苗繁殖过程中,有几个环节容易引起污染,转接苗时要注意操作技术规范,接种工具消毒要彻底,提高转接苗的成功率。试管苗在培养过程中,培养环境要定期消毒,减少培养空间的杂菌。夏季温度高,培养室内要及时通风换气,减少螨虫携带真菌污染培养器皿,避免母瓶的污染。

(6)提高繁殖系数和移栽成活率

在保证原有良种特性的基础上,尽量提高繁殖系数,试管苗繁殖率越大,成本越低。在繁殖过程中,利用植物品种特性,诱导最有效的中间繁殖体,如微型扦插、愈伤组织、胚状体等都能加快繁殖速度和繁殖数量。但需要注意,中间繁殖体不能产生变异现象。提高生根率和炼苗成活率也是提高经济效益的重要因素。试管苗快速繁殖,要求生根率达95%以上,炼苗成活率达85%以上。在炼苗环节上可以更新技术、简化程序、降低成本。

(7)发展多种经营,开展横向联合

结合当地的种植结构,安排好每种植物的定植茬口,发展多种植物试管苗繁殖。如发展花卉、果树、经济林木、药材等,将多种作物结合起来,以主代副,建成一个总额灵活的组培苗工厂,也是降低成本提高经济效益的途径。积极开展出口创汇,拓宽市场,将国内产品逐步带入国际市场。例如,向日本市场出口"切花菊",向东欧市场出口"切花玫瑰",向东南亚出口"水仙球"等,都有较高的经济效益。组织培养中有快速繁殖、去病毒或病毒鉴定、有益突变体的选择、种质保存等多项技术,要加强技术间的紧密合作,使之在多方面发挥效益。加强与科研单位、大专院校、生产单位的合作,采取分头生产和经营,互相配合,既可发挥优势,又可减少投资。

(8)培养专利品种组培苗

积极研制和开发具有自主知识产权的组培苗,同时采取品牌经营策略,实现品牌效应,将更有利于经济效益的稳定增长。

复习思考题

1.简述植物组培工厂的主要设施设备。
2.简述工厂化生产组培苗的工艺流程。
3.工厂化生产组培苗有哪些技术环节?
4.工厂化生产组培苗时,应如何制订生产计划?
5.如何进行组培育苗的生产成本核算?
6.降低组培育苗生产成本的措施有哪些?

166

 项目10 # 果树组织培养技术

 学习目标

1. 理解葡萄、柑橘、苹果、香蕉和草莓等常见果树组织培养的意义;
2. 掌握葡萄、柑橘、苹果、香蕉和草莓等常见果树组织培养的基本方法;
3. 了解目前常见果树的脱毒与快繁方法。

重 点

葡萄、柑橘、苹果、香蕉和草莓的脱毒技术及快繁程序。

难 点

影响脱毒效果的因素及脱毒的关键技术。

果树是世界上最重要的经济作物。近20年来,我国果树生产发展迅速,2004年果树栽培面积已发展到上亿公顷,总面积和总产量均比20年前增加了3~4倍,其中苹果、柑橘和梨的总面积均居世界第一。但由于果树的生长周期长、占地面积大、受环境条件制约等因素,导致在传统果树新品种选育及苗木繁殖中,效率低下。植物组织培养及基因工程技术的成就与发展,为果树的良种苗木快繁和遗传改良开辟了一条高效的新途径。针对目前现状,迫切需要果树良种和脱毒苗木,而常规育苗又难以满足,利用组织培养脱毒和快繁是解决这一难题的有效途径。

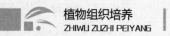

任务10.1　葡萄组培脱毒及快繁技术

葡萄为葡萄科葡萄属多年生藤本浆果果树,在世界各地均有栽培,占世界水果产量的30%以上,仅次于柑橘而位居第二。葡萄即是深受人们喜爱的水果,也是一种重要的食品工业原料,用于酿酒、制干、制汁等。人类栽培葡萄已数千年的历史,在我国绝大多数省、市、自治区均有栽培,其中以新疆、甘肃、山东、河北、辽宁为多。随着人们生活水平的提高和经济的发展,我国葡萄产业的前景也越来越广阔。

1944年Morel就开始了葡萄愈伤组织培养,后来相继对其茎、茎尖及花药等组织和器官也进行了离体培养,并获得了成功。1978年,曹孜义等从欧亚葡萄品种的花药培养中诱导出了大量的二倍体植株,翌年在国内首先报道了葡萄试管苗的繁殖技术,并于次年建立了我国第一个植物组织培养的葡萄园。

10.1.1　葡萄组织培养的意义

(1)优良品种的快速繁殖

葡萄试管苗快繁是葡萄组织培养实际应用最多、最有成效和最成熟的一项生物技术。利用组织培养技术,对新育成的单株或新引进的良种,可在短期内获得大量的苗木,以满足生产上的需要。Monette(1989)用常规硬枝扦插法,1年仅得到12株苗,而试管苗繁殖每月就可得到2 000株苗。刘培德等(1984)离体培养了白羽等品种,每月可增殖10倍,1年理论增殖可得到100万株苗。曹孜义等采用葡萄茎段培养,每月能增殖2.4~8.2倍,推算一株苗一年理论上可扩繁8.76万~222.3万株,实际上已做到一株先锋试管苗一年扩繁了3.1万株成苗。

(2)生产脱毒苗

葡萄病毒类型较多,危害较大,致使其产量降低,品质变劣。葡萄的病毒病极难防治,成为生产上的一大威胁,利用热处理结合茎尖培养能有效脱除病毒,该技术已在国内外广泛应用。

(3)方便葡萄种质交换和保存

葡萄试管苗无病虫害,若再经过脱毒和鉴定为无病毒苗,则更便于地区间、国际间品种和资源的交流,节省检疫和防治的人力、物力。用试管苗保存葡萄种质,节省大量土地、劳动力和时间,也免受病虫、病毒的侵染。

10.1.2　葡萄离体快繁程序

1)试管苗的初代繁殖

(1)外植体的选择与消毒

选择田间生长旺盛、无病虫害的植株,取上部嫩梢作为外植体。一般最好选择早春时节,在晴天的中午或下午取材,特别要避免雨后取材,这样可降低污染率,提高成苗率。

葡萄组织培养中对外植体的消毒,由于习惯、地区、时间、培养材料和目的不同,所使用的方法也不同。甘肃农业大学葡萄试管繁殖研究组研制成功的综合无伤消毒法,损伤小、成功率高。其技术流程如下:

剪取外植体→剪去大叶片(保留叶柄)→材料放于无菌瓶内→倒入自来水及洗衣粉→盖好瓶子,剧烈摇动→用自来水冲洗干净洗衣粉泡沫→转入超净工作台操作→向无菌瓶内倒入75%酒精,摇动8～15 s→倒出酒精,倒入无菌水冲洗外植体→倒出无菌水,倒入0.1%升汞溶液,摇动8～15 min→倒出升汞溶液,倒入无菌水冲洗外植体→倒出无菌水,盖好瓶子,准备接种(图10.1)。

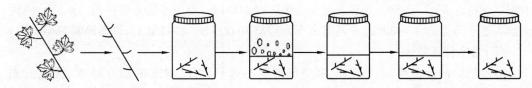

图10.1 葡萄茎段的消毒

在以上操作程序中,要特别注意的是:

①无论是消毒溶液,还是无菌水均要剧烈摇动,以便使溶液能到达外植体的各个部位,才能消毒彻底。

②消毒时间依据材料的年龄可适当调整,但不宜过长,否则会伤害植物细胞。

③用无菌水冲洗材料时,最少要冲洗3次,否则,消毒液残留在外植体上,不利于后期培养。

(2)接种和培养

将准备好的葡萄茎段外植体剪成单芽茎段,并剪去与消毒剂接触过的创面,接种在初代培养基上。培养基可采用 MS +6-BA 1～2 mg/L + NAA 0.01 mg/L + LH 100 mg/L;培养温度为25～28 ℃,光照强度为1 800～2 000 lx,光照时间为14 h/d。

由于外植体受消毒剂的影响,其生长和繁殖与田间植株不同,一般初代生长和繁殖较慢。器官生长情况与外植体的生理状况及品种密切相关。

2)继代培养

初代培养约20～30 d就可将外植体上新生的不定芽切割,并转接到继代培养基上进行增殖培养。继代培养基可采用 MS、GS、B_5 等作为基本培养基,添加适宜的植物生长调节剂,如 MS +6-BA 0.4～0.6 mg/L + NAA 0.01 mg/L,培养条件与初代培养相同,大约3周后,即可长成约4 cm高的无根苗。

3)生根培养

从增殖培养基上选取高2 cm以上的壮苗转接到生根培养基上,可采用1/2 MS + NAA 0.1～0.3 mg/L。1～2周后幼苗即可生根,1个月后就可形成具有5～6片新叶的完整植株。生根培养一般要求光照强度2 000～3 000 lx,光照时间12～16 h/d,培养温度25～28 ℃。值得注意的是,不同葡萄品种,生根的难易程度也不同。

4)驯化移栽

试管苗移栽多在春季或冬季,而此时气温低或不稳定,故必须在温室大棚中进行。驯

化移栽过程如下：

（1）光培炼苗

将具有生根苗的培养瓶移入温室或大棚内，去掉瓶盖，在干净的温室中，自然光下炼苗3~7 d，当油亮的叶片从瓶口伸出，幼茎呈淡红色时即可出瓶。

（2）沙培炼苗

准备好苗床，若是寒冷的地方，可采用电热沙床，沙床温度保持在25 ℃。移栽时间一般选择清晨或傍晚，将培养瓶内的幼苗轻轻倒出，洗去根上附着的培养基，以株距3~4 cm，行距8~10 cm，栽入沙床，每平方米栽400~500株。最后在沙床上覆盖临时小拱棚。

移栽的最初3 d，小拱棚内温度保持在25 ℃，最高不超过30 ℃，最低不低于20 ℃，相对湿度保持在80%~95%，光照强度为7 000~10 000 lx，夜间或阴天要补光。3 d后，棚内湿度可逐渐降至70%~80%，光照强度逐渐增至40 000 lx。6~7 d后，可拆除临时小拱棚。

（3）温室营养钵炼苗

经沙培后的合格苗，小心挖出，在空气湿度不低于70%，温度在20~25 ℃，无直射光下，栽入装有营养土(土：沙：腐熟有机肥 = 1：1：0.2)的营养钵中，待新叶长出后，就可以定植到大田苗圃里。

据王嘉长等(1986)的试验(表10.1)，试管苗移栽成活率与沙培炼苗和温室营养袋炼苗阶段密切相关，若这两步成活率高，则最终移栽成活率也就高。

表10.1 不同炼苗阶段的移栽成活率

品 种	移栽苗数/株	沙培炼苗		温室营养袋炼苗		苗圃移栽		最终成活率/%
		成活株数	%	成活株数	%	成活株数	%	
先锋	3 918	3 848	98.2	3 733	97	3 329	89.2	84.9
先锋	2 984	2 767	92.7	2 550	92.2	2 280	89.7	76.4
乍娜	1 028	966	93.9	845	87.5	809	95.7	78.7
甲斐路	1 325	1 298	98	1 279	98.5	1 045	81.7	78.9
龙宝	2 400	1 920	80	1 669	86.9	1 650	98.9	68.8
红瑞宝	634	585	92.3	539	90.5	510	96.2	80.4
楼都蓓蕾	1 315	1 276	97	1 000	78.4	949	94.9	72.2

10.1.3 影响葡萄组培快繁的因素

1)培养基成分

基本培养基一般选用 MS、B_5、GS 等，曹孜义等提出的 GS 培养基不仅成本低，而且对绝大多数品种均达到每月有3倍左右的增殖率。适当减少肌醇的用量能防止褐化，对绝大多数葡萄品种增殖都是有利的。植物激素一般选用 6-BA 和 NAA。

2)继代次数

葡萄再生能力强，虽然大量试验证明葡萄试管繁殖速度不会随继代时间的延长而降低,但最终的移栽成活率却有所下降,因此一般最多继代5代,就应从优株上采取新芽,重新获取无菌苗较妥。

3)移栽成活率

移栽成活率是保证葡萄组培苗工厂化生产的最大因素,其影响因素有以下几点:

(1)试管苗的健壮程度

试管苗应至少有3~4片浓绿的叶片和较好的根系,这是移栽能否成活的基础,小苗和徒长苗移栽成活率较低。若苗较弱,可在壮苗培养基中培养一段时间后,再进行炼苗移栽。

(2)炼苗及移栽后的管理

试管苗生长环境与大田有很大的区别,若不炼苗或炼苗不充分,贸然出瓶移栽,会导致大量死亡,造成不可估量的损失。因此,炼苗是十分重要的环节,尤其是炼苗和移栽的过程中对环境条件(温度、湿度、光照)的监控。管理人员要细心观察试管苗的生长状况和环境指标的变化,及时对各环境因素进行调控,以保证获得较高的成活率。

10.1.4 葡萄脱毒苗生产

葡萄是果树中易感染病毒病的树种之一,具有病毒种类多、分布广、危害大等特点。目前,葡萄病毒病已增加到20个属,55种之多。其中,葡萄扇叶病、葡萄卷叶病、葡萄斑点病、葡萄茎痘病和葡萄栓皮病是其主要病害(表10.2)。多年来,实现无病毒化栽培一直是国内外努力解决的问题,脱毒和病毒检测技术是实现无毒化栽培的关键。

表10.2 葡萄主要病毒病及其危害

病毒病名称	主要症状	传播途径
扇叶病毒病	叶片不对称,叶柄凹扩大,主脉聚近,锯齿伸长,呈扇状。叶片有许多黄色斑点,扩散成黄绿花斑叶。致使果穗松散,果粒大小不匀,严重减产	嫁接和线虫传播
卷叶病毒病	卷叶病毒具有半潜隐性,主要在果实成熟期才出现病症。表现为叶缘反卷,脉间变黄或变红,仅主脉保持绿色。有的品种叶片渐褐。严重影响成熟,造成含糖量降低,着色不佳及减产	嫁接传播
栓皮病毒病	发病比卷叶病早且明显。表现为推迟发芽,叶片变黄,反卷并转为红色或黄色,落叶不正常,老蔓树皮粗糙,可出现深至木质部的沟槽,横切面可见树皮增厚,木质部不呈圆形,而呈很深的旋纹,中心呈粉红色。患病植株树势逐年衰弱,树脆易断,果迟熟,品质显著下降,严重减产,地上部分甚至枯死	繁殖材料传播
茎痘病毒病	只有沙地葡萄系统的砧木上会出现。表现为剥去树皮后,木质部有点坑和条状沟槽,危害较轻,不易察觉,但传播普遍	繁殖材料传播

1)脱毒方法

(1)热处理脱毒

利用某些病毒受热后不稳定的特点,将葡萄完整植株或组织器官进行热处理,使病毒失去活性。但这种方法不适用于对热敏感的品种以及不受高温影响的病毒,而且热处理期间要保证良好的光照和管理条件。单独使用该方法脱毒率较低,且不耐热的植物材料易在热处理脱毒的过程中死亡。

(2)茎尖培养脱毒

茎尖培养脱毒是目前应用最广的植物脱毒技术之一。一般可直接从大田中剪取葡萄茎尖,通过组织培养方式获得无菌苗,再通过病毒检测后,切取无菌苗的茎尖分化成苗,移栽后再经过病毒检测证明无毒后即可作为原种母树,用脱毒母树作为无病毒营养系砧木或优种的繁殖材料。通常,外植体茎尖大小控制在 0.3~0.4 mm 时,脱毒率可达60%以上。

此外,还有研究表明,以茎尖培养为基本培养方式,结合热处理或低温处理可进一步提高病毒脱除率,比使用单一脱毒方法的脱毒效果更好,而且在多种植物脱毒苗生产中被广泛应用。一般将葡萄的生根试管苗放在 35~40 ℃下培养40 d 左右,然后切取带有2~3个叶原基的微茎尖,接种在分化培养基上培养。

(3)病毒抑制剂

病毒抑制剂是在脱毒培养过程中通过抑制病毒复制而发挥作用。目前,主要的病毒抑制剂有病毒唑、板蓝根、鸟嘌呤和尿嘧啶类等多种物质。牛建新等在葡萄脱毒培养过程中通过使用浓度为2~4 g/L板蓝根,成功获得了葡萄茎尖脱毒苗。病毒抑制剂在使用时与茎尖培养结合对病毒脱除效果更好,但其本身对分化成苗也有一定的影响,常常需要进行适宜浓度的筛选。

2)脱毒苗的鉴定

指示植物检测法是最简单的鉴定方法,汁液摩擦和嫁接传染是常用的接种病毒的方法。常用的指示植物有千日红、黄瓜、沙地葡萄、圣乔治等。一般接种后1~4个月会表现出相应的症状。Martin 等以指示植物法为基础,为葡萄快繁设计了绿枝嫁接技术,成功地检测出了葡萄类病毒。应用该方法在葡萄栓皮病和扇叶病的检测中也获得了较好的效果。但其局限性在于对复合浸染或阶段性隐性症状的病毒不能通过症状识别。

此外,目前应用最多的为酶联免疫(ELISA)吸附测定法,该方法是以酶催化的颜色反应指示抗原-抗体的结合。由于具有灵敏、快速、特异性强等优点,可用于大规模样品的检测,因此,已成为诊断植物病毒病的常规方法。但抗血清制备时间较长,易发生假阳性反应。此外,该方法不宜同时检测多种病毒。

近年来,随着分子生物学的迅速发展,从核酸水平来检测病毒是否存在的分子生物学技术灵敏度更高、应用范围更广。其中,聚合酶链式反应(PCR)、双链 RNA(dsRNA)以及核酸分子杂交最为常见,但所需的仪器设备及操作方法较为复杂。因此,可将样品交给专业的生物技术公司进行检测。

任务10.2　柑橘组培脱毒及快繁技术

　　柑橘为芸香科、柑橘亚科植物,是世界重要的果树之一,也是我国南方主栽的果树树种之一,具有重要的经济价值。由于柑橘类具有多胚现象,往往杂交得到的种子播种后得到的是"假杂种"植株,使柑橘杂交育种困难加大。同时,柑橘类果树的病毒病也较多,包括衰退病、脱皮病、鳞皮病、青果病、脉突病等。因此,近年来,利用植物组织培养技术,能够快速生产出大量无病毒的优良柑橘种苗,并通过建立无病毒母本园,满足生产需要。

　　柑橘离体组织培养迄今已有40余年,早期的研究主要是采用胚作材料,其特点是分化和再生能力强,但进入结果期迟。近年来,更多的采用营养器官作为外植体进行种苗繁殖,虽然能较早进入结果期,但脱分化和再分化却较为困难。尽管如此,柑橘类果树的组织培养仍取得较大进步,1972年Bitters和Murasige建立的微芽嫁接脱毒工作对柑橘无病毒苗的生产起到重要作用;1977年中国科学院华南植物研究所李耿光等成功地获得了柑橘茎尖嫁接植株;广西农业大学植物组织培养研究室对柚的子叶、下胚轴的愈伤组织培养也获得了再生植株。

10.2.1　柑橘脱毒及快繁程序

　　目前,柑橘类果树组织培养过程中,往往将脱毒与快繁结合进行,生产工艺流程见图10.2。

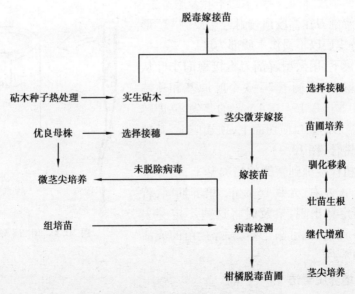

图10.2　柑橘类果树脱毒与快繁流程图

10.2.2　柑橘脱毒技术

病毒往往会造成柑橘类果树植株长势减弱,生活力下降,生长期缩短,产量降低,供应期缩短,品质变差,对生产造成严重损失。例如,在巴西圣保罗州,衰退病使600万株柑橘死亡(占总数的75%)。我国南方的甜橙黄龙病也是病毒病,仅广东汕头地区在1976—1977年便因此病毁灭了600万株柑橘。培育柑橘类果树脱毒苗的方法主要有茎尖微芽嫁接法、微茎尖培养法等。

1)茎尖微芽嫁接脱毒法

通过培养成年树的微茎尖可获得越过童期的脱病毒苗,如果结合热处理,脱毒效果更好。操作流程如下:

(1)砧木培育

选择饱满的种子,在45 ℃温水中处理5 min,再用55 ℃热水处理50 min,取出后,吸干种子表面的水分,在无菌条件下对种子消毒,剥去种皮,接种在MS培养基上,27 ℃下,暗培养14 d,然后移入光下培养。

(2)接穗选择

在优良的母株上选取长0.5~3 cm的新梢,取下茎尖,在无菌条件下进行消毒后置于超净工作台上,在解剖镜下切取0.14~0.18 mm(含有1~3个叶原基)的微茎尖作为接穗。

(3)微芽嫁接

采用垂直压法或倒"T"形切接法。倒"T"形切接法的操作如下:

①将砧木苗从培养瓶中取出,剪去过长的根,使其缩短至4~6 cm,并切去茎的上部,仅留1~1.5 cm的茎段,同时将砧木的子叶及腋芽去掉。

②用微型解剖刀在茎段顶端附近切成倒"T"形缺口,剥开部分皮层以不损伤木质部为度。

③在解剖镜下,用微型解剖刀将接穗的小叶从外到内全部剥除,直至剩下2~3个叶原基和顶端分生组织时,切取长0.15~0.4 mm的茎尖,立即转接到砧木倒"T"形的缺口横切面上,顶端向上,基部与砧木横切面密合(图10.3)。

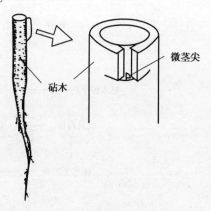

图10.3　倒"T"形切接法

嫁接好的植株接种到新鲜的培养基上,培养室温度控制在27 ℃左右,光照16 h/d。培养期间,若发现砧木有不定芽出现,要及时将这些不定芽去掉。培养5~8周后,就可驯化移栽,嫁接苗的成活率在20%~50%。

2)微茎尖培养脱毒法

(1)外植体选择与消毒

从健壮的母株上选取生长旺盛的新梢,切取2 cm长的带芽茎段,在无菌的条件下选择适宜的消毒剂消毒备用。

（2）剥取微茎尖

在超净工作台上，借助解剖镜，剥去外部叶片，切下具有 1~3 个叶原基的顶端分生组织 0.3~0.5 mm。操作速度要快，还要注意保持材料湿度，否则微茎尖很容易失水萎蔫。

（3）诱导愈伤组织

将切下的微茎尖接种在诱导培养基上，使其形成愈伤组织。培养基可采用 MS + 叶酸 0.1 mg/L + V_H 0.1 mg/L + V_C 5 mg/L + V_{B2} 0.2 mg/L + 蔗糖 5%，再添加适宜的 KT、NAA 或 2,4-D 等。

（4）分化与生根培养

将形成的愈伤组织切割后转接到分化培养基上，分化培养基可采用 MS + ZT 0.5 mg/L + 6-BA 0.5 mg/L，促进愈伤组织分化出丛生芽。当丛生芽高于 2 cm 时，可将其转接在生根培养基上，生根培养基可采用 1/2 MS + IAA 1~1.5 mg/L。生根后，进行炼苗和移栽。

3）脱毒苗的鉴定

可采用指示植物法、抗血清鉴定法、酶联免疫吸附法等。常用的指示植物有豇豆、菜豆、葡萄柚、麻风柑等。若采用指示植物检测法，可先取脱毒苗的叶片，研磨取汁液接种在指示植物叶片上，数日后观察有无症状出现。带毒汁液接种后的豇豆叶片局部会出现坏死或斑驳。

10.2.3　快繁技术

1）初代培养

剪取已脱毒母株上旺盛生长的新梢，拿回室内修剪，仅保留上部约 1 cm 的茎尖，在无菌的条件下，用 75% 酒精消毒 10 s，再用饱和漂白粉溶液消毒 5 min，之后切取约 1 mm 的茎尖，接种在愈伤组织诱导培养基上，培养基可采用 MS + KT 0.25 mg/L + NAA 2~5 mg/L + 2,4-D 0.24 mg/L + 叶酸 0.1 mg/L + V_H 0.1 mg/L + V_C 1.1 mg/L + 核黄素 0.1 mg/L + 蔗糖 5%，使用滤纸桥培养。

2）继代培养

（1）丛生芽诱导

初代培养形成的愈伤组织，转接到丛生芽诱导培养基上，培养基为 MS + KT 0.5 mg/L + 6-BA 0.5 mg/L，培养温度（25±2）℃，光照时间 16 h/d，光照强度 2 000 lx。

（2）增殖培养

将形成的丛生芽切割后，接种到增殖培养基上，培养基为 MS + 6-BA 2 mg/L + NAA 0.5 mg/L。在一定浓度范围内，6-BA 具有促进芽分化的作用，但浓度过高则有抑制作用。同样，高浓度的 NAA 对芽分化也不利，还伴有愈伤组织的产生，影响芽的质量。

（3）生根培养与驯化移栽

与脱毒苗培养相同。在柑橘类果树离体培养中，倘若采用实生苗的营养器官作为外植体，所得植株童期太长。而采用成年树的器官或组织为外植体，虽然已越过童期，但植株再生较难。这为柑橘类果树的工厂化快繁带来很大困难，其原因主要是尚未建立一种有利于

柑橘成年树顺利分化的培养基。倘若能够建立成年树的茎尖培养技术,能快速繁殖出大量遗传稳定的无毒苗,对于世界柑橘类果树生产具有重大意义。

任务 10.3　苹果组培脱毒及快繁技术

苹果是蔷薇科苹果属的落叶乔木,是世界栽培面积最广、产量最高的果树之一,广泛分布在温带地区,也是我国北方的主要果树。目前,我国苹果栽培面积和年产量均居世界首位。苹果栽培已成为我国农业中的重要组成部分,在主产区成为繁荣经济的支柱产业。

苹果育苗的传统方法是利用实生播种的砧木苗,嫁接栽培品种。随着苹果矮化砧木的广泛应用,常规的压条方法和培育无性系砧木繁殖效率较低,占用土地面积较多,而应用苹果茎尖组织培养技术,可进行快速繁殖和脱除病毒,对推动苹果矮化密植具有实际意义。

10.3.1　苹果组培发展历程

苹果品种中,少数无性繁殖易于生根者,也容易得到生根试管苗,但多数品种均较难生根,只能得到无根试管苗,近年来才有所突破。1976 年,首次报道了苹果茎尖培养获得了脱毒苗。由于栽培品种的茎尖培养苗生根比较困难,早期的多数研究都停留在实验室阶段。我国苹果茎尖培养研究起步较晚,但发展很快,目前已应用于生产。例如,河北农业大学与河北省农林科学院昌黎果树研究所合作研究,在试管苗生根和驯化移栽等方面取得了较好的效果。从提高试管苗自身质量入手,结合必要的外部环境控制,使试管微茎生根率和田间移栽成活率均达 90% 以上。

10.3.2　苹果组培快繁技术

苹果组培快繁需经历以下几个步骤:
外植体初代培养→继代培养→生根培养→驯化炼苗→移栽(图 10.4)。
(1)初代培养

作为苹果试管繁殖的外植体,主要用茎尖和茎段,茎尖多在早春叶芽刚刚萌动或长出 1 ~ 1.5 cm 嫩茎时剥取。茎段用新梢先端未木质化或半木质化的部分。外植体用流水冲洗掉尘土后,剪成带单芽的茎段,进行表面消毒,一般先用 75% 酒精浸泡 30 s,再用 10% 次氯酸钠溶液浸泡 10 ~ 15 min,最后用无菌水冲洗 3 ~ 5 次。切下茎尖,接种于培养基上。外植体接种全年均可进行,但不同季节外植体的分化能力和表面带菌状况不同,对接种成败有很大影响。早春嫩梢刚开始伸长时,接种较易成功,且分化和增殖快。夏季炎热潮湿,表面消毒不易成功。经埋土或冰箱贮存的枝条,微生物可能已进入芽的深部,表面消毒也不易成功,应尽量避免使用。

初代培养基常以 MS + 6-BA 0.5 ~ 1.5 mg/L + NAA 0.01 ~ 0.05 mg/L,pH 5.8。在培养基中添加谷胱甘肽或水解酪蛋白,利用某些品种的起始培养。培养温度 25 ℃,光照强度

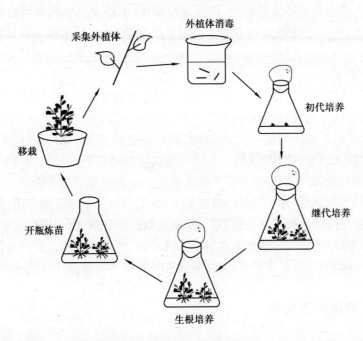

图 10.4 苹果组培快繁程序

1 000 ~ 1 500 lx,光照时间 12 ~ 16 h/d。

（2）继代培养

当外植体逐渐增大、长高,分化出许多侧芽,形成丛生芽时,将丛生芽分割,接种到继代增殖培养基中。苹果继代培养基常以 MS 为基础,附加适量的细胞分裂素和生长素。试验证明,6-BA 对促进分化增殖的作用优于 ZT 和 KT,一般 6-BA 的使用浓度为 0.5 ~ 1.5 mg/L,浓度过高易出现玻璃化苗。

继代培养周期一般为 30 ~ 45 d,培养时间不宜过长,否则会引起苗老化,甚至会出现褐化,导致试管苗死亡。

（3）生根培养

选择生长正常的继代培养苗,剪成 2 ~ 3 cm 的单芽茎段,插入生根培养基中,一般 20 ~ 30 d 根可生长到驯化移栽所需的长度。张亚飞发现,IAA 的生根效果好于 IBA,当浓度为 1.5 mg/L 时,长出的根白、粗、短,易于成活（表 10.3）。

表 10.3 不同培养基对苹果试管苗生根的影响

基本培养基	激素/(mg·L^{-1})	生根情况
MS	IBA 1.5	个别长出 1 ~ 2 条鸡爪状根,根生于茎基部愈伤组织块上,细弱且有褐化现象
MS	IAA 1.5	生根 1 ~ 2 条,较粗,长短不一,多直接生于茎基部
1/2 MS	IBA 1.5	长出 1 ~ 2 条鸡爪状根,多生于茎基部愈伤组织块上,有褐化现象
1/2 MS	IAA 1.5	生根 4 ~ 6 条,长 0.5 ~ 1 cm,根白且粗,多直接生于茎基部

苹果试管内生根受多种因素影响,往往生根率低,不稳定。影响苹果微插条生根的因素可归纳为两方面:一是微插条本身的基因型及生理状态;二是生根培养过程中的培养基和培养条件。

(4)炼苗与移栽

选择具有 3 条以上的根,叶大且浓绿,幼茎粗壮,发育充实的苹果试管苗,移栽成活率高,且移栽后新生叶片出现早,生长快。

生根培养 20~25 d,不定根长至 1 cm 时,将培养瓶移至 20 000~35 000 lx 强光下,继续培养 20 d 左右,即为强光闭瓶锻炼。此法可使试管苗幼茎更加健壮,有利于提高适应性和抗病性。但强光锻炼时,要注意温度不能高于 35 ℃,必要时适当遮阴。

强光闭瓶锻炼结束后,除去瓶塞继续锻炼 2~5 d,使叶片适应低湿环境,但必须在培养基表面出现大量杂菌前进行移栽。移栽时,从瓶内取出试管苗,除去根际的培养基,移栽到营养钵中,置于温度 25 ℃ 左右的温室或塑料拱棚里,空气相对湿度大于 85%。30 d 后当地上部生长到 10 cm 左右,根系生长旺盛时,可逐步降低空气湿度,最后移至田间。

10.3.3　苹果脱毒技术

目前,我国已发现的苹果病毒有非潜隐性病毒中的苹果锈果类病毒(ASSV)、苹果花叶病毒(APMV)和苹果绿皱果病毒(ACCV),潜隐性病毒中的褪绿叶斑病毒(CLSV)、茎沟病毒(SGV)和茎痘病毒(SPV)。非潜隐性病毒引起的病害对苹果树是毁灭性的,但由于只是零星发生,而且症状明显,容易识别,可采取刨除病树的简单方法解决病毒的传染和危害。而潜隐性病毒分布广,侵染率在栽培品种中达 50%~80%,侵染后一般无明显症状,但会导致树势衰退,产量锐减,品质变劣,对果树生产危害极大。苹果病毒是通过嫁接传染,无传毒介体,所以栽培无病毒苗木是防治的主要途径。早在 20 世纪 60 年代,一些国家和地区的苹果生产就开始推广无毒化栽培。采用无病毒栽培具有树势强、新梢生长量大、萌芽率高、早花、早果、丰产、质优等优点。

1)热处理脱毒

将组培苗放在 37~38 ℃ 的环境中,培养 25~50 d,然后选取新梢顶部 1~2 cm 转接在增殖培养基上(与快繁培养相同),白天温度(37±1.5)℃,夜间温度(32±1.5)℃,脱毒效果好,且成活率高。

2)热处理与微茎尖培养相结合

将休眠植株先放置在 20~25 ℃ 温室内,诱导发芽。待有 5~6 片叶子时,移入热处理室,先在 32 ℃ 和 35 ℃ 下各培养 1 周,然后在 38 ℃、相对湿度 80% 下培养 25~35 d。从新生的嫩梢上,切取 1 cm 左右的茎段,表面消毒后,剥去大约 2 mm 的茎尖接种到分化培养基上。

近年来研究证明,用热处理和微茎尖培养相结合的方法培育苹果无病毒苗效果较好,可以增加脱除病毒的种类和脱毒率,省去热处理后嫩梢嫁接的环节,茎尖大小也可切到 1 mm,易于分化成苗,降低操作难度,从理论上可以减少后代发生变异的频率。据报道,该方法的脱毒率可达 50%~83.3%。

3)脱毒苗的鉴定

采用各种脱毒方法获得的脱毒苗,必须经过严格检测确定脱毒后才能推广应用。目前,常用的苹果病毒检测方法有指示植物法、电镜技术、酶联免疫技术和分子生物学技术等。

常用的木本指示植物有弗吉尼亚小苹果(Virginia crab)、斯派 227(Spy227)、光辉(Radiant)和苏俄苹果(R12740-7A),草本指示植物有昆诺藜和心叶烟等。指示植物检测苹果病毒可在大田或温室进行,也可采用试管嫁接的方法。指示植物法虽然简单,但检测速度很慢,而且灵敏度也较低。酶联免疫法可以检测多种苹果病毒,我国已制备出褪绿叶斑病毒和茎沟病毒的抗血清,可利用 ELISA 快速检测这两种病毒。

任务 10.4　香蕉脱毒及快繁技术

香蕉为芭蕉科芭蕉属多年生单子叶植物,原产于亚洲热带地区,后渐流传世界各地,成为世界主要果树之一。我国栽培香蕉也有 2 000 年以上历史,主要产区分布在广东、广西、福建、台湾、海南、云南等省区。香蕉的主栽品种多为三倍体,一般不结籽。生产上则利用球茎发生的侧芽(俗称吸芽)来繁殖,此种繁殖速度不仅慢,而且苗木质量不一致,常导致植株间产量差异较大。目前,香蕉工厂化育苗在许多国家均有应用,我国于 20 世纪 80 年代也开始了香蕉工厂化育苗。

10.4.1　香蕉脱毒技术

香蕉感染的病毒主要有束顶病毒(BBTV)、香蕉花叶心腐病毒(CMV)、条纹病毒(BSV)、苞片嵌纹病毒(BBrMV)等,我国香蕉产区以束顶病毒和花叶心腐病毒较为常见。通过茎尖培养生产脱毒苗,能增产 30% ~50%。

1)脱毒方法

(1)热处理结合侧芽分生组织培养

将香蕉的地下球茎在 35 ~43 ℃的湿热空气中处理 100 d 后,切取新生侧芽,剥去外层苞片,保留具有芽的小茎盘(直径 5 ~10 cm)。在超净工作台上,常规消毒后,在解剖镜下剥取带有 1 ~2 个叶原基,长约 0.5 mm 的微茎尖,接种在培养基上,在 27 ℃下连续光照培养。分化出芽后,转接在生根培养基上,60 ~90 d 就可诱导出健壮的根系。

初代培养效果较好的培养基有:

①MS +6-BA 5 mg/L + KT 1 mg/L。

②MS +6-BA 1 ~3 mg/L + NAA 0.2 ~1 mg/L。

(2)球茎顶端分生组织培养

将香蕉球茎洗干净后,剥去老叶和球茎的大部分,在无菌条件下,用 75% 酒精消毒 10 s,再用升汞溶液消毒 12 min,无菌水漂洗后,在解剖镜下切取带有 1 ~2 个叶原基,长

0.3～0.5 mm 的微茎尖,接种到培养基上。培养基可采用改良 MS 添加 KT 2 mg/L,适量的 6-BA、NAA 和 0.1% 椰乳,培养温度 25 ℃,光照强度 1 000～2 000 lx,光照时间 12 h/d。10～15 d 后,外植体顶端出现绿色小点,约 1 个月后长成具有 1～3 个芽的无根苗,将小芽继代转接,2 个月后,转接入生根培养基。

2)香蕉脱毒苗的鉴定

可采用指示植物法、抗血清鉴定法等,也可利用 TTC(2,3,5-氯化三苯基四氮唑)检测束顶病毒和花叶心腐病毒。具体操作方法如下:将脱毒苗叶片浸渍在 1% TTC 溶液中,在 36 ℃保温 24 h 后,在显微镜下观察,若整个叶切片呈红褐色,维管束呈紫红色,则说明植株带有束顶病毒;若叶切片均为黑褐色,则植株可能带有花叶心腐病毒;若叶切片无色,则植株不带有这两种病毒。该方法虽简便,但只有植株体内病毒积累到一定数量时才能鉴定出来。

经过鉴定合格的脱毒苗,经炼苗驯化后,就可移栽到脱毒苗圃内,作为优良的无病毒母株,为工厂化快繁提供无毒外植体。

10.4.2 脱毒苗组培快繁技术

脱毒苗快繁多采用茎尖培养,也可以利用雄花、花序轴、花苞片等经胚状体再生植株。这里主要介绍茎尖培养技术。

1)外植体的采集及消毒

在早春、秋季的干旱时期选取无毒母株上的吸芽,用自来水冲洗后,在无菌条件下,用 75% 酒精消毒 30 s,0.1% 升汞消毒 10～15 min,无菌水冲洗 3～5 次后待用。

2)顶芽诱导培养

将消毒好的外植体用无菌滤纸吸干表明的水分,切取 2～10 mm 的茎尖生长点,接种在诱导培养基上。培养基常用 MS +6-BA 2～5 mg/L + 蔗糖 3% + 琼脂 0.7%,pH 5.6～6.0。培养温度 25～27 ℃,光照时间 9～16 h/d,光照强度 1 000～2 000 lx,培养 1 个月后,可转接到新鲜培养基上进行继代培养,形成丛生芽。

3)生根培养

香蕉生根较容易,一般在分化培养基上或不加任何激素的培养基上均能形成带根苗。但为了培养壮苗,最后转接在添加少量生长素和活性炭的培养基中,有利于根的生长。

4)驯化移栽

当组培苗长到 4～5 cm 高,具有 4～5 片叶,根系生长良好时,就可进行驯化移栽。开瓶炼苗 3～5 d,在温室中洗去根部的培养基,移栽到装有基质(营养土∶蛭石 =1∶1)的营养袋或营养钵中,前期保持较高湿度,后期逐渐降温降湿,当根系逐渐较多且强壮时,可移栽入田间。

任务 10.5　草莓脱毒及快繁技术

　　草莓为蔷薇科多年生草本植物,是著名的小浆果类水果。地理分布极为广泛,世界上大多数国家均有栽培,其果实鲜艳美丽、浓郁芳香、柔软多汁,且富含糖、蛋白质、磷、钙、铁及大量的维生素和有机酸等。草莓除鲜食外还可加工成果浆、果汁、果酒、糖水罐头及各种冷饮和速冻食品。在世界各国的小浆果生产中,其产量及栽培面积一直居于首位。由于成熟最早,市场价格比较高,成为一种稳定而收入较高的水果。

　　目前,在草莓生产中还存在一些问题,如种苗培育上多沿用传统繁殖方法,病毒感染严重,产量低下;栽培方式上,大多为大田栽培,技术落后;采收、贮运、加工技术不配套,方式陈旧等。为了解决快繁优质脱毒种苗,越来越多的国家采取茎尖分生组织培养法,既可高速育苗,又可克服长期营养繁殖致使病毒累积而产生的退化现象,使其生产得到了恢复和发展。

10.5.1　草莓脱毒技术

1)主要病毒及危害

　　传统的草莓栽培品种普遍受病毒感染,若是单一病毒,则不表现出症状;几种病毒重复感染时,植株表现明显的矮化,逐年减产,果实变小,有时为花叶、皱叶、黄边、斑驳等多种症状。主要危害草莓生产的病毒有斑驳病毒、皱叶病毒、脉结病毒、轻型黄斑病毒等(表10.4)。

表 10.4　草莓的病毒种类与症状

病毒种类	指示植物	症状表现
斑驳病毒	EMC	叶片有不整齐的黄色小斑点
脉结病毒	EMC	小叶向后翻转呈风车状,尖端卷曲,叶脉成带状褪绿
轻型黄斑病毒	EMC	叶片变红,叶易枯萎
皱叶病毒	UC-1	叶片具有不整齐小斑点,叶脉不整齐,叶柄暗褐色

2)草莓的脱毒方法

(1)热处理结合微茎尖分生组织培养脱毒技术

①热处理的方法:将生长健壮的草莓植株放在热处理室内,在昼温38 ℃,夜温35 ℃,光照16 h/d,光强5 000 lx的条件下培养。不同的病毒培养时间不同,如草莓斑驳病毒,在38 ℃恒温下培养12～15 d即可脱毒,而草莓轻型黄斑病毒和镶脉病毒的耐热性强,要在38 ℃恒温下培养50 d方可脱毒。

②外植体消毒及微茎尖的剥离:在经过热处理的草莓植株上,选择生长健壮,新萌发但未着地的匍匐茎嫩梢,剪成3 cm左右的茎段作为外植体。

外植体消毒流程如下:

肥皂水洗刷→流水冲洗 2 h→剥去外层叶片→75%酒精消毒 30 s→2%次氯酸钠消毒 15~20 min(加入数滴吐温-20)→无菌水冲洗 3~5 次。

用无菌滤纸吸干外植体表面水分,在超净工作台上解剖镜下将芽外面的幼叶剥去,切下带有 1~2 个叶原基,大小 0.2~0.5 mm 的微茎尖,迅速接种在初代培养基上。

③初代培养:初代培养基可采用 MS + 6-BA 0.5 mg/L + NAA 0.25 mg/L 或 White + IAA 0.1 mg/L。培养温度 23~27 ℃,光照强度 2 000~3 000 lx,光照时间 16~18 h/d。2 个月左右可形成大量的丛生芽。

④继代培养:将初代培养形成的丛生芽切割后,转接到继代培养基中继续增殖,可采用 MS + 6-BA 0.5~1 mg/L。6-BA 用量要适宜,若浓度过高,形成的丛生芽生长会停滞,呈莲座状,而浓度过低时,形成的芽少,但芽长势好。在培养过程中,应根据腋芽增殖数量和苗的生长状况,来调整 6-BA 的用量,增殖数量少时,可适当提高 6-BA 浓度,增殖数量多而苗的生长差时,应适当减少 6-BA 的用量。在增殖中随时清理愈伤组织有利于芽苗的增殖和生长。

⑤生根培养:当无根苗长到 2 cm 以上时,就可以接种到生根培养基上,在 1/2 MS + IBA 0.1 mg/L 的培养基中生根率可达 100%。

在继代培养和生根培养时,要注意控制培养温度,若高于 28 ℃,往往会使苗黄化,生根率降低,且易发生玻璃化。

⑥驯化与移栽:当组培苗根系多且粗,主根长 2 cm 左右,具有 3 片叶时,就可以驯化移栽了。打开瓶盖,在温室里放置 3~4 d 进行锻炼。用大口罐头瓶做培养瓶时,除盖后,会因温度降低过快,试管苗出现失水萎蔫现象,需将瓶盖再盖上,或用塑料薄膜覆盖,待试管苗恢复正常时,再逐渐去盖。锻炼后,将苗从瓶中取出,洗去基部的培养基,移栽到盛有园土掺砂土或蛭石的营养钵内,放在塑料大棚或温室中,再加塑料薄膜拱棚保湿,保持85%的相对湿度和 22~25 ℃的温度,7~10 d 后,试管苗长出新叶、发出新根,可逐渐放风,降低拱棚内的湿度,最后除去塑料薄膜,经 20~30 d 的过渡,可移栽至田间。

草莓在低温、短日照条件下即进入生理休眠,在锻炼阶段必须保持长日照和较高的温度,移栽的季节应安排在初夏,否则要加照明补充光照,延长光照时间达 16 h,最低温保持在 18 ℃以上。

(2)花药培养脱毒

研究表明,通过调节培养基中的激素成分,使草莓花药经 1 次培养直接形成不定芽而长成植株,所获植株 94%脱除病毒。花药培养所获植株不带病毒已被大量试验所证实,具有广泛的实用性。

选取花粉发育为单核靠边期的花蕾,在 3~4 ℃低温下处理 3~4 d,在超净工作台上,先用75%酒精消毒30 s,再用升汞消毒 10~15 min,无菌水冲洗 3~5 次,最后迅速剥取花药接种。

诱导愈伤组织的培养基为 MS + 2,4-D 1 mg/L + KT 2 mg/L。花药接种后 20~60 d,出现愈伤组织,开始多数在花丝断口处出现,之后有的从药壁产生,有的整个花药愈伤组织化。

将直径 2 mm 左右的组织致密、色泽鲜明、呈颗粒状的愈伤组织转接到 MS + 6-BA

1 mg/L + IBA 0.05 mg/L 的分化培养基上,诱导愈伤组织分化芽茎,分化一般需 40 ~ 50 d。生根培养基为 1/2 MS + IBA 0.5 mg/L + 蔗糖 20 g/L。

培养条件一般温度在 20 ~ 25 ℃,光照强度 1 000 ~ 2 000 lx,光照时间 10 h/d。

由于草莓花药培养诱导的愈伤组织很难分化成植株,因此,在开始培养时必须尽可能增加花药的数量,以期分化较多的小植株,增加繁殖基数,短期内获得高的繁殖率。

3)草莓脱毒苗的鉴定

指示植物小叶嫁接法是常用且较简单的脱毒苗鉴定方法,具体做法如下:从被检验的草莓植株上采集幼叶,除去左右两片小叶,把中间小叶前端剪去 1/3,以减少蒸腾,并将其削成带有 1 ~ 1.5 cm 叶柄的接穗,叶柄切面成契形。同时,在指示植物上除去中间的小叶,在叶柄中央切一个 1 ~ 1.5 cm 的契形口,在此插入接穗,用细棉线包扎接合部,涂上少量凡士林以防止干燥。嫁接后,为了促进成活,罩上塑料袋或放在小拱棚内保湿,这样可维持 2 周时间。若接穗染有病毒,在接种后 1 ~ 2 个月,可在新展开的叶片、匍匐茎或老叶上出现相应的病症。

常用的指示植物有从欧洲草莓中选出的 EMC 系,从 Frazier 选育的 UC 系,深红草莓中的 King 和 Ruden。每一种指示植物可嫁接 2 ~ 3 片待测叶片,叶片要选取幼叶,此法可全年进行。

10.5.2　脱毒苗快繁技术

1)快繁技术

(1)组培继代增殖培养

将脱毒的组培苗,通过继代增殖,生根移栽,得到大量优质的脱毒苗。此过程,关键要保证室内组培苗生长健壮,生根顺利,移栽时有较高的成活率。

(2)田间扩繁技术

移栽到脱毒苗苗圃的植株,可作为原种,利用匍匐茎进行无性繁殖。一般要选择地势平坦、土质肥沃疏松的地块,苗畦作成高畦,方便排灌。将母株的偶数节(草莓只有偶数节会产生不定根)埋入土中,当节上的不定芽和不定根长出,小苗具有 4 ~ 6 片叶时与母株分离,成为独立的苗。繁殖期间,多余的匍匐茎要及时摘除。

2)脱毒苗的管理

(1)防止蚜虫的危害

草莓脱毒苗管理的重点是要防止再次感染病毒,草莓的主要病毒都是由蚜虫传播的,因此要搞好防蚜虫工作。传播草莓病毒的主要有草莓茎蚜、桃蚜和棉蚜。病毒通过蚜虫吸吮汁液而传播,短时间内即可完成,常用马拉松乳剂,氧化乐果乳剂等接触杀虫剂进行防治,防治期在 5—6 月和 9—10 月各 1 次。而且,脱毒苗苗圃还要设置防虫网,网眼为 0.4 ~ 0.5 mm,其中以 300 目防虫网为好。

(2)繁殖程序及提高繁殖率的措施

草莓脱毒苗的繁殖程序分为 5 步,包括:脱毒原种种苗培养、原种种苗繁殖、良种种苗繁殖、生产用苗繁殖和栽培苗繁殖。前 4 步在 300 目防虫网隔离室内进行,最后 1 步在露

地进行。

（3）田间管理

苗床要进行土壤消毒，防止草莓萎缩病、根腐病等发生。母株必须保证营养面积大于 $3.3\ m^2$，匍匐茎不能交错重叠，否则不利于采苗。苗圃施用缓释肥料，常灌水，以促进匍匐茎发生。

复习思考题

1. 葡萄组织培养有何意义？
2. 简述葡萄组培苗驯化移栽的过程。
3. 简述柑橘类果树茎尖微芽嫁接脱毒法的要点。
4. 写出苹果组培快繁的程序。
5. 简述香蕉热处理结合侧芽分生组织培养生产脱毒苗的过程。
6. 草莓脱毒苗应如何管理？

项目11 蔬菜组织培养技术

 学习目标

1. 了解马铃薯、结球甘蓝、大蒜、生姜和甘薯组织培养的意义；
2. 掌握马铃薯、结球甘蓝、大蒜、生姜和甘薯组织培养的一般技术；
3. 理解马铃薯、结球甘蓝、大蒜、生姜和甘薯的脱毒与快繁技术。

重 点

马铃薯、结球甘蓝、大蒜、生姜和甘薯的脱毒技术及快繁程序。

难 点

影响脱毒效果的因素及脱毒的关键技术。

> 蔬菜几乎所有的组织器官，如茎尖、侧芽、叶片、胚轴、花茎、鳞茎、球茎等，都可以作为外植体进行离体快速繁殖，有些蔬菜的离体快繁技术已相当成熟，在遗传育种和生产栽培上发挥着重要作用。由于组织培养技术的不断发展，一些经济价值高、繁殖系数低的名、特、优、新蔬菜品种得以大量繁殖和推广。本项目以马铃薯、结球甘蓝、大蒜、生姜和甘薯为例，阐述植株组织培养技术在蔬菜上的应用。

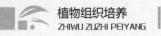

任务 11.1　马铃薯脱毒及快繁技术

　　马铃薯又名洋芋或土豆,是世界上重要的粮、菜、饲、加工兼用型茄科茄属作物。其碳水化合物含量高、脂肪含量低,同时维生素 B、维生素 C 和钾的含量也很丰富。马铃薯原产于拉丁美洲,由于耐旱、耐瘠、高产、稳产、适应性广、营养成分全面等特点,目前已广泛种植于世界各地,在农业生产和人民生活中均占有重要地位,现已成为继小麦、玉米、水稻之后的第四大作物。我国是世界马铃薯生产的第一大国,其在我国各个生态区域都有广泛种植,已经发展成为边远山区的重要支柱产业。

　　由于马铃薯系无性繁殖,在生长期间容易受病毒侵染造成退化。一般从外地调来的种薯,第一次种植时产量很高,而以此收获的马铃薯留种,再种植时植株生长势明显减弱,产量下降,块茎变小,这就是通常说的马铃薯退化现象。世界上公认病毒是引起马铃薯退化的根本原因,一旦感染,无有效药剂防治。病毒在薯块内的积累是导致马铃薯品质、产量下降的主要原因,毒病的危害造成马铃薯的大面积减产达 50% ~ 70%。为了解决这一问题,我国于 20 世纪 70 年代初引入了马铃薯茎尖脱毒技术,1976 年在内蒙古建立了第一个马铃薯脱毒原种场,随后全国有 20 多个省市、60 多家科研单位开展了这项工作,初步形成各具特色的工厂化微型薯生产体系,至今我国已获得百余个品种的脱毒薯。

11.1.1　脱毒种薯繁育工艺流程

　　危害马铃薯的病毒有 20 余种,我国常见的有马铃薯 X 病毒(PVX)、Y 病毒(PVY)、A 病毒(PVA)、S 病毒(PVS)、卷叶病毒(PLRV)和纺锤块茎类病毒(PSTV)。利用茎尖分生组织离体培养技术对已感染的良种进行脱毒处理,并在离体条件下生产微型薯和在保护地条件下生产小薯再扩大繁育脱毒薯,对马铃薯增产效果极为显著。把茎尖脱毒技术和有效留种技术结合应用,建立合理的良种繁育体系,是全面大幅度提高马铃薯产量和质量的可靠保证。目前,几乎所有生产马铃薯的国家都利用微茎尖培养生产脱毒种苗。脱毒种薯繁育工艺流程见图 11.1。

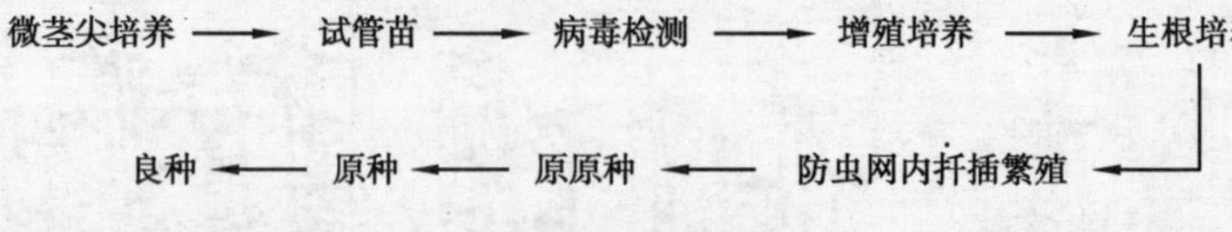

微茎尖培养 ⟶ 试管苗 ⟶ 病毒检测 ⟶ 增殖培养 ⟶ 生根培养

良种 ⟵ 原种 ⟵ 原原种 ⟵ 防虫网内扦插繁殖

图 11.1　马铃薯脱毒种薯繁育工艺流程

11.1.2　微茎尖培养生产马铃薯脱毒苗技术

1)外植体的选择和消毒

为了获得无菌的茎尖,首先可将供试植株种在无菌盆土中,放在温室中进行栽培,要注意浇水时不要浇在叶片上,取新长出的芽作为外植体。也可从田间的植株上切取插条,培养在实验室的营养液中,从插条腋芽长成的枝条上采集外植体,以减少污染。另外,也可让块茎在室内发芽,在38 ℃下热处理培养2周后,再取茎尖作为外植体。还可以给植株定期喷施内吸杀菌剂,如0.1%多菌灵和0.1%链霉素的混合液效果显著。

一般说来,经过以上措施处理,再加上茎尖分生组织被彼此重叠的叶原基保护,只要仔细剥取,无需表面消毒就能得到无菌的外植体。但为了保险起见,还是要进行外植体的表面消毒,方法为将长4～5 cm的芽先用自来水冲洗40 min,在超净工作台上用75%酒精消毒30 s,5%漂白粉溶液消毒15～20 min,无菌水冲洗3次。

2)微茎尖的剥离与接种

在超净工作台上,借助解剖镜,一手用细镊子将茎芽按住,一手用解剖针将叶片和叶原基剥掉,直至露出圆亮的生长点,切下的茎尖可带1～2个叶原基,迅速将其接种到培养基上。

操作时特别要注意的是,微茎尖暴露的时间越短越好,因为超净工作台的气流和酒精灯发出的热都会使茎尖迅速失水。因此在选择解剖镜的灯源时,以荧光灯或玻璃纤维灯为好,同时在材料下要垫一块湿润的无菌滤纸。另外,要注意确保所切下的茎尖不能与已经剥去的部分、解剖镜台或持芽的镊子接触。

3)微茎尖的培养

MS和White培养基附加少量的生长素或细胞分裂素培养效果都比较好。如MS + 6-BA 0.05 mg/L + NAA 0.1 mg/L + GA$_3$ 0.1 mg/L。从减少污染和节约培养基的角度考虑,微茎尖培养宜选择小型培养容器,如试管,每个试管内接种一个茎尖,这样就会避免交叉污染,最大程度减少损失。培养环境的温度为20～25 ℃,初期的最适光照强度为1 000 lx,培养4周后增加到2 000 lx,6周后增加到4 000 lx,光照时间16 h/d。

4)影响茎尖培养和脱毒效果的因素

培养基营养成分、外植体大小和培养条件等因素,不仅影响离体茎尖再生能力,而且也会显著影响茎尖的脱毒效果。

(1)培养基

马铃薯微茎尖培养需要较多的NO_3^-和NH_4^+,而对各种氨基酸和维生素的需求并无特殊要求。虽然微茎尖在不含生长素的培养基中也能培养,但添加生长素后效果更好,NAA效果好于IAA。对于只有生长点的极小茎尖,最好采用液体培养,为了避免茎尖在液体培养基中沉底,可以采用纸桥法进行培养。

(2)外植体大小及生理状态

研究表明,外植体越大,产生再生植株的机会就越大,但脱毒的效果越差;外植体越小,脱毒效果越好,但再生植株较难(表11.1)。因此,马铃薯的外植体大小,要通过反复试验确定,满足既能脱去病毒,又能获得较多再生植株的要求。由于叶原基可以为茎尖的成活提供所需的内源激素,因此微茎尖最好带有叶原基。

从总的脱毒效果和植株再生情况来看,顶芽比侧芽好,但若顶芽较少时,也可选用侧芽。对于春播的马铃薯,在春季和初夏采集的茎尖脱毒效果好,对于秋播马铃薯,在生殖生长阶段采集的茎尖脱毒效果好于营养生长阶段的茎尖。

表 11.1　微茎尖大小对马铃薯脱毒的影响

微茎尖大小/mm	叶原基数/个	发育小植株/株	无毒再生植株/株
0.12	1	50	24
0.27	2	42	18
0.6	4	64	0

（3）培养条件

马铃薯微茎尖培养时,光照强度要逐渐增大,温度(25±2)℃为宜。

（4）热处理的温度

热处理结合微茎尖培养是目前效果最好的马铃薯脱毒苗培养方法,但热处理的时间和温度要慎重、合理。若处理温度过高,时间过长,虽然可能脱毒效果好,但再生植株数量会减少,而且高温在消除病毒的同时,也钝化了植物体内的抗病毒因子。对马铃薯 X 病毒和 S 病毒,一般在 35～38 ℃下处理 8～18 周。对马铃薯纺锤形块茎病毒(PSTV),则要进行连续两个周期的热处理,先对植株进行 2～14 周的热处理,切取茎尖培养后,选择出只有轻微感染病毒的再生植株再进行 2～12 周的热处理,才会得到部分完全不带 PSTV 的植株。此外,对于马铃薯卷叶病毒(PLRV)采用 40 ℃(4 h)+6～20 ℃(20 h)的变温热处理,比单一高温处理效果好,能避免长时间高温对茎尖的伤害。

5)脱毒效果检测

马铃薯经过微茎尖培养后,往往只有一部分植株是脱毒苗。因此,对每一个茎尖或愈伤组织再生的植株,在用作无病毒原种之前,必须进行病毒检验。而且许多病毒具有一个延迟的复苏期,因此,在头 18 个月内要对植株进行若干次检验,才能最终确定病毒的有无。对于那些经反复检验后确无病毒的母株,在繁殖过程中也还要进行重复检验,因为这些植株在繁殖过程中仍有可能被重新感染。常用病毒检测的方法有指示植物检测法、抗血清法和电镜法等。

11.1.3　脱毒苗快繁技术

1)继代和生根培养

经鉴定无病毒的组培苗,可将其剪切为单芽茎段,接种在 MS 培养基上进行继代增殖,经过 20 d 后,便可发育为高 5～10 cm 的小苗。然后转接入生根培养基,可采用 MS + IAA 0.1～0.5 mg/L + 活性炭 0.1～0.2 g/L,培养 7～8 d 便可生根。若采用浅层静止液体培养,则比固体培养生根快,植株健壮,便于移栽。

培养温度 25～28 ℃,光照强度 3 000～4 000 lx,若采用连续光照,繁殖速度快,每月可增殖 7～8 倍。

2)驯化移栽

在移栽前 7 d,将生根的,具有 3～5 片叶,高约 3 cm 的健壮脱毒试管苗从培养室移至温室进行炼苗。白天保持温度 23～27 ℃,夜间不低于 10 ℃,为防止强光和高温的伤害,在温室顶部加盖遮阳网,提高组培苗的适应性和抗逆性。移栽的苗床可采用珍珠岩作为基质,也可用灭过菌的营养土。苗床浇透水后,将组培苗从培养瓶中用镊子轻轻取出,在15 ℃左右的水中,洗去根部残留的培养基,扦插在苗床上。

移栽后的管理,重点要注意温度、湿度和光照强度的调控。移栽初期,相对湿度保持在85%,白天气温25～28 ℃,夜间在15 ℃以上,若光照太强,则要及时遮阴。必要时可喷洒营养液。

11.1.4 微型薯生产

虽然组织培养脱毒苗为马铃薯生产起到了极大的推动作用,但无毒组培苗的保存时间较短,且要求较严格,在种质资源的交换中容易污染。在无毒苗扩大繁殖过程中还会遇到隔离区难找,无毒薯的大量调运等困难,因而在生产上难以大面积推广。随后出现的微型薯生产方法,为马铃薯种质保存、交换以及无毒种薯的生产和运输提供了一条便利的途径。

1) 微型薯的概念及特点

由组培苗生产的直径在3～7 mm,重1～30 g的微小马铃薯称为微型薯。许多国家已经在马铃薯良种繁殖体系中采用微型薯生产方法,并且以微型薯的形式作为种质的保存和交换材料。我国甘肃、山东、河北、天津等地区都在微型薯的使用上总结出了一套切实可行的方法。微型薯的特点如下:

(1)种性好,实用价值高

微型薯是在特定的隔离条件下培育生长的,因此种薯无病毒侵染、不退化,能够保证获得高产稳产。

(2)繁殖速度快,效率高

利用无土栽培技术,实行工厂化生产,与网室内栽培相比,繁殖系数提高了近70倍。

(3)休眠期长,有利于种薯交流与保存

微型脱毒薯的休眠期比相同品种的大种薯的休眠期长2～3倍,而且不需要复杂的贮藏设备,因此便于种薯的交流与保存。

(4)体积小,重量轻,降低运输费用和用种量

相比大种薯播种的用量减少了90%,克服了脱毒大种薯调运带来的麻烦和经济损失,更有利于边远山区脱毒种薯的供应和优良品种的更新。

(5)生产成本低

与网室繁殖脱毒种薯的常规方法相比较,无土栽培结合隔离区生产种薯,其母种和原种都在温室或大棚中生产,比过去的脱毒薯减少了两年开放种植的时间。采用高密度繁殖和早收等措施使种薯结的小,结得多,增加了繁殖系数,降低了生产成本。

2) 微型薯生产技术

(1)实验室生产微型薯

①单茎节扩大繁殖:将脱毒试管苗,切割为带有1～2个叶片和腋芽的茎段,接种在增殖培养基上,可采用 MS + 蔗糖3% + 琼脂0.6%。在气温22 ℃,光照强度1 000 lx,光照时间16 h/d 条件下培养。

②微型薯诱导：当组培苗长到4~5 cm，转入微型薯诱导培养基中，一般采用MS+香豆素50~100 mg/L或MS+CCC 50 mg/L+6-BA 6 mg/L+琼脂0.8%。培养温度22 ℃。需要注意的是，微型薯的诱导必须在黑暗的条件下进行，否则只进行植株生长，不形成微型薯。

（2）温室生产微型薯

在4~6层的育苗架上放置育苗盘，基质可采用蛭石或马粪。将组培脱毒苗剪切为单芽或双芽茎段，在育苗盘上进行扦插。可用GA₃ 3 mg/L+NAA 5 mg/L溶液浸泡后再扦插，成活率较高。在人工控制的温度和光照条件下，一般60~90 d就可收获微型薯。

在微型薯生产中，组培苗的苗龄，激素的种类和用量，基质的种类，培养的环境等都会影响其产量和品质，有些问题还需进一步探讨。

11.1.5　良种生产技术

实验室或温室生产的微型薯，也称为原原种，可进一步通过大田或塑料大棚在春秋两季扩大繁殖，以提供足够大田使用的优良种薯。原原种的扩大繁殖可采用塑料大棚和大田两种方式进行。

1）大棚原种生产技术要点

选3~4年未种过马铃薯的土地，搭建大棚，播前浇水并施足基肥。微型薯在播前用湿沙埋好，在室内催芽，芽萌动后才能播种。行株距50 cm×10 cm或60 cm×10 cm。春季要注意防治早疫病，秋季防治晚疫病。植株长到一定高度后，要培土1~2次，小水勤灌。春季棚膜剥揭去后要覆盖防虫网，秋季则先在网室中生产，后期覆膜。种薯要早收，待表皮干燥后进行窖藏。

2）大田原种生产技术要点

大田生产马铃薯原种的土地准备应比大棚更加精细，尤其是繁殖3 g以下的微型薯时，更应如此。大田微型薯繁殖因没有纱网保护，极易受病虫感染，因此，除注意喷药防病外，要采用春播早收留种和秋繁技术。

任务11.2　结球甘蓝组培快繁技术

结球甘蓝为十字花科芸薹属甘蓝中的一个变种，别名洋白菜、包菜、卷心菜、莲花白等，起源于地中海至北海沿岸，其营养丰富，味道佳美，在世界各地广泛栽培，具有很高的营养价值和保健作用，深受生产者和消费者的喜爱。在结球甘蓝的组织培养中，由器官培养直接再生植株。采用组织培养技术可解决育种上面临的一些难突破的问题，还可以进行良种种苗快繁，临时保存雄性不育材料和固定杂种优势等，有明显的技术优势和良好的应用前景。

11.2.1 外植体选择及处理

外植体可采用甘蓝的根、茎、叶、茎尖、子叶、下胚轴、花药和花粉等,但主要以顶芽和腋芽为主。将甘蓝叶球的叶片剥去,留下中心柱和腋芽,自来水冲洗 30 min,在无菌条件下,用 75% 酒精浸泡 1～2 min,再用 0.1% 升汞浸泡 10～15 min,无菌水冲洗 3～4 次后待用。

11.2.2 初代培养

切取顶芽或腋芽,接种在培养基上,采用 MS + IAA 0.2～0.5 mg/L + 6-BA 1～3 mg/L。培养温度(20±2)℃,光照强度 1 000～3 000 lx,光照时间 12～13 h/d。接种 2～3 d 后芽尖变绿,15 d 左右分化新芽,30～50 d 后形成丛生芽。

11.2.3 继代和生根培养

将诱导出的丛生芽切割为单芽,转接在新鲜的培养基上(培养基同初代培养一样),反复继代,扩大繁殖。继代培养中,甘蓝组培苗易出现玻璃化现象,应注意控制湿度和通气情况。

将经过继代培养,生长健壮的丛生芽切割为单芽,接种在生根培养基上,生根培养基采用 1/2 MS,可附加适量 NAA。为了促进生根,也可添加活性炭。培养温度(25±2)℃,光照强度 1 000～3 000 lx,光照时间 12～16 h/d。

11.2.4 驯化及移栽

当组培苗根长 1～2 cm,具有 3～4 片叶时,将组培苗连瓶转入温室内进行炼苗,3～7 d 后,移栽入营养钵或苗床中,当幼苗长出新叶时,可移栽到大田中。

整个结球甘蓝组织培养的程序及方法见图 11.2。

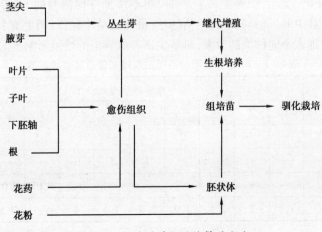

图 11.2 结球甘蓝组培快繁的方法

大蒜为百合科葱属香辛类蔬菜,原产于亚洲西部高原,汉代张骞出使西域时引入我国。大蒜以鳞茎(蒜头)、蒜苔、蒜苗和蒜黄为产品,可兴奋神经,增进食欲,还有一定的杀菌、防病、治病作用,有较高的食用及药用价值。但生产上主要利用蒜瓣进行无性繁殖,繁殖系数低,而且常年的无性繁殖使病毒积累,造成品种退化、蒜头变小、产量降低。据调查,在有些地区,大蒜病毒病田间发病率高达 100%,严重影响了大蒜生产。实践证明,采用组织培养方法可以有效脱除大蒜主要病毒、提高繁殖系数,达到高效、增产目的。

11.3.1　大蒜组培脱毒技术

目前已发现危害大蒜的病毒有:大蒜花叶病毒(GMV)、洋葱黄矮病毒(OYDV)、大蒜潜隐病毒(GLV)、大蒜退化病毒(GDV)和一种在我国分离到的大蒜退绿条斑病毒(LYSV)。大蒜脱毒的最有效方法就是利用茎尖组织培养进行脱毒,除此之外,也可利用花序轴培养、鳞茎盘培养或体细胞胚发生途径。

1)茎尖培养脱毒技术

(1)操作程序

选择优良品种的鳞茎,在 4 ℃下贮藏 30 d 左右,打破休眠后,剥下蒜瓣,在无菌条件下常规消毒后,在解剖镜下切取 0.2~0.9 mm 长,带 1 个叶原基的茎尖,接种在附加不同激素的 B_5、MS 或 LS 培养基上。培养 2~3 周后,绿色的幼芽就会长出,这时转接到增殖培养基上,繁殖 3 代左右,再转接到生根培养基中。生根后的组培苗经过炼苗后,可移栽入大田中。

(2)影响茎尖培养脱毒效果的因素

①培养基:调整培养基中无机盐成分,如 Co^{2+}、Cu^{2+}、K^+、Ca^{2+} 的浓度,可以促进茎尖分生组织的生长和分化。李昌华等的试验表明,在不添加任何激素的 LS、B_5、MS 3 种培养基上,都能诱导成苗,其中 B_5 培养基中组培苗健壮,虽然成苗率较低,但更有利于继代繁殖。同时,在 B_5 培养基中加入不同种类的激素,对茎尖培养试管苗的增殖影响不同(表 11.2)。

表 11.2　B_5 培养基添加不同激素对试管苗增殖的影响

激素种类	激素浓度/(mg·L^{-1})									
6-BA	1	2	—	—	—	1	2	2	2	2
ZT	—	—	1	2	—	0.5	0.5	2	—	—
KT	—	—	—	—	1	1	—	—	—	—
NAA	—	—	—	—	—	0.2	0.05	0.01	0.02	0.6
单株平均增殖	1.8	2	2.5	2.9	2.4	2.4	4	5.9	7.5	8.7	7.9

②培养条件:培养温度为(25 ± 1)℃,光照强度为 1 200 ～2 000 lx,光照时间为 12 h/d,空气相对湿度在 60% 以上。培养 40 d 后开始分化形成新芽,100 d 后形成丛生芽。

2)花序轴培养脱毒

大蒜花序轴顶端分生组织具有很强的腋芽萌发潜力,可采集蒜薹总苞,用 75% 酒精溶消毒 1 min,再用 0.1% 升汞消毒 10 ～12 min,无菌水冲洗 4 ～5 次,剥去外层苞片,将花序轴顶部切割后,接种在固体培养基上。花序轴培养需要较高的 pH 值和细胞分裂素。初代培养基采用 B_5 + NAA 0.1 mg/L + 6-BA 2 mg/L,pH 6.5。继代培养基采用 MS + NAA 0.1 mg/L + 6-BA 2 mg/L + GA_3 0.05 mg/L + 蔗糖 20 g/L,pH 6.5。

3)鳞茎盘培养脱毒

与其他培养方式相比,鳞茎盘培养分化效率高,一个鳞茎盘可以分化出约 15 个芽,而其他种类的外植体 1 个只能分化出 5 ～6 个芽。鳞茎盘培养周期短,大约 3 周后就可直接分化出多个小鳞茎。此外,鳞茎盘培养时不需要添加植物激素。

将鳞茎盘切割成小块,在超净工作台上用 75% 酒精浸泡 5 min 消毒,无菌水冲洗 3 次后,分割成约 1 cm^3 的小块,接种在 LS 固体培养基上。培养温度 25 ℃,光照强度 3 000 lx,光照时间 16 h/d。约 2 周后分化出绿苗。

在鳞茎盘培养早期,其表面会出现圆顶结构,将这些圆顶结构分割后,在相同条件下培养,会形成小鳞茎,每个小鳞茎可产生 15 ～20 个无毒苗,且无毒有效期在 3 年以上。

4)体细胞胚培养脱毒

目前,从大蒜的茎尖、茎尖周围组织、叶原基、幼叶、花梗、花药、根尖等组织和器官培养获得的愈伤组织,在适宜的培养基上可形成体细胞胚,利用体细胞胚发生途径繁殖脱毒苗,不仅数量多、速度快,而且遗传稳定性好。

5)大蒜脱毒苗病毒检测

大蒜病毒检测常用指示植物法,常用的指示植物有茄科、藜科、十字花科和百合科植物,它们对大蒜病毒有专一反应。例如,利用蚕豆和千日红等寄主植物可分离鉴定出 GLV 和 GMV。指示植物法虽然简单,但检测速度很慢,灵敏度也较低,受季节限制,并且植物的不同发育阶段,植株的发病症状也可能表现出差异,或在其他逆境条件下,寄主植物也可表现出相同症状,这给病毒的鉴定造成一定困难。因此,利用更先进的电镜法,酶联免疫吸附法(ELISA)和分子生物学技术可更准确地进行鉴定。

6)脱毒组培苗的移栽

大蒜脱毒组培苗移栽较难,经过多次试验,分析了其生长特点和必需条件,发现在移栽前打开瓶塞,加入一定量自来水,让组培苗充分吸收水分,炼苗 1 d 后,直接移栽,栽后浇足水,成活率达 90% 以上。

11.3.2 生产用种的繁殖

1)实验室组培快繁

采用脱毒苗的鳞茎盘、茎尖等组织和器官作为外植体,接种于 MS + NAA 0.1 ～0.3 mg/L +

6-BA 0.1~3 mg/L 培养基上,在培养温度(23±2)℃、光照强度1 000~3 000 lx、光照时间14~16 h/d、相对湿度50%~60%、自然通风的条件下,培养4~6周可获得芽簇块,切割后可继续继代培养。增殖2~3代后,将幼芽转接到生根培养基上,生根后经过炼苗就可移栽入温室、大棚或网室中。

2)网室繁殖脱毒苗

将脱毒组培苗移栽到80~100目尼龙网的网室内,定期进行检测,发现病株及早拔除,用塑料袋封装,深埋于土中,最后用酒精擦洗手及工具。抽薹时,在网室内选择健壮无病的植株作为种蒜,收获后单独贮藏。

任务 11.4　生姜组培脱毒技术

生姜是姜科多年生单子叶草本辛辣类蔬菜作物,在亚热带、热带地区广泛栽培。由于其营养丰富,药用效果好,已成为重要的调味蔬菜和医药、化工及食品工业原料;加上其经济价值高,耐贮运,近年来一直受到外商的青睐,出口量呈逐年增加趋势,成为我国主要的特产创汇蔬菜之一。

由于生姜不开花或很少开花,长期靠无性繁殖,使病毒在植株体内积累,最终导致品质退化,抗逆性减弱,产量降低30%~50%。此外,生姜种质资源也主要靠种姜在田间种植来进行繁殖和保存,这样不仅繁殖系数低、费用高,也容易导致资源丢失。通过植物组织培养技术,可以生产优质生姜脱毒苗,而采用生姜组培苗替代姜块不仅能够节省种姜用量,而且还可以克服生姜种质资源因自然灾害和病虫害所导致的丢失。目前,在我国许多地区都建立了生姜无病毒繁殖体系,并逐渐走向市场化。

11.4.1　生姜脱毒技术

生姜主要的病毒有烟草花叶病毒(TMV)和黄瓜花叶病毒(CMV)。目前,常用且有效的脱毒技术是热处理结合茎尖培养脱毒技术,下面做简单介绍。

1)外植体的选择及处理

生姜组培脱毒技术中,茎尖分生组织被选为唯一的外植体。选择优良姜块,种在装有消毒基质的花盆中,在20~25℃下培养,当芽长到1~2 cm时,切下长约1 cm的茎尖作为外植体。

2)热处理脱毒技术

高山林等采用改良热处理法,脱毒效果比传统热处理法更好,且操作更简便。具体做法是将切下的姜芽洗净后,在50℃下处理5 min,然后在无菌条件下取分生组织进行培养。

3)茎尖培养

将热处理过的芽体洗干净后,在自来水下冲洗30 min,在超净工作台上用75%酒精消毒30 s,再用0.1%升汞浸泡10~20 min,无菌水洗涤5~6次,无菌吸水纸吸干外植体表面水分后再切取茎尖接种。也有研究者在培养基内加入抗生素,如青霉素、卡那霉素等,也可降低污染率。

经过表面消毒的芽,在解剖镜下切取分生组织尖端 0.2~0.3 mm 的生长点,迅速接种到诱导培养基上,培养基采用 MS + 6-BA 2 mg/L + IAA 0.2 mg/L,在 25 ℃下暗培养。待长出愈伤组织后,转接到分化培养基上,培养基为 MS + 6-BA 1 mg/L + IAA 0.1 mg/L,在光下培养。当有绿苗长出后,将小苗转接到 1/2 B_5 + IAA 0.2 mg/L 培养基中进行生根培养,20 d后当根长至 2~5 cm 时,就可炼苗移栽。

此外,李红梅等在生姜快繁时,采用了液体浅层静止培养,发现试管苗增殖速度显著提高,增殖系数比固体培养提高了31%,且根系发达,有利于试管苗的移栽成活。

11.4.2 脱毒效果鉴定

生姜的主要危害病毒是烟草花叶病毒和黄瓜花叶病毒,主要表现为叶片出现系统花叶、褪绿和皱缩等症状,可目测到出现这些症状的植株直接淘汰。

此外,也可利用指示植物法,酶联免疫吸附法,电镜法等进行病毒检测。常用的指示植物有心叶烟草、曼陀罗、苋色藜、昆诺藜等。

11.4.3 组培脱毒姜的种代划分

脱毒姜划分为3代:1代脱毒种为原原种,在网室条件下用组培苗生产的姜种;2代脱毒种为原种,即用原原种在隔离条件下生产的姜种;3代脱毒种为生产用种,就是用原种在隔离条件下生产的姜种。第3代脱毒种可在生产中推广,有效期为3年,3年后需要更换一次生产用种。

为了保证生产用种无病无毒,质量过关,原种圃和生产种繁育基地必须满足下列要求:

①选择凉爽地区繁种,地处海拔850 m的山地,夏季凉爽,土壤不积水,通透性好,病毒不易发生和传播。

②严格管理措施,基肥使用发酵的羊粪和豆饼,追肥使用豆饼和化肥,用无污染水浇灌,及时喷洒农药防治害虫。

③原种种植密度为大姜 111 000 株/hm²,小姜 123 000 株/hm²。

脱去病毒的生姜苗生长快,长势旺,抗病,耐高温,抗寒及抗其他逆境能力强;生姜色泽鲜黄,均匀整齐,辣味浓,品质好;产量高,在生产上去病毒苗比原品种增产50%以上,一般亩产量可达 5 000 kg。

任务 11.5 甘薯组培脱毒技术

甘薯是旋花科甘薯属的一年生植物,原产于美洲热带地区,16世纪中后期引入中国,是我国四大主要粮食作物之一,也是饲料和轻工业的重要原料。我国近年来甘薯种植面积达 1 亿亩,占世界的 80% 以上,成为最大的甘薯生产国。

甘薯是一种杂种优势作物,通常采用营养繁殖,这导致了其病毒蔓延,致使产量和质量降低。病毒病是使甘薯品种退化的主要原因,也是我国甘薯生产的最大障碍之一,每年造成的损失达 50 亿元以上。利用茎尖组织培养获得的脱毒苗可大幅度提高甘薯的产量和品质,现已在生产上广泛应用。

11.5.1 危害甘薯的主要病毒及脱毒苗生产流程

1991 年 Eusign 首先报道了甘薯病毒病,其后许多国家也报道了甘薯病毒病的危害情况。侵染甘薯的病毒有十多种,常见的有甘薯羽状斑驳病毒(SPDMV)、甘薯潜隐病毒(SPLV)、甘薯花椰菜花叶病毒(SPCLV)、甘薯脉花叶病毒(SPVMV)等。甘薯病毒往往呈复合侵染,感病植株表现出叶皱缩,卷曲,花叶,黄化,有斑点,地上部长势弱,结薯少,薯块小,皮色淡,表皮粗糙,品质和产量严重下降。

我国在 20 世纪 70 年代开始研究利用甘薯茎尖组织培养获得脱毒苗,目前脱毒技术和病毒检测方法均较为成熟,已进入推广应用阶段。甘薯脱毒苗生产流程见图 11.3。

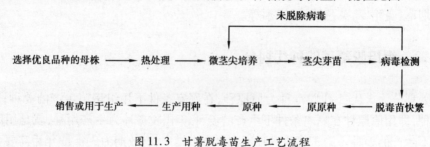

图 11.3 甘薯脱毒苗生产工艺流程

11.5.2 脱毒技术

1)外植体的选择及处理

选择生长健壮、适宜当地栽培的优良品种的植株作为母株,也可将薯块种植在装有无菌土的花盆中,定期喷洒内吸杀菌剂,如 0.1% 多菌灵和 0.1% 农用链霉素混合液,浇水时要注意不能浇在叶片上,待枝条长出后作为母体材料。剪取母株上健壮的枝条,去掉叶片后,剪成带有 2~3 个芽的小茎段。

将小茎段用洗涤剂清洗干净后,在自来水下流水冲洗 20~30 min,在无菌条件下,用75% 酒精浸泡 30 s,5% 漂白粉溶液浸泡 15~20 min 或 0.1% 升汞消毒 10 min,最后用无菌水冲洗 4~5 次后待用。

2)微茎尖剥离

把消毒好的茎段切割成单芽茎段,放在解剖镜下,用解剖针和镊子剥去顶芽和腋芽上较大的幼叶,切取 0.3~0.5 mm 带 1~2 个叶原基的茎尖组织,接种在培养基上。

3)微茎尖培养

将微茎尖接种在培养基 MS + 6-BA 0.1~0.2 mg/L + IAA 0.1~0.2 mg/L + GA$_3$ 0.05

mg/L,培养温度25 ~ 30 ℃,光照强度1 500 ~ 3 000 lx,光照时间14 h/d 的条件下培养。10 d后茎尖膨大并转绿,20 d后微茎尖会长成2 ~ 3 mm 的小芽点,并在茎基部出现愈伤组织,但需要控制愈伤组织的生长,否则会阻碍成苗。继续培养一段时间后,当小芽长成3 ~ 6 cm的小苗时,就可采集样品进行脱毒效果鉴定。

4)脱毒效果鉴定

微茎尖培养产生的试管苗,经严格检测后,才能确认为脱毒苗。同一株号的试管苗可分成3部分:第1部分保存;第2部分直接用于病毒鉴定;第3部分移栽入防虫网室内的无菌基质中培养。

鉴定方法可采用指示植物法、电镜法、血清学检测法等。常用的指示植物有巴西牵牛、苋色藜和昆诺藜等。若将组培苗移栽长大后,也可根据植株的叶片特征,薯块特征等来目测是否带有病毒。

11.5.3 脱毒苗的繁育

1)实验室快繁

通过鉴定确认无病毒的组培苗,将其切割为带有1 ~ 2 个芽的小茎段,接种在MS 培养基上,进行增殖培养,培养条件与微茎尖培养相同。一般接种后2 ~ 3 d,在切段的基部就会产生不定根,30 d 左右长成具有6 ~ 8 片展开叶的小苗。

一般30 ~ 40 d可繁殖1次试管脱毒苗,1个腋芽可长出5 片以上的叶,繁殖系数约为5。为降低组织培养的成本,可用食用白糖代替蔗糖,使用1/2 MS 或1/4 MS 的大量元素,尽可能利用自然光照培养,也可用自来水代替蒸馏水或去离子水。

2)脱毒组培苗的大规模移栽技术及管理方法

实验室中甘薯脱毒组培苗繁殖到一定数量后,即可进行驯化移栽,使其在自然条件下生长。要提高无病毒植株移栽成活率,应注意以下几个环节:

(1)培育壮苗

移栽成活率和苗的健壮程度有重要关系。培育壮苗可以通过降低培养湿度、增强光照而达到。当株高为3 ~ 5 cm 时移栽为宜,若苗过于细长,则难以移栽成活。

(2)适当炼苗

移栽前,将瓶塞打开,置于室温和自然光照下锻炼2 ~ 3 d,使幼苗逐渐适应外界环境条件。

(3)细心移栽

试管苗虽然在瓶内已形成大量根系,但根系较弱。可在移栽时倒入一定量的清水,振摇后松动培养基,小心取出幼苗,洗去根部的培养基以防杂菌滋生,再移至灭菌的蛭石或沙性土壤中。脱毒苗应在严格防虫的网室内移栽,待苗生根、长出新叶后,再移栽于土壤中,有利于苗的快速生长。

(4)环境条件及病虫害管理

基质湿度是根系成活的关键,但不宜过湿,应维持良好的通气条件以促使根的生长。空气也应保持湿润,移栽初期可用塑料薄膜覆盖。温度以25 ~ 30 ℃为宜,并注意遮阴,避

免日晒。脱毒苗繁育虽在防虫网内进行,但有时会因封闭不严或网室内自生性出蚜,而导致网内有蚜虫等发生,或者出现地下害虫危害。因此,应定期喷洒药物,防除病虫害。

（5）适时定植

苗床或营养钵中的基质一般营养物质较少,因此当薯苗成活后应及时定植于防虫网内已消毒的土壤中促使其生长。采取剪秧扦插,以苗繁苗的方式,可在短期内得到数量巨大的脱毒苗。在北方,为克服冬、春季温度过低的影响,可建立防虫温室,并辅以取暖升温措施,保证脱毒苗可周年繁育。依此法繁育的薯苗在防虫网内所结薯块,即为原原种薯。

11.5.4 种薯繁殖

1）脱毒甘薯的种代划分

（1）原原种

用脱毒组培苗栽植在40目的防虫网室内,当年收获的种薯。

（2）原种

用原原种薯块育苗,建立采种圃,从采种圃采苗后夏季扦插,秋季收获的种薯。

（3）生产用种

春季用原种薯块建立采种圃,秋季收获的薯块,一般可使用12年。

2）脱毒种薯田的要求

生产用地选择土壤疏松、排水良好、肥力中等的沙壤土地块。生产用种、原种和原原种地块面积比例一般为4 000：100：1。原原种必须选择3年内没有种植过甘薯的地块,有40目的防虫网室进行隔离。原种选择3年内没有种植过甘薯的地块,周围500 m以内不能种植未脱毒甘薯和与甘薯同期发生蚜虫的作物。生产用种选择前茬没有种过甘薯的地块,设置200 m以上的隔离带。

11.5.5 脱毒甘薯大田检测及延迟退化的措施

脱毒组培苗种植到田间后,还有可能被病毒重新感染,可根据植株生长期间叶片、薯块的特征来判断是否又感染病毒。另外,据长田报道,微茎尖培养苗的更新以栽植3次为好,隔离带在100～400 m,在网室内或山间地进行栽培,田地周围可栽植山鸢尾作为指示植物。

与普通栽培的甘薯相比,脱毒苗在生产上的表现主要有以下特点:

①萌芽性好,出苗早,产苗量多,质量好。

②地上部营养生长旺盛,结薯早。

③薯块产量高,质量好。

④对常见薯病有较高的抗性。

⑤具有一定的增产稳定性,增产幅度可达20%～40%或更高。

甘薯是高繁殖系数的作物,采取有力措施,加快脱毒薯推广种植,将会取得显著的经济效益和社会效益。

复习思考题

1. 影响马铃薯茎尖培养成活和脱毒效果的因素有哪些?
2. 什么是马铃薯的微型薯? 微型薯有何特点?
3. 简述结球甘蓝组织培养时外植体处理的方法。
4. 大蒜组织培养脱毒的方法有哪些?
5. 简述甘薯脱毒苗移栽技术及管理方法。

项目12 观赏园艺组织培养技术

 学习目标

1. 掌握观赏园艺组织培养中外植体的选择与消毒处理;
2. 能根据不同的阶段选择适宜的培养基;
3. 了解试管苗的炼苗移栽过程。

重点

外植体的合理选择与消毒;试管苗的培养和炼苗移栽。

难点

外植体的消毒;试管苗的移栽。

　　观赏园艺植物是现代社会人居住环境及日常生活中不可缺少的组成部分,随着社会经济的发展,其作用越来越重要。植物组织培养诞生以来,最先应用于观赏园艺植物种苗的繁殖生产。1960年法国 Morel 将植物组培技术应用于兰花的快速繁殖,至今有关观赏植物组培方面的研究报告很多。在本项目中,仅选择月季、菊花、矮牵牛、百合、新几内亚凤仙、郁金香、蝴蝶兰、非洲菊等几种具有代表性的观赏园艺植物的组培技术进行介绍。

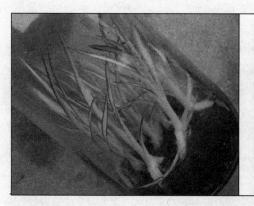

任务 12.1 月季组培快繁技术

月季为蔷薇科蔷薇属多年生木本植物,每年多次开花。其花色绚丽多彩、花型丰富、花姿优美、香气各异,且花期长、适应性广、易栽培。月季传统繁殖方法主要是扦插,但一些名贵品种扦插不易生根,一些新培育和引进的优良品种,由于数量极少,短期内难以推广,繁殖速度受到很大限制。组织培养技术为月季的快速繁殖提供了一条有效途径。

12.1.1 外植体的选择及消毒

月季的组织培养以带芽茎段作为外植体效果较好,首先从田间或盆栽的优良品种植株上,选取生长健壮的当年生枝条,用饱满而未萌发的侧芽作为外植体,以枝条中部的侧芽为好。取回枝条后切去叶片,再剥除茎上的叶柄及皮刺,先用毛刷蘸洗衣粉水仔细清洗,再用自来水冲洗干净,吸水纸擦干,用利刀切成 2～3 cm 小段,每段至少带 1 个侧芽。然后在超净工作台上用 75% 酒精表面消毒 30～40 s,再用 0.1% $HgCl_2$ 溶液灭菌 5～10 min,最后用无菌水冲洗 3～5 次,备用。

12.1.2 试管苗的培养

(1)初代培养

用于月季的基本培养基种类很多,如 MS、B_5、N_6、WPM 等,其中以 MS 效果最好,现已广泛用于月季的快繁中。最适于诱导侧芽萌发的培养基为 MS +6-BA 0.5～2 mg/L + NAA 0.01～1 mg/L。培养温度(21±1)℃最好,最高不超过 25 ℃,光照时间 10～12 h/d,光照强度 800～1 200 lx。

(2)继代增殖

将上述无菌芽从原茎段上切下,转接到 MS +6-BA 1～2 mg/L + IAA 0.1～0.3 mg/L 或 MS +6-BA 1～2 mg/L + NAA 0.01～0.1 mg/L 的培养基上,促使嫩茎长出更多的侧芽,原茎段弃去。继代增殖培养基的蔗糖用量为 30 g/L。每 5～6 周做 1 次继代增殖,继代前先制备好培养基,然后在无菌条件下,将月季嫩茎切成 1～2 节小段,投入新鲜的增殖培养基上,月季小苗按几何级数增殖。较大的苗可转入到生根培养基上,诱导生根。

(3)生根培养

月季嫩芽生长到一定长度时,切割下来,转入生根培养基中。切下的嫩芽长度以 2～3 cm 为宜,让幼苗基部伤口愈合。长出根原基后,幼根尚未长出,即可出瓶移栽。这种方法不会损伤根系,移栽速度快,成活率高。诱导幼苗生根的培养基为 1/2 MS + NAA 0.5 mg/L。

12.1.3　炼苗移栽

小苗接种到生根培养基上,14 d可见基部分化出根点,20 d则长出许多白根。移栽前将长好根的瓶苗打开瓶盖,室内炼苗3~4 d。幼苗出瓶后,先洗去黏附在根部的琼脂培养基,再种植到粗沙:园土=1:3的基质中,总的原则是疏松透气,有一定的保水、保肥能力。种植密度为株行距(2~3) cm×(4~6) cm,移栽完毕浇透水,并用0.1%百菌清或多菌灵或甲基托布津等喷雾保苗,能显著提高成活率。

移栽后需保持相对湿度在85%以上,在温室、拱棚中移栽,覆好遮荫网,一般成活率都比较高,并注意通风和温度控制。4~6周后,须做好第二次移植,通常植入5 cm×9 cm的塑料杯中,每杯种1苗,再经4~6周,地上、地下部分都充分生长,有些植株还能开花,此时即可出售,或上盆种植,利于观赏。

任务12.2　菊花组培脱毒技术

菊花是菊科菊属多年生宿根草本花卉,原产于我国。其花色繁多,品种丰富,具有很高的观赏价值,是目前世界四大鲜切花之一。菊花的繁殖可以用播种法、扦插法、分株法、组织培养法,其中在种苗生产上应用最广泛的是扦插和组织培养。由于菊花的病毒病种类比较多,且危害也较为严重,使用扦插繁殖苗容易引起病毒病的扩张和蔓延,因此,茎尖脱毒培养和组培快繁生产母株,再生产扦插苗的技术,对于优良品种的脱毒和复壮有重要意义。此外,组培技术在新育成品种的快速繁殖上,应用也十分广泛。

12.2.1　脱毒技术

菊花多采用营养繁殖,因此,植株体内的病毒代代相传,在母体中逐代积累,影响植株的生长势、花形、花色、花的大小和产量。危害菊花的病毒主要有:

①菊花斑纹病毒,造成叶和花瓣上有轻斑纹,叶脉透明。

②菊花矮缩类病毒,受害植株比正常植株矮1/2~2/3,叶有黄色斑点或成带状,花小,开花早。

③菊花轻斑驳病毒,叶有轻微斑纹,花褪色,也有斑。

④蕃茄不孕病毒,叶片大多无病症,花形小,花瓣生长不整齐,有萎蔫现象。此外,还有畸花病毒、绿花病毒、褪绿斑驳病毒、花叶病毒等。

常用的脱毒方法有茎尖培养脱毒和热处理脱毒。

(1)茎尖培养脱毒

切取顶芽或腋芽3~5 cm,去掉展开的叶,仅保留护芽的嫩叶;先用自来水冲洗,洗衣粉水刷洗,再用自来水洗;在超净工作台上,用0.1% HgCl₂或饱和漂白粉上清液对材料进行表面灭菌,再用无菌水清洗3~5次;在双筒解剖镜下剥离生长点,分离到0.5 mm以下,一般带 2 个叶原基。分离出的茎尖,生长点朝上,迅速接种或放置在灭菌水表面,以防茎尖脱水。

（2）热处理脱毒

在 35～36 ℃的条件下栽培 2 个月,即可达到脱毒效果。但热处理只能除去菊花矮缩类病毒和不孕病毒,而不能除去菊花轻斑驳病毒和褪色斑驳病毒,后者只能通过茎尖培养的途径来达到脱毒目的。

（3）病毒检测技术

通过热处理或茎尖培养获得的组培苗是否脱毒,还需要作病毒检测,菊花的病毒检测可用指示植物鉴定法、抗血清鉴定法、电镜检测法等。若检测出仍有病毒存在,应立即淘汰该植株。只要取得一株未检测出病毒的脱毒苗即可繁殖大量的无病毒种苗。这样经严格鉴定的脱毒苗称为原原种,原原种应保存在试管里或设有隔离条件与消毒制度的保护区域里栽培,以防止再度遭到病毒的侵染。由原原种繁殖产生的植株称为原种,在生产条件下主要栽培原种或由原种扦插繁殖的一级种,可在生产中利用 2～3 年。

12.2.2 快繁技术

1）外植体的选择与消毒

（1）花瓣

取菊花开花前 2～3 d 已露白的花蕾,整个剪下,在自来水下冲洗 15 min,然后在无菌条件下,用 75% 酒精浸泡 15 s,无菌水清洗 2 次后,用 2% 次氯酸钠浸泡 10 min,再用无菌水洗 3～4 次。将花蕾置于灭过菌的培养皿上,切割成 0.5 cm×0.5 cm 小块。

（2）茎段

在 5～8 月,选取无病虫害,粗壮的茎段,要求叶密茎粗,以利于将来迅速分化。先用低浓度的洗衣粉水刷洗嫩茎,再用自来水冲洗 10 min,在无菌条件下,用 75% 酒精浸泡 30 s,再用 0.1% $HgCl_2$ 溶液消毒 6 min,无菌水冲洗 5～6 次,置于培养皿中剪成 1～2 cm 带 1～2 个腋芽的茎段,分别接种于培养基中。

（3）叶片

选取新鲜幼嫩的叶片,用自来水冲洗 2～3 h,75% 酒精消毒 30 s,用无菌水冲洗后再用 0.1% $HgCl_2$ 消毒 5～7 min,无菌水冲洗 4～5 次,将叶片切成 0.5 cm×0.5 cm 小块,每瓶接种 3～4 块,在 25 ℃培养室中,散射光条件下培养 25 d。

2）试管苗的培养

（1）初代培养

菊花花瓣和叶片初代培养以诱导产生愈伤组织为目的,诱导愈伤组织的培养基分别为:MS + 6-BA 1 mg/L + NAA 0.2 mg/L 和 MS + 6-BA 1 mg/L + NAA 0.3 mg/L。花瓣培养 10 d 左右,开始产生愈伤组织,成一圆块状,色淡黄至嫩绿。分化培养基在原来诱导培养基的基础上,适当降低其中的生长素浓度或提高细胞分裂素的浓度,配制好分化培养基后,将愈伤组织切成约 5 mm 大小接入,经过 20～30 d 培养,可分化出小植株。用茎段可直接诱导出不定芽或侧芽,经切段可以不断增殖,诱导培养基为:MS + 6-BA 0.2 mg/L。培养条件

为:光照强度 2 500 ~3 000 lx,光照时间 12 h/d,空气湿度 65% ~80%。

（2）增殖培养

将不定芽剪切接种到 MS +6-BA 1 mg/L + IBA 0.5 mg/L + TDZ 0.01 mg/L 增殖培养基上,培养 30 d 后可长成具有明显茎叶结构的新梢,以后可以采用丛生芽方式进行扩大繁殖,增殖倍数可达 3.5。

（3）生根培养

当增殖试管苗长到 3 ~5 cm 时,选取健壮的无根小苗切割后移至生根培养基上,生根培养基大多为 1/2 MS,不加激素或加少量生长素(IBA 或 NAA 0 ~0.1 mg/L)就可生根,经过 2 周培养后,可产生数条根系,如果在生根培养基中添加少量活性炭(0.5%),则生根效果更佳。

3)炼苗移栽

当试管苗长出 3 ~4 条根时,即可在温室内炼苗。前 1 ~2 d 仅松开捆扎封口膜的绳子,敞开一个小口,然后才全部揭去封口膜,经过 3 ~5 d,将有根的植株从瓶中用镊子轻轻夹出,洗净根部黏附的琼脂,栽入珍珠岩基质中。移栽前期空气湿度保持在 75% ~85%,遮光率为 40%,环境温度控制在 20 ~26 ℃,就可使试管苗在 20 d 左右移栽成活,并长出新根新叶。经 1 ~2 个月的管理,便可定植于富含腐殖质,经过灭菌处理的砂质壤土中。

菊花喜欢微潮偏干的土壤环境,在定植时不必施用基肥,随着小苗对外界环境的适应,可每隔 1 ~2 周追施稀液体肥料一次。由于菊花有忌高温、喜凉爽的习性,试管苗定植后,不可接受过强的日光照射,应采用先遮荫再逐渐增加光照的管理方法。

任务 12.3 矮牵牛组培快繁技术

矮牵牛为茄科矮牵牛属,是原产于南美的多年生草本花卉,通常为一、二年生栽培。矮牵牛栽培品种多,花形花色多姿多彩,花期从早春至初夏,成为园林绿化中常用的花坛花卉。矮牵牛一般采用种子繁殖,多从国外进口的杂交种,其后代性状易分离退化。现今,组织培养技术已广泛用于矮牵牛的快速繁殖,为满足市场需求及保持品种优良性状提供了一条新途径。

12.3.1 外植体的选择及消毒

（1）茎尖和茎段

选取生长正常、无病虫害的健壮矮牵牛植株作为母株,用解剖刀切成 2 cm 左右的茎段。将外植体用软毛刷刷洗并用自来水冲洗后,于超净工作台上进行表面消毒,先用 75% 酒精消毒 30 s,再投入 0.1% HgCl$_2$ 溶液中浸泡 7 min,无菌水冲洗 3 ~5 次,置于装有无菌滤纸的培养皿内,用消毒滤纸吸干表面水分,无菌条件下切取茎尖 0.5 cm 或茎段 1 cm 接种到相应的培养基上。

（2）花蕾

从盆栽矮牵牛植株上摘取花蕾，先用洗衣粉水冲洗干净，然后在超净工作台上用漂白粉溶液杀菌 15 min，再用 0.1% $HgCl_2$ 浸泡 10 min，无菌水冲洗 3～5 次。取子房、花托、花丝、花药、雌蕊，接种到培养基上，诱导愈伤组织。

12.3.2　试管苗的培养

（1）初代培养

将矮牵牛花蕾接种到愈伤组织诱导培养基 MS +6-BA 2 mg/L + NAA 0.1 mg/L 中，20 d 左右基部膨大，40 d 左右形成愈伤组织。用茎尖或茎段培养可以直接诱导出不定芽，经切段可以不断增殖。

将茎段接种在 MS +6-BA 1 mol/L + NAA 0.1 mol/L 诱导培养基上，7～10 d 后开始肿胀、膨大，25～30 d 逐渐开始有芽的分化，以后芽逐渐增多，进而形成丛芽、丛苗。将茎尖接种在相应的增殖培养基上，1 周后开始萌动，茎尖开始膨大，逐渐分化出 3～4 个小芽。

（2）继代培养

将初代培养中产生的愈伤组织切下，接种到继代培养基 MS +6-BA 1 mg/L + NAA 0.05 mg/L 中，培养 15 d 后从愈伤组织上分化出大量不定芽。将不定芽剪切接种在增殖培养基 MS +6-BA 2 mg/L + NAA 0.1 mg/L 上，培养 1 个月后可以形成具有明显茎叶结构的新梢。然后即可采用丛生芽方式进行扩大繁殖。

（3）生根培养

将增殖形成的长 2 cm 左右的健壮小苗移至生根培养基 1/2 MS + NAA 0.05 mg/L 上，4～5 d 后根从小苗基部分化出来，生根率均在 95% 以上，10 d 左右根多至 10 条以上，长度为 1～2 cm，白色，粗壮，苗高 3.5 cm 左右，颜色浓绿，粗壮，长势良好，可用于移栽。

12.3.3　炼苗移栽

将生根试管苗培养瓶的瓶口打开进行炼苗，3 d 后把试管苗取出，用自来水洗去根上附着的培养基，用 500 倍甲基托布津浸泡根部数秒后，移栽到珍珠岩：红土：腐殖质 =1:1:1 的基质中，移栽初期应适当遮荫，后期逐渐加强光照直至全光照，当苗长至 10 cm 高时，可移到同样基质的花盆或吊盆中，生长期进行适当整形后，3～4 个月即可开花出售。

任务 12.4　仙客来组培快繁技术

仙客来别名兔耳花、一品冠、萝卜海棠等，属报春花科仙客来属多年生球根草本花卉，原产于南欧，是世界著名的盆栽观赏花卉。仙客来的花期很长，从秋季一直延续到第二年春，因而成为圣诞节、元旦以及春节等喜庆节日重要的礼仪用花。常规情况下仙客来多采用分块茎或播种繁殖，但这种方式繁殖系数小，且极易发生变异和退化，难以保持原有的性

状和杂种优势。因此,采用组织培养加速仙客来的快速繁殖具有良好的应用前景和实践价值。

12.4.1 外植体的选择与消毒

(1)嫩叶

选择长势良好、健壮无病植株的嫩叶,用毛笔蘸干净后,放入玻璃瓶内用纱布包扎瓶口,放在流动的自来水下冲洗 10 min 后,移入超净工作台或无菌箱内,用无菌水冲洗叶片 2~3 次,再用 75% 酒精处理 30 s,然后用 0.1% $HgCl_2$ 灭菌 7 min,用无菌水冲洗 5 次,每次不少于 3 min,用无菌滤纸吸干水分后,备用。

(2)种子

采用种子播种,获得试管苗后,切取叶片或小块茎进行接种,这样外植体污染少,易于成功。种子经 75% 酒精处理 0.5~1 min,无菌水冲洗 2~3 次,0.1% $HgCl_2$ 处理 1 min,无菌水清洗 3~5 次,每次持续时间约 1 min。

12.4.2 试管苗的培养

(1)初代培养

将嫩叶切成 5 mm×5 mm 小块接种于诱导愈伤组织的培养基 MS + 6-BA 0.2 mg/L + NAA 2 mg/L 上,经 6~8 周培养后可产生愈伤组织。培养条件为温度 20~25 ℃,光照时间 14 h/d,光照强度 1 500~3 000 lx。将无菌种子接种在 MS 培养基上,每试管放 1~2 粒种子,培养温度 20 ℃,初期暗培养,而后光照时间为 14 h/d,当小苗展开 3 片小叶时,即获得供试验用的无菌苗。对无菌苗作以下处理:去掉叶片边缘,沿叶片中脉切成 5 mm×5 mm 的正方形切片,叶柄切成 6 mm 长,块茎切成 5 mm×4 mm 的小块,接种到芽诱导培养基 MS + 6-BA 1.5 mg/L + NAA 1 mg/L 上。

(2)继代培养

将嫩叶诱导出的愈伤组织,在原培养基上继代培养两次,每次 6~8 周,愈伤组织才分化成苗。由无菌苗作为外植体诱导的不定芽,经初代培养 6~8 周后,可将不定芽分切开,转接到增殖培养基 MS + NAA 0.1 mg/L + 6-BA 2 mg/L 上。

(3)生根培养

将仙客来的不定芽切开,单独的球体选出,接种到 MS + IBA 0.1~0.2 mg/L 上,20 d 后可在苗的基部形成幼根,再经过 30 d 后,根长 2~8 cm,根数 1~12 条。球茎愈伤组织生长缓慢,不宜生根。

12.4.3 炼苗移栽

当试管苗长至高约 3 cm,带有 3~4 条 2 cm 左右长的新根时,即可进行移栽。移栽时一定要注意用镊子轻轻夹取幼苗,因为仙客来组培苗很脆弱,易受伤。试管苗出瓶后一定要清洗干净,再进行移栽。初期移栽到经 1 000 倍高锰酸钾溶液浸泡过的蛭石上,迅速盖上塑料布保湿,空气湿度保持在80%~90%,经1个月后移栽成活率约为80%以上。1个月后,栽植于经灭菌处理的由腐叶土∶细沙-1∶3的混合基质中,移栽前期要将空气湿度保持在70%~80%,遮光率60%~70%,环境温度控制在18~20℃,经过1~2个月的管理,最后即可定植于富含腐殖质的砂质土壤中。

任务12.5　百合组培快繁技术

百合为百合科百合属多年生球根花卉,是目前世界最受欢迎的高档切花之一。除观赏外,还具有丰富的营养价值和重要的药用价值。近年来,随着百合在国内外鲜切花市场的走俏,其种球和鲜切花生产逐年增加。由于百合易受病毒病侵染,种球不能连年使用,每年不得不花大量外汇从荷兰等国进口。因此,培育高品质种球,尽早实现百合种球国产化是广大花卉工作者的夙愿。目前在中国百合种球生产上,主要依靠鳞片扦插,子球培育成母球的方法,但该方法病毒感染率高,种球品质退化快,不能重复使用。用组织培养的方法繁育种球不但繁殖系数高、速度快、周期短、遗传性状一致,而且还可以脱除病菌、病毒,提高种球质量。定植试管苗可使植株产量及繁殖能力大幅度提高。

12.5.1　外植体的选择及消毒

(1)鳞片

洗去百合鳞茎表面泥土,剥取中层无病斑、健壮的鳞片,洗净后用多菌灵浸泡3 h,流水冲洗过夜。在超净工作台上用75%酒精浸泡30 s,然后用2%次氯酸钠溶液消毒15 min,再用无菌水漂洗3~5次,每次漂洗时振荡1 min,并用无菌滤纸吸干表面水分,备用。

(2)茎段

初夏将新抽出的嫩枝剪下,切去叶片,用自来水冲洗干净,在无菌条件下先用75%酒精浸泡30 s,然后放入饱和漂白粉上清液中消毒10~15 min,无菌水冲洗3~4次,备用。

12.5.2　试管苗的培养

1)诱导分化途径

(1)愈伤组织的诱导

将消毒后的鳞片切成1 cm×1 cm的小块接种于MS培养基上,培养2个月后形成直径0.5 cm左右的小鳞茎,将其切下移至MS培养基上,形成无菌组培苗备用。将组培苗叶片切成2 cm×0.5 cm的小段,分别取叶片的正反面随机接种于MS+2,4-D 1mg/L+6-BA 0.1 mg/L培养基上暗培养,诱导胚性愈伤组织。培养10 d后,叶片开始膨大、变硬,40 d后首先从切口处形成淡黄色、疏松、颗粒状的愈伤组织,而后逐渐扩大。

(2)不定芽的分化

将胚性愈伤组织转入不定芽分化培养基上,置于光下培养,7 d后愈伤组织由浅黄色变

为绿色,15 d 芽开始萌发,20 d 进入生长高峰期。不加任何外源激素时,愈伤组织虽然也可以分化成不定芽,但分化率低且芽的生长缓慢。不定芽分化的最佳培养基为 MS + NAA 0.1 mg/L,不定芽分化率达 81.48%。

（3）生根培养

将长 2~3 cm 的无根苗切下,除去上面附着的愈伤组织,接种到 1/2 MS + IBA 0.2~0.5 mg/L 的生根培养基中,10~15 d 即可诱导出粗壮的根系,待根长到 1~2 cm,打开瓶盖,置于室温下炼苗 2~3 d。取出小苗,洗去根部的培养基,移栽入腐殖土∶沙土=1∶1 的基质中,保持温度 15~25 ℃,湿度 70% 以上,自然光照 50%,成活率达 90% 以上。

2)百合组培快繁实例

（1）鳞茎球外植体的灭菌

将白色西伯利亚百合鳞茎球,先经自来水冲洗 40 min 后,用毛刷擦去泥土,并冲洗干净,把鳞茎球中的鳞片叶剥去,剔出病残者,挑选靠近鳞茎盘基部的幼嫩鳞片叶,用刀修整,剔除菌斑及瑕疵,放入培养皿中待用。在超净工作台上,用 75% 酒精浸泡 30 s,无菌水漂洗后再放入 0.1% $HgCl_2$ 中浸泡 8~10 min,无菌水漂洗 5 次后,放入无菌的培养皿中用灭菌的滤纸吸干水分,切成 4 mm×4 mm 的小块作为外植体,备用。

（2）培养条件

包括基本培养基附加不同激素组合,具体各阶段培养基如下:基本培养基选用 MS 或 1/2 MS,加入琼脂 0.55%、蔗糖 3%,pH 5.8,培养温度 25~28 ℃,光照强度 2 200~2 500 lx,光照时间 10 h/d。

（3）鳞片愈伤组织的诱导、继代增殖及生根

在超净工作台上,将消毒处理过的外植体小块背面朝下放在诱导培养基 MS + 2,4-D 1.5 mg/L + BA 0.2 mg/L 上,在组培室中暗培养 1 周后进行光照培养,20 d 左右鳞片表面及切口处出现浅绿色突起,1 个半月后在突起中诱导出芽丛,同时基部淡黄绿色的愈伤组织逐渐长大。培养至 2 个半月,愈伤组织中一部分发出芽丛,还有一部分继续增殖长大。培养至 3 个半月时,将长至高 4~5 cm 或以上并生出鳞茎球的小苗移至生根培养基 1/2 MS + NAA 0.2 mg/L 中。其他在诱导培养基中的愈伤组织部分可经切割后移至增殖培养基 MS + 6-BA 0.5 mg/L + NAA 0.2 mg/L 中继续诱导,继代产生大量的愈伤组织和芽丛,继代培养每隔 1 个半月进行 1 次。

（4）练苗及移栽

移入生根培养基中的苗经 1 个半月生长后长出大量根系,并且苗基部的鳞茎球发育至直径达 2~3 mm,就可敞开瓶口在培养室中练苗。1 周后,用流水清洗干净根系上的培养基,移入事先喷洒过 0.2% 百菌清的基质(沙∶花肥∶椰糠=2∶1∶1)中,放入培养箱中培养,温度 25 ℃,平均光照强度 2 500 lx,每日光照 12 h。每隔 2 d 浇水 1 次,培养 15 d 后再移入花盆或大田中栽培。

任务 12.6　新几内亚凤仙组培快繁技术

新几内亚凤仙为凤仙花科凤仙花属多年生常绿草本花卉,原产于非洲南部和澳洲的新几内亚。其花色鲜艳、叶片亮泽、色彩丰富、花期长,成年植株在适宜条件下可终年开花,是优良的盆栽品种,且较耐阴,适宜居室、办公室、园林及庭院美化等。

新几内亚凤仙为异花授粉植物,因自花多不孕而不能产生种子,要想得到种子,花期需人工授粉。但种子繁殖的后代难以保持原有的优良种性,且对于珍贵的重瓣品种来说,由于雌雄蕊的退化丧失了结实能力,生产上往往扦插繁殖,但需大量母株,故很难在短期内提供大量种苗。近年来,由于生物技术的发展,植物组培技术在花卉苗木的快繁方面显示了巨大的优势,为种苗的快繁开辟了一条新途径。

12.6.1　外植体的选择及消毒

剪取生长健壮的材料,剪前注意控水一周,切取长约 2 cm 细嫩的带腋芽茎段,除去叶片及叶柄,用流水冲洗干净后,先浸泡于 1∶200 倍的新洁尔灭溶液中 10 min,再用 75% 酒精处理 10 s,在无菌条件下用 0.1% $HgCl_2$ 灭菌 5~8 min,无菌水冲洗 5 次,无菌滤纸吸干水分后备用。

12.6.2　试管苗的培养

(1)初代培养

将处理好的外植体接种到诱导培养基 MS + 6-BA 1 mg/L + 琼脂 0.8% + 蔗糖 3% 上,将接种后的外植体放在温度 15~25 ℃,光照强度 2 500~3 000 lx 下,无污染的外植体 1 周左右有小芽生成,1 个月左右可长到 2 cm。

(2)继代培养

将试管中植株转入增殖培养基 MS + 6-BA 0.5 mg/L + NAA 0.1 mg/L + 琼脂 0.8% + 蔗糖 3%,1 个月后将分化成的丛生芽分割或单株切段转接到新鲜增殖培养基中,为了保持一定的繁殖系数,交替使用芽诱导培养基和增殖培养基。增殖周期为 4~6 周,增殖倍数为 4~5 倍,增殖方式为丛生芽分株繁殖或切段腋芽繁殖。

(3)生根培养

将丛生芽在无菌状态下切下,接种于生根培养基 1/2 MS + NAA 0.1 mg/L 上,1 周左右,可在切口部位形成愈伤组织,并产生小突起。2 周左右小突起迅速生长,形成白色辐射根。若培养基或条件不适合,会形成黑色的愈伤组织,影响根的正常生长。

12.6.3 炼苗移栽

将生根的新几内亚凤仙试管苗放置在室外阳光下闭口练苗,1周后打开瓶盖,用镊子夹出生根苗,在多菌灵1 000倍溶液中浸泡20 s,移入用1%高锰酸钾消过毒的蛭石中进行练苗,待苗在基质中长出新根时,转入正常管理。出瓶苗的土壤湿度不能太大,气温以25~26 ℃为宜,注意采用杀菌剂保护,避免幼苗腐烂死亡。幼苗成活后,每半月施腐熟豆饼水肥1次,并逐步加大施肥浓度。春天移栽的试管苗,当年即可长到30 cm以上,在15~25 ℃条件下即可开花。

任务12.7 郁金香组培快繁技术

郁金香又称洋荷花、草麝香,原产于伊朗和土耳其高山地区,是百合科多年生球根草本花卉。鳞茎扁圆锥形,具棕褐色皮膜,叶大部基生,花单生茎顶,花形多样,以杯状为主型演变,是荷兰、土耳其、匈牙利等国的国花。我国过去仅有少量栽培,近年来从荷兰引进了不少品种,丰富了我国的花卉资源。

郁金香以艳丽的花色、端庄的外表、亭亭玉立的花姿博得世人的喜爱,被视为园林露地观赏花卉的首选。但郁金香靠鳞茎自然繁殖,速度慢且受病毒、病害等因素影响,品质退化和死亡现象严重。应用组织培养法繁殖郁金香,除能保持原品种的优良性状外,其繁殖系数比分球繁殖法高20~25倍,且生长速度快,开花期比实生苗提早3~4年。郁金香的组织培养研究,国内外均已有成功的报道,现将基本培养方法介绍如下。

12.7.1 外植体的选择及消毒

郁金香组织培养的研究绝大多数以鳞茎为外植体,其次为叶片和花茎,而以花药、花丝、花瓣和子房等组织较少。

将郁金香的鳞片和茎段分离,挑选无病斑的材料,洗涤剂清洗干净后,用自来水反复冲洗2 h,在超净工作台上用浓度为75%酒精消毒30 s,用浓度0.1 % HgCl₂溶液消毒10 min,最后用无菌水冲洗5~6次,备用。

12.7.2 试管苗的培养

(1)试管苗的发育途径
郁金香组织培养成苗的途径大概可归纳为以下3种:
①以鳞茎、花茎和幼叶为外植体,经诱导脱分化形成愈伤组织,再分化形成芽和根,形成完整小植株,再进行壮苗、炼苗及移栽。
②以幼叶和鳞茎为外植体,直接诱导形成小鳞茎,壮大的小鳞茎同时长叶生根,最后进

210

行炼苗和移栽。

③以鳞茎和花茎等为外植体,诱导形成的小苗直接再诱导分化形成小鳞茎,壮大小鳞茎,从鳞茎上长叶生根,然后再炼苗和移栽。

综合以上途径,其中以第2条最直接,工序最简捷,周期最短,诱导率和成活率最高。有望成为郁金香快速繁殖技术转向生产的重要途径。

（2）初代培养

将消过毒的鳞片横切成上、中、下3部分,约0.8 cm×0.8 cm的方块,茎段切成长约1 cm的小段,接种于芽诱导培养基 MS + 6-BA 1 mg/L + NAA 0.4 mg/L + 琼脂 0.8% ~ 0.9%上,10 d后鳞片开始变绿,20 d后鳞片凹面出现白色突起,30 d后突起形成小芽或根。小芽长大后形成鳞茎,部分小芽基部有白根长出,并具有丰富的根毛。培养条件为光照强度2 000 lx,光照时间 12 h/d,培养温度(24 ±2)℃。

（3）继代培养

将在初代培养基上诱导出来的3~4 cm小芽分别移入增殖培养基 MS +6-BA 0.4 mg/L + NAA 0.2 mg/L 或 MS +6-BA 0.4 mg/L + IAA 0.2 mg/L 中,24 d后芽的基部出现新生小芽,并逐渐形成芽丛。在相同浓度的条件下 IAA 比 NAA 更有利于芽的增殖,较高浓度的 NAA 有利于根的生长,但不利于芽的增殖。

（4）生根培养

将增殖培养基中已经长至5 cm以上的丛生芽切离成单芽后转入根诱导培养基 MS + 6-BA 0.4 mg/L + NAA 0.1 mg/L 或 MS +6-BA 0.4 mg/L + NAA 1 mg/L 中,30 d后即可生根,在生根培养的同时,生根苗基部可新增出带根的小鳞茎,平均芽数达3.3,可一次性成苗,简化培养步骤,降低培养成本。

12.7.3 组培快繁中的影响因素

1）外植体本身的特性

（1）发育时期

愈伤组织的诱导率随花茎发育趋向成熟而下降。在鳞茎未进入活跃生长期时,花茎诱导成苗的能力较高,而鳞茎一旦进入活跃生长期,则花茎诱导成苗的能力几乎完全丧失。

（2）外植体大小

在一定范围内,外植体愈伤组织的诱导能力与受伤面积在总面积中的比例呈正相关。叶片一般被切成8~10 mm边长的方块,鳞片一般8 mm见方,过大或过小都不好。

（3）外植体接种方向

诱导率与伤面接触培养基的程度有关。以鳞片切块为外植体,3个不同方向接种:凸面向上、凸面向下和侧立,其中以凸面向上的接种方向最好,愈伤组织诱导率最高,侧立次之,凸面向下最差。

（4）不同层鳞片

诱导率与外植体的幼嫩程度有关。在3层鳞片中,内层愈伤组织诱导率最高,中层次之,外层最低。

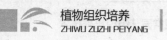

2）活性炭

活性炭通过吸附接种培养基中释放出来的有毒成分而发挥作用,除去存在于琼脂中的毒物或除去由培养材料所产生的芳香性废物,防止褐化。活性炭对诱导郁金香鳞片愈伤组织的形成有促进作用。

3）黑暗处理

郁金香鳞片经过适当的暗处理后,能有效提高愈伤组织的诱导率,但暗处理时间过长,反而不利于愈伤组织的形成。

12.7.4　炼苗移栽

经过 25 ~ 30 d 的生根培养,根系长至 2 cm 左右时,即可进行驯化。试管苗在出瓶前 1 d 将封口膜揭开驯化,使试管苗适应外界环境,揭口要适度,揭口太大,易出现苗叶干枯,揭口太小,又影响瓶内外的气体交换。取出小苗,用水将苗基部的培养基冲洗干净,以珍珠岩为移栽基质,将要移栽的带 1 ~ 2 片叶和 1 ~ 5 条根,直径为 5 ~ 10 mm 的试管人工种球埋入珍珠岩中。环境温度控制在 20 ℃,空气相对湿度为 80%,10 d 后苗移栽成活,成活率达 80% 以上。

任务 12.8　蝴蝶兰组培快繁技术

蝴蝶兰为兰科蝴蝶兰属花卉,属于热带气生兰。其形态美妙、色彩艳丽、花期持久,素有"兰花皇后"的美称,其观赏价值和经济价值极高。蝴蝶兰为单轴兰,植株上极少发生侧枝,很难采用常规分株法进行大量的无性繁殖,而其种子无胚乳组织,在自然条件下萌发率极低,也难以利用种子进行繁殖。蝴蝶兰采用组织培养方法进行种苗繁殖,具有增殖率高、速度快、不受季节限制、可周年生产及容易去除病毒等优点,是大规模种苗生产的唯一途径。

目前主要有 3 条途径进行蝴蝶兰的组培快繁:一是利用蝴蝶兰杂交种子在无菌条件下诱导发芽,获得再生植株;二是从离体器官诱导产生原球茎(protocormlike body),通过原球茎的增殖、分化获得再生植株,即原球茎再生途径;三是通过离体器官诱导产生丛生芽,通过培养丛生芽获得再生植株,即器官再生途径。

12.8.1　外植体的选择及消毒

蝴蝶兰组织培养的外植体有茎尖、茎段、叶片、花梗腋芽、花梗节间、根尖等,各部位均可诱导成功,只是难易程度不一。蝴蝶兰是单茎性热带气生兰,只有一个茎尖,如果直接从开花植株取得茎尖或茎段,造成整株浪费。以叶片或根尖作为外植体,虽材料丰富,但诱导周期长、难度大。用花梗腋芽或花梗节间作为外植体,容易诱导,外植体表面灭菌成功率高,是最合适的外植体取样部位。

（1）根尖

将蝴蝶兰种子进行表面消毒,在无菌条件下萌发,待根伸长后切取长 0.5 ~ 1.5 cm 的根尖接种于预先配制好的培养基中。一般根的培养物生长很快,几天后就能发出侧根,可切下进行培养,如此反复,就可得到由单个根尖形成的离体根无性系。

（2）茎尖

切取茎的顶端或茎的分生组织进行无菌培养。茎尖是植物组织培养中最常用的材料之一,依其大小和目的可分为茎尖分生组织培养和普通茎尖培养两种类型。茎尖分生组织培养的目的是获得脱毒苗,要求切取仅带 1 ~ 2 个叶原基,大小为 0.3 ~ 0.5 mm 的茎尖。普通茎尖培养又称为微繁技术,主要用于快速繁殖,茎尖大小为几毫米到几十毫米。

（3）花梗节间

取已开花的蝴蝶兰花梗,选其下端休眠芽作为外植体。将花梗切成 3.0 cm 左右的段,剥去休眠芽上的叶鞘,露出侧芽,插入培养基中。

（4）外植体的消毒

将外植体在自来水下清洗干净后,在 0.1% 升汞中消毒 5 min,或在 5% ~ 10% 次氯酸钠溶液中浸泡 10 min,用无菌水漂洗 5 ~ 6 次,在整个消毒过程中,不断地摇动容器,以便能够均匀全面地消毒。

12.8.2　试管苗的培养

1）初代培养

选用已开花花梗的下端休眠芽作为材料,在超净工作台上,将花梗进行消毒处理,然后切成 3 cm 的茎段,每段带一个侧芽。基部向下插入诱导培养基 MS + 6-BA 3 ~ 5 mg/L + 椰汁 15%,然后将其置于培养室中培养,光照强度 2 000 lx,光照时间 12 h/d,培养温度 25 ℃。侧芽 10 d 后开始萌动,诱导率可达 90%,30 d 后可长成幼苗。在花梗休眠芽的诱导过程中,有个别休眠芽萌发后长成类似花梗侧枝的细嫩梗茎,待其长到 3 cm、有 2 ~ 3 个芽时将其切离花梗,并重新切段,每段带一个芽,基部向下重新放入诱导培养基中,可继续诱导萌发幼苗。

2）继代培养

花梗侧芽诱导出幼苗后,将分化的丛生芽小心分离,接种于增殖培养基 MS + 6-BA 3 mg/L + 椰汁 15% 中,然后置于培养室中培养,光照强度 3 000 lx,光照时间 10 h/d,培养温度 25 ℃。每 50 d 继代 1 次,增殖倍数在 3 倍以上。随着继代次数的增加,高浓度的 6-BA 虽然会提高增殖倍数,但也会引起幼苗的变异,要及时淘汰变异株。丛生芽的增殖生长有一定的群体效应,当丛生芽切割成只有 1 ~ 2 个芽时,其增殖率大大减少,一个继代周期后大多数丛生芽几乎没有增殖,只是有所长大。当丛生芽切割成有 3 ~ 5 个芽时,其增殖较为正常。切割丛生芽时,只能将其轻轻分开,不可对其四周进行切割,否则会导致培养基很快褐化,不利于丛生芽的生长和分化,甚至会造成其死亡。对一些较大的丛生芽(芽高1.5 cm以上,单轴茎直径 0.5 cm 以上)进行横切可以大大提高增殖倍数。横切后会在丛生芽基部

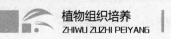

长出新一轮的丛生芽,增殖倍数可提高 5 倍。

3)生根培养

当芽长至 1.5 cm 高,有 2 ~ 3 片叶时,转入生根培养基 1/2 MS + IBA 1.5 mg/L + NAA 0.05 mg/L + 活性炭 5 g/L + 香蕉泥 150 g/L,然后将其置于培养室中培养,光照强度 3 000 lx,光照时间 12 h/d,培养温度 25 ~ 28 ℃,20 d 后开始生根。

12.8.3 炼苗移栽

试管苗移栽前需要有炼苗的过程,移栽前 5 d 左右,在室内将封口膜打开 1/3 左右,使幼苗与空气有一定接触。2 d 后,移栽到驯化温室内,使幼苗完全暴露在空气中,要适当遮阳,避免高温和强光直接照射,3 d 后即可移栽。移栽时将幼苗取出,放在 1 000 倍的多菌灵水溶液中小心洗去根部的培养基,去掉老叶,放入铺有湿报纸的盒子中,注意保湿。栽培基质为经过高温消毒后的苔藓,用镊子划痕后,夹住幼苗根部,插入至第 1 轮叶,用手小心压紧,薄膜覆盖,保持温度在 21 ~ 25 ℃,相对湿度 60% ~ 80%,移栽成活率可达 90% 以上。当新叶长出新根伸长时,每周用 0.3% ~ 0.5% KH_2PO_4 进行叶面施肥 1 次,成苗率达 80% 以上。

任务 12.9　非洲菊组培快繁技术

非洲菊又名扶郎花,为菊科扶郎花属的宿根草本花卉,原产于南非,目前广为栽培。非洲菊为世界五大鲜切花之一,其优良品种的每株切花量每年达 50 枝以上,花盘直径 12 cm 以上。矮生类型也可作盆花庭院栽培。因其花朵硕大,花枝挺拔,花色多样,切花率高,不易衰败及在温暖条件下可周年供应切花等特点,因而深受花卉种植者及消费者的欢迎。非洲菊是异花授粉植物,自交不孕,其种子后代易发生变异,因此一般采用分株、扦插和组织培养等无性繁殖方法进行育苗。但是分株繁殖只适于分蘖力强的品种,繁殖速度慢,扦插苗的生长势和产量不够理想,不易操作,因此生产上一般采用组织培养育苗。

12.9.1 外植体的选择与消毒

(1)花瓣

将非洲菊的花蕾取下,用自来水冲洗 10 min 左右,洗去表面的灰尘。再将花瓣放置在超净工作台上用 75% 酒精灭菌 30 s 后,用浓度为 0.1% $HgCl_2$ 溶液消毒 7 min,备用。

(2)花托

从生长健壮、品种纯、无病虫害的非洲菊植株上,采摘直径在 0.6 ~ 1 cm 的花蕾,取其花托作为外植体。用自来水冲洗花蕾,洗去表面污物,然后将花蕾置于超净工作台上,用 75% 酒精浸泡 10 s,无菌水冲洗 2 ~ 3 次,再用 0.1% 升汞消毒 8 min,最后用无菌水冲洗 4 ~ 5 次。用消毒滤纸吸去花蕾表面的水分,将花蕾上的花瓣和花萼剥掉,留下花托,备用。

（3）幼芽

在温室培养的植株上摘取外植体，用洗衣粉水清洗后，自来水冲洗 2 h，从根颈部上切取带幼芽小段 0.1 ~ 0.3 cm，用 75% 酒精消毒 5 s，再用 0.1% $HgCl_2$ 消毒 5 ~ 8 min，无菌水冲洗 4 ~ 5 次，备用。

12.9.2　试管苗的培养

1）初代培养

由于非洲菊的茎尖数目少，剥取较困难，又容易受污染，因此常以花托为外植体。在超净工作台上，将花托切成 2 ~ 3 mm^2 的小块，接种到诱导培养基 MS + 6-BA 2 mg/L + NAA 0.2 mg/L + IAA 0.2 mg/L 上，7 ~ 10 d 后切口处形成愈伤组织，约 2 周后从花托块中央生出丛生小芽。培养条件为 (24 ± 2)℃，光照强度 2 000 ~ 3 000 lx，光照时间 12 ~ 16 h/d。

2）继代培养

在无菌条件下，将初代培养中诱导出的高 3 ~ 5 cm 的幼芽切成带芽短缩茎，接种到 MS + KT 0.5 mg/L + IAA 0.2 mg/L 上进行继代培养，培养条件与初代培养相同，培养时间 25 d 左右。

3）生根培养

待苗高长至 2 cm 时，将无根苗接种于 1/2 MS + NAA 0.1 mg/L 上进行生根培养。约 4 周后可发出 2 ~ 3 cm 的根系，根数 3 ~ 5 条，根系粗壮均匀，根质柔软。清洗根部的培养基时不容易折断，幼苗长势旺盛，叶色鲜绿。

12.9.3　炼苗移栽

当瓶内苗根长 1.5 ~ 2 cm 时，将苗瓶放置到栽植处 3 ~ 5 d，开瓶使小苗完全适应栽植环境，然后将瓶苗移出，洗净根部培养基，按 4 cm × 3 cm 栽于假植床里。假植床下层为粗沙，中层为筛细的腐殖土，上层为细沙，用 0.2% 高锰酸钾溶液消毒。栽后用微喷浇透水，前 10 d 湿度保持 80%，温度 18 ~ 22 ℃。当非洲菊苗长出 3 ~ 4 片叶后，按 5 cm × 10 cm 将其移栽到土质疏松肥沃的假植床内。待苗高 10 cm 时，按 25 cm × 20 cm 定植，进行正常管理。从组培到定植需 7 ~ 8 个月。

复习思考题

1. 怎样进行月季的离体快繁？
2. 简述菊花病毒的种类和脱毒菊花生产技术。
3. 简述矮牵牛的离体快繁。
4. 如何进行仙客来的离体快繁？
5. 简述百合组织培养的意义及方法。
6. 简述新几内亚凤仙的离体快繁。

7. 郁金香组织培养的途径有哪 3 种？

8. 简述蝴蝶兰离体快繁的有效途径。

9. 简述非洲菊的炼苗移栽过程。

10. 查阅相关资料，制订出某种花卉的组培技术。

项目13 药用植物组织培养技术

学习目标

1. 了解药用植物组织培养与工厂化生产的意义；
2. 掌握红豆杉、铁皮石斛、金线莲等药用植物组织培养与工厂化生产的一般技术；
3. 理解通过细胞培养生产次生代谢物质的方法。

重 点

通过红豆杉、铁皮石斛、金线莲等药用植物的组织培养，实现种苗的快速繁育，并生产次生代谢物质。

难 点

利用愈伤组织和细胞培养实现次生代谢物质的生产。

药用植物是指含有生物活性成分,用于防病、治病的植物。据估计,全球有40万～50万种药用植物,我国已发现11 000多种,种类和数量均居世界首位,为我国研制新的天然药物提供了坚实的资源基础。但长期以来,我国药用植物多依靠野生资源,因过度采挖,有的种类已出现了资源枯竭现象,因此通过工业化手段来生产某些重要的药用植物及其活性成分已受到重视。目前,药用植物组织培养的应用主要有两个方面:一是利用试管微繁生产大量种苗以满足药用植物人工栽培的需要,如铁皮石斛、金线莲、半夏等;二是通过愈伤组织或悬浮细胞培养,从细胞或培养基中直接提取药物,或通过生物转化、酶促反应生产药物,如利用红豆杉愈伤组织生产紫杉醇,利用紫草组织培养生产紫草宁及其衍生物等。

铁皮石斛
FRI

红豆杉属植物主要分布在北半球的寒温带、温带和亚热带地区。《本草纲目》记载了红豆杉有治疗霍乱、伤寒以及排毒等药效,其闻名遐迩的一个重要因素就是含有紫杉醇。自从美国化学家 Wall 和 Wami 首先从短叶红豆杉中分离出紫杉醇,并于 1971 年发表其化学结构以来,20 世纪 80 年代美国和欧洲的科学家相继揭示了紫杉醇具有抗癌疗效。紫杉醇对多种癌症有明显的疗效,如对乳腺癌、卵巢癌、肺癌、食道癌和结肠癌的疗效可达 30% ~ 60%。紫杉醇因此成为新一代抗癌药物的代表,被誉为"植物黄金",红豆杉也因此成为当今世界最热门的药用植物研究对象之一。分布于我国各种红豆杉都能提取紫杉醇,其中北方红豆杉的紫杉醇含量较高,是抗癌植物中的佼佼者。

13.1.1　红豆杉组织培养的意义

由于红豆杉在自然条件下的生长速度缓慢,再生能力差,因此很长时间以来,世界范围内还没有形成大规模的红豆杉原料林基地。我国已将红豆杉列为一级珍稀濒危保护植物,联合国也明令禁止采伐。在加强红豆杉树种的保护以及提高培养红豆杉的技术之外,采用各种手段获取紫杉醇及其类似物的研究越来越成为这一产业的热点。因此,红豆杉的开发价值和紫杉醇的制取方法正备受世人瞩目和海内外研究学者的普遍关注。然而,由于红豆杉树生长缓慢且树皮中的紫杉醇含量甚微,以致紫杉醇药源短缺与需求量迅速增加之间的矛盾日益尖锐。采用红豆杉细胞培养技术生产紫杉醇是最有希望解决这一矛盾的途径之一。

13.1.2　材料的选择

南方红豆杉、云南红豆杉、欧洲红豆杉和东北红豆杉的根、茎叶、树皮、形成层、雌配子体、种子胚、假种皮、幼苗胚轴、芽等都较为适宜作组培外植体。

13.1.3　红豆杉植株再生

1)外植体消毒

3 月采集处于旺盛生长期的嫩枝作为外植体,先用洗衣粉溶液清洗并冲洗干净后,再用流水冲洗约 2 h,捞出吸干水分后转移至超净工作台进行表面灭菌。先用 75% 酒精浸泡 30 s,再用 0.1% 升汞溶液消毒后进行接种。在升汞消毒处理过程中,不同时期采集的枝条,消毒时间稍有差异,4 月采集的新梢消毒 3 ~ 5 min,7 月和 10 月采集的半本质化和木质化枝条消毒 8 ~ 15 min。

2)接种和培养

将消毒后的外植体用无菌水清洗 5 次,转移至无菌托盘上吸干水分,用剪刀剪取 2 ~ 2.5 cm的茎段,每段带有 1 ~ 2 个腋芽,形态学下端插入培养基上,每瓶放置 4 段。置于光照强度 1 500 ~ 2 000 lx,光周期 16 h/d,温度 25 ℃左右下培养。

3)诱导腋芽培养基配制

以 B₅、DCR、6,7-V、White 等为基础培养基,附加 6-BA 2 ~ 3 mg/L、IBA 1 ~ 2 mg/L 或 NAA 1 ~ 2 mg/L、活性炭 0.2%、蔗糖 3%、琼脂 0.7%,pH 5.8,比较适合诱导腋芽萌发。

4)继代增殖培养

培养 5 周后,将诱导出的丛生芽切下,接种于 DCR + IBA 0.1 mg/L + 6-BA 0.05 mg/L 的培养基中进行继代培养,保持相同的培养条件,可实现不定芽萌发及生长。

5)生根培养

经增殖的不定芽长成嫩枝后,将嫩枝切成 2 ~ 3 cm,接种于 White + IBA 0.2 ~ 0.5 mg/L + 活性炭 2 g/L + Ca(NO₃)₂·4H₂O 的生根培养基中进行培养,培养 40 d 以后,每株可长出 3 ~ 5 条根。

6)定植

当根长 2 ~ 3 cm 时,移栽至营养钵中,在温度 25 ℃,相对湿度 75% 以上,栽培 30 d 左右,逐渐加大光照强度,植株成活率可达 90% 以上。

13.1.4 紫杉醇生产技术

1)愈伤组织的诱导及培养

(1)外植体的选择和处理

一般选择紫杉醇含量高的外植体,如幼茎、形成层、树皮,以幼茎效果最好。幼茎外植体的处理方法是:取新生的幼茎,清水漂洗后放在超净工作台上,75% 酒精浸泡 30 s,无菌水冲洗后再用 2% 次氯酸钠浸泡 5 ~ 8 min,无菌水清洗 4 ~ 5 次,无菌滤纸吸去材料表面水分,接种在培养基上。生产中应以紫杉醇含量高的外植体作为诱导材料,可获得紫杉醇产量高的细胞系。云南红豆杉和中国红豆杉愈伤组织中紫杉醇含量较高,是获得紫杉醇高产愈伤组织系的外植体的较佳来源。

(2)生长和分化

外植体培养 2 ~ 3 周后形成愈伤组织,幼茎愈伤组织的诱导率多在 70% 以上。但由幼茎产生的愈伤组织,需经 10 代的继代培养,才能形成生长及性状比较均一稳定的无性系。

(3)培养基及激素的选择

用于愈伤组织诱导和继代培养的培养基很多,主要有 MS、B₅、White、SH、6,7-V 等,因品种和取材部位的不同所用培养基的种类也不相同。多数结果表明,适用于愈伤组织诱导的培养基有 MS、B₅、6,7-V,且 MS 还适宜愈伤组织的生长。基本培养基中添加的外源激素主要为 2,4-D、NAA、KT,浓度分别为 1 ~ 2 mg/L、1 mg/L、0 ~ 0.25 mg/L。其中 NAA 更有利于愈伤组织的形成。另外,培养基中加入水解酪蛋白 2 000 mg/L,可增加愈伤组织的诱导

率,添加10%椰子汁可提高愈伤组织的生长势和诱导率。继代培养时,细胞向培养基中分泌一些酚类化合物,导致细胞褐化和生长缓慢,可在培养基中加入活性炭或聚乙烯吡咯烷酮(PVP)、植物酸等,防止褐化发生。

2)高产细胞系的建立

利用红豆杉细胞大规模培养生产紫杉醇的关键之一是需要有高产、稳定的细胞无性系。愈伤组织中紫杉醇含量不单纯取决于外植体的来源,更重要的是高产细胞株系的筛选。近年来,在红豆杉高产细胞系筛选方面取得了很大的进展,一些筛选出的高产系紫杉醇含量达到了细胞干重的0.1%~0.3%。罗建平等利用根癌农杆菌对红豆杉原生质体转化并实现插入诱变,获得的高产转化系细胞在继代培养中的生长和紫杉醇积累基本稳定,为分离高产紫杉醇细胞系提供了新的单细胞筛选系统。梅兴国等通过胁迫法筛选出抗苯丙氨酸的红豆杉细胞变异系,其紫杉醇含量高于原型细胞系3~5倍。

3)培养方式

(1)细胞悬浮培养

与愈伤组织相比,悬浮培养的细胞与液体培养基充分接触,养分供给充分,因而细胞生长周期短,细胞生物量增加快,是植物细胞培养的主要方式。迄今,已有关于红豆杉属植物细胞悬浮培养生产紫杉醇的多个专利和公开报道,对悬浮培养的培养基、激素、培养条件、接种量、代谢调控、生物反应器类型等多方面的内容均进行了研究。

(2)固定化培养

固定化培养具有可连续培养、反应效率高、易于调控等优点,成为植物细胞培养研究中的一个重要方法。如用玻璃纤维固定东北红豆杉细胞,可连续培养6个月,紫杉醇产量可达细胞干重的0.012%,发酵液中紫杉醇产量达到4.9 mg/L,是自由悬浮培养的5倍。

(3)两相法培养

两相培养技术能够使产物及时转入第二相,可以防止反馈抑制或被细胞内部的分解酶将产物降解,从而提高产物的产量。通过有机相的不断回收及循环使用,有可能实现细胞的连续培养,提高培养效率。而且,产物在第二相中富集,便于后续的分离提取。两相法培养的关键技术之一是选择适当的第二相,要求既具有良好的生物适合性,又对紫杉醇有高的溶解度。红豆杉细胞培养中适合的有机溶剂有油酸、邻苯二甲酸和二丁酯等。国内外学者对红豆杉细胞进行超声波处理和茉莉酸甲酯诱导后用邻苯二甲酸二丁酯作为有机溶剂进行两相培养,紫杉醇产量高出对照组17倍。

(4)两步法培养

细胞的快速生长与紫杉醇的大量合成并不是同步进行,而且,这两个过程对培养条件的要求也不一致。因此,把红豆杉细胞培养过程分为细胞生长和紫杉醇合成两个阶段,可望解决上述矛盾。国外学者通过两步培养并延长培养时间,针对红豆杉细胞生长和合成紫杉醇的适宜温度不同,在细胞生长期采用24 ℃培养,在后期采用29 ℃培养,又结合优化培养基、添加诱导子等综合措施,使中国红豆杉细胞培养的紫杉醇产量显著得到提高。

4)紫杉醇的分离提取及含量检测

现行紫杉醇比较有效的提取方法及初步分离如下:先将愈伤组织干燥,再用甲醇渗滤提取,获得提取液,经减压浓缩至干,用水—氯仿反复萃取。合并氯仿部分,再经减压浓缩获得粗提液,经反复柱层析,同时结合 TLC 检测,收集含紫杉醇和 10-脱乙酰基巴卡丁-Ⅲ的流份,将获取的流份减压浓缩,得到含有紫杉醇和 10-脱乙酰基巴卡丁-Ⅲ粗品。

红豆杉愈伤组织经过提取和初步分离后,采用高效液相色谱层析(HPLC)分析,色谱条件:C18 色谱柱(250 mm×4.6 mm,5 μm),流动相甲醇:乙腈:水 = 42:13:45,检测波长234 nm,流速 1 ml/min,柱温 32 ℃,进样量 10 μl。

任务 13.2　铁皮石斛组织培养技术

铁皮石斛为兰科石斛属多年生附生草本植物,是我国的名贵中药材,素有"中华仙草""药中黄金"之美称。具有滋阴清热、生津益胃、润肺止咳、润喉明目、延年益寿的功效。现代研究表明,铁皮石斛对治疗咽喉疾病、白内障、糖尿病和抑制肿瘤生长具有显著疗效。铁皮石斛还是生产石斛夜光丸、脉络宁注射液、通塞脉片、清睛粉等数十种中成药及保健品的必要原料,用铁皮石斛加工成的枫斗在国内外享有很高的声誉。

铁皮石斛自然繁殖率极低,种子需与真菌共生才能萌发,加上长期采挖,使得资源日渐枯竭,成为濒危植物,被列为国家重点保护的野生药材之一。铁皮石斛传统的分株繁殖法,繁殖速度比较慢,难以满足日益增长的市场需求,因此,通过组织培养技术对铁皮石斛进行快速繁殖,是保护和利用铁皮石斛资源的必要途径。

13.2.1　外殖体的选择和处理

生产中利用铁皮石斛的茎段、芽等都可以诱导出原球茎。选取生长旺盛、无病害的铁皮石斛健康植株的茎段、芽,放入 500 ml 的烧杯中冲洗 30 min,冲水量调整到能使铁皮石斛茎段在水中漂动为好。将预处理后的材料带到无菌室超净工作台上,用 75% 酒精消毒30 s,再用 0.1% 升汞消毒 10 min,即可进行接种。

13.2.2　无菌体系的建立

经过处理的茎段、芽等外植体接种到 MS + 6-BA 2.5 mg/L 培养基上培养。培养条件为温度 26 ℃,光照时间 12 h,光照强度 2 000 lx,建立铁皮石斛的无菌体系。

13.2.3　原球茎的诱导

将得到的无菌系进行培养,待苗长至 3~4 节茎段时,剪取其带芽茎段,去掉叶片,作为外植体,用 MS + 6-BA 1 mg/L + NAA 0.5 mg/L + AC 2 g/L 培养基进行诱导,可获得原球茎。此外,选择授粉后 90 d 的果实,用消过毒的解剖刀切开消毒处理过的果实,将里面的种子撒播到 1/2 MS + 6-BA 2 mg/L + NAA 0.2 mg/L + 蔗糖 3% 培养基上培养也可诱导出原

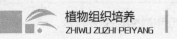
球茎,培养基的 pH 5.7~6.0。诱导培养条件为温度 22~24 ℃,光照时间 8~10 h/d,光照强度 3 000~4 000 lx,40~50 d 后可获得原球茎。

13.2.4 原球茎增殖

将诱导形成的原球茎,接转在 MS +6-BA 0.5 mg/L +2,4-D 0.8 mg/L + AC 2 g/L 的增殖培养基上培养,培养基 pH 5.7~6.0。原球茎增殖培养条件为温度 22~24 ℃,光照时间 8~10 h/d,光照强度 3 000~4 000 lx,可在短时间内实现其增殖。

13.2.5 原球茎分化

将增殖后充分成熟的较大原球茎块切割成直径 3~8 mm 的小块,接种在 MS +6-BA 1.2 mg/L + IBA 0.2 mg/L + AC 2 g/L 的分化培养基上,在相同条件下培养 45 d 左右,可实现大部分原球茎的芽分化。

13.2.6 幼苗生根

将完全分化的幼苗接种于 1/2 MS + NAA 2.5 mg/L + 蔗糖 1%~2% + AC 2 g/L 的生根培养基上,培养基 pH 5.7~6.0。生根培养条件为温度 22~24 ℃,光照时间 10~12 h/d,光照强度 3 000~4 000 lx,40 d 左右可得生根苗。

13.2.7 无菌播种

取授粉 90 d 后的铁皮石斛果实,冲洗干净表面污物后,转移到无菌操作台上。在无菌条件下,先用浸润 75% 酒精的纱布擦拭果实表面,再转入 0.1% 氯化汞溶液中浸泡 12~14 min,最后用无菌水清洗 4 次。用消过毒的解剖刀切开灭菌过的果实,将里面的种子撒播在 1/2 MS +6-BA 2 mg/L + NAA 0.2 mg/L 的培养基上,培养基 pH 5.8。培养条件为 (25±2) ℃,光照强度 1 800~2 000 lx,光照时间 12 h/d,30 d 左右种子变为绿色小球状体(原球茎),之后原球茎发出绿色的芽尖,并形成幼苗。当苗高 1 cm 时,可将单苗转接到生根培养基中进行培养。

13.2.8 驯化和移栽

待组培苗长至 3~4 cm 高,有 3 片以上叶和 3~5 条根,平均每条根长 1~2 cm 时,可放在温室大棚中炼苗 15~20 d,然后洗净组培苗根上培养基,用 0.1% 多菌灵消毒,用树皮块、苔藓、锯木等做基质,基质中添加赤霉素 0.03 mg/L,然后将幼苗的根舒展开栽入盛有基质的穴盘或苗床中。

驯苗期要求保持空气湿度 60%~70%,温度 18~22 ℃ 和较低的光照。移栽后,每 2~3 d 中午喷 1 次水,每次喷 30~60 s,保持基质表面稍干燥,中部潮湿。移栽 1 周后,用

0.2%的复合肥进行叶面喷施,以后每周喷1次,1个月后在根部追施缓释性复合肥,并逐渐增强光照,20~30 d后可完全成活。

任务13.3 金线莲组织培养技术

金线莲为兰科开唇兰属,中文名为花叶开唇兰,别名药王、金蚕、金石松、树草莲、鸟人参、金线虎头蕉、金线入骨消等。全草入药,是国内外传统的珍贵药材,味甘、性平,具有清凉解毒、滋阴降火、降血压、消炎止痛的功效。可治疗肺结核咯血、糖尿病、肾炎、膀胱炎、重症肌无力、遗精、风湿性及类风湿性关节炎、小儿惊风、妇女白带以及毒蛇咬伤等症。民间多用其治疗糖尿病、高血脂、乙型肝炎、急性肾炎、小儿惊风、风寒湿痹、腰椎盘突出等疾病,素有"药王""神药"的美称。现代药理研究表明,金线莲除具上述功效外,还有非常明显的抗癌、抗衰老、提高免疫力等作用,是国内非常名贵的护肝抗衰老茶。

因金线莲具有极高的药用价值,已被列入濒危植物。野生金线莲主要通过传统的分株、扦插生根等方法进行繁殖,效率低,不能满足现代规模化生产的需求,因此,采用组织培养快繁手段势在必行(图13.1)。

图13.1 金线莲组织培养与种苗繁育

13.3.1 外植体的选择和处理

利用金线莲的茎段、芽、叶器官均可以诱导出丛生芽。选取生长旺盛、无病害的金线莲健康植株的带节茎段或芽,放入500 ml烧杯中,用纱布单层棚口,扎紧,冲洗30 min,冲水量调整到能使金线莲外植体在水中漂动为好。将预处理后的材料带到无菌室超净工作台上,将苞叶去除,用75%酒精消毒30 s,再用0.1%升汞消毒10 min后,即可进行接种。

13.3.2 丛生芽的培养

选择健壮的金线莲带节茎段或芽,经消毒处理后,剪成带芽茎段,接种到 MS + 6-BA 2 mg/L + S-3307(稀效唑)1 mg/L + NAA 0.2 mg/L 或 MS + 6-BA 4~5 mg/L + NAA 0.1 mg/L 的培养基中,30~40 d后诱导出丛生芽。将获得的丛生芽进行切割后,再转入 MS + 6-BA

3.5 mg/L + KT 1.5 mg/L + NAA 0.6 mg/L 或 MS + 6-BA 3 mg/L + NAA 0.1 ~ 0.5 mg/L 的培养基上,过 30 ~ 40 d 可实现快速增殖。在丛生芽的诱导和增殖培养中,加入适当水解酪蛋白和椰乳、香蕉、马铃薯等有机添加物,具有显著的促进作用。诱导和增殖培养的条件为温度 23 ~ 26 ℃,光照时间 10 ~ 12 h/d,光照强度 3 000 ~ 4 000 lx。

13.3.3 生根培养

将形成的丛生芽或带芽茎段剪切成带 2 ~ 3 个节的茎段,接种到 MS + 6-BA 0.1 mg/L + IBA 0.5 mg/L 的培养基上,在温度 23 ~ 26 ℃,光照时间 12 ~ 14 h/d,光照强度 3 000 ~ 4 000 lx 的条件下培养,可实现快速生根、发芽和分枝。

13.3.4 移栽

金线莲试管苗是在恒温、保湿、营养丰富、光照适宜、激素适当和无病菌侵染的优良环境中生长的,其植株幼嫩柔弱,抵抗不良环境能力差。且在传统的组培环境下,一般叶片的碳同化只占小植株碳代谢的极少部分。在离开培养基后,植株由试管转到土壤,环境有很大的变化,试管苗的移栽驯化要求其完成由"异养"向"自养"转变。在这一过程中,容易造成试管苗细菌或真菌繁殖生长,使苗污染而死亡。因此,加深了解和研究组培苗移栽驯化过程中形态和生理上的变化,有利于制订更有效的移栽驯化措施,提高存活率和促进移栽后植株的生长发育。金线莲移栽成活率的高低,不仅关系到前面组培快繁所做大量工作的成败,而且直接决定了能否进一步大量投入产业化生产。因此,移栽驯化尤为关键。

研究发现,蛭石∶腐殖土 = 1∶1 或普通土∶沙质土∶有机肥 = 1∶1∶1,都是金线莲栽培较好的基质。金线莲移栽要选择阴凉天气或凉爽的傍晚进行,夏季高温高湿条件下,不宜移栽。金线莲植株含水量高达 80%,因此,从移植至采收都要注意保持基质湿润。空气湿度较高有助于生长并提高植株的鲜重,但栽培基质不宜过湿,否则容易导致茎腐病,同时在栽培过程中还须注意采取通风避光的措施。移栽后,应对金线莲进行定期的施肥以补充养分,在金线莲移栽过程中可施用 1/4 MS、1/5 Hoagland's 营养液等。

任务 13.4 藏红花组织培养技术

藏红花又名番红花,是鸢尾科番红花属多年生草本植物,原产于南欧各国及伊朗等地,后经印度传入西藏再传入中国其余各地,故又名藏红花或西红花。因花丝中含有活血化瘀、凉血解毒、解郁安神、健胃等药用成分,使其具有较高的药用价值和经济价值。藏红花入药部位为干燥柱头,其主要化学成分为番红花苷、番红花苦苷、番红花酸以及挥发油等成分。现代药理实验表明,番红花苷、番红花酸类成分有调节血脂、抗肿瘤等功效。

然而,在自然状态下,番红花不能进行有性生殖,只能以球茎进行无性繁殖,且栽培条件下其球茎退化严重,影响入药部分的质量和产量。由于番红花只是柱头入药,产量极低,远不能满足人们的需要,采收耗时费力,同时种源少,适宜栽培地区有限,对环境要求苛刻,加之资源极其有限,致使其价格昂贵,一直被誉为"植物黄金",在我国已被列为珍惜名贵中药材。近年来,组培技术在药用植物上得到了广泛的应用,这为繁殖能力较差的名贵药用资源的保存和生产提供了新的途径。因此,开展番红花组织培养及快速繁殖技术的研究,对改良番红花种质,提高其药材质量和产量都有重要意义。

13.4.1 外植体的选择和消毒

藏红花的叶尖部位、球茎茎尖、球茎切块等都是较适宜的外植体接种材料。取当年生球茎自来水下冲洗干净,然后转移到超净工作台上,将洗净的球茎放入75%酒精中摇动30 s,再用0.1%升汞溶液消毒8 min,无菌水冲洗5次。将经消毒处理后的球茎切成直径3~4 mm带芽眼的切块后接种。

13.4.2 愈伤组织诱导培养

上述材料接种于MS + NAA 2 mg/L + 6-BA 0.5 mg/L或B_5 + 6-BA 2 mg/L + NAA 0.5 mg/L的培养基上,培养基pH 5.8,培养室温度(20 ± 2)℃,黑暗培养50 d左右可诱导出大量的愈伤组织。

13.4.3 丛生芽诱导培养

将愈伤组织转入MS + 6-BA 5 mg/L + NAA 5 mg/L或MS + GA 1 mg/L + 6-BA 1.5 mg/L的增殖和丛生芽诱导培养基中,培养基pH 5.8。培养室温度为(20 ± 2)℃,光照时间12 h/d,光照强度1 500~2 000 lx,可实现愈伤组织的增殖或诱导出丛生芽。一般培养40 d左右可诱导出大量的丛生芽。

13.4.4 球茎诱导培养

将丛生芽切成不定芽,接种于MS + NAA 0.5 mg/L + 6-BA 2~4 mg/L培养基上,培养基pH 5.8。培养室温度(20 ± 2)℃,光照时间12~14 h/d,光照强度3 000~4 000 lx,40 d左右可诱导出新生小球茎。

13.4.5 移栽

当试管球茎长到直径大于0.5 cm时,先将培养瓶移出培养室,在室温下炼苗2~3 d后,除去培养瓶的封口膜,往瓶内添加少许水,继续炼苗1~2 d,然后小心取出试管球茎,洗去附着的培养基。800倍多菌灵溶液杀菌处理60 min左右,移栽到由园土:泥炭:珍珠岩 = 2:2:1的基质中,加盖塑料薄膜保湿,保持气温在16 ℃左右,5~7 d后揭膜,常规养护。

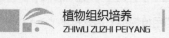

任务 13.5　白芨组织培养技术

　　白芨又名白及,别名地螺丝、白鸡儿、刀口药、连及草等,为兰科多年生草本植物。其花大色艳,被称为中国洋兰,具有很高的观赏价值,其假鳞茎是我国的传统中药,具有收敛止血、补肺、消肿生肌的功效,外敷治疗创伤出血、痛肿、烫伤和疔疮,内治吐血、肺病、咳血、慢性胃溃疡以及肿瘤等症。现代研究表明,白芨还具有较强的抗氧化和抗衰老作用,可用于保健、护肤及美容养颜。

　　白芨在我国长江流域及以南地区均有分布,生长区域较广。由于多年的掠夺式采挖,加上生境日益恶化,使得野生白芨的数量急剧减少,濒临灭绝,现已被列为国家重点保护的野生药用植物之一。白芨常规繁殖方法用分芽繁殖和块茎繁殖,二者均繁殖率低,速度慢,且与用药争夺原料。采用组织培养法进行离体快速繁殖,繁殖系数高,育苗速度快,可为白芨人工栽培提供大量的种苗。

13.5.1　外植体的选择和消毒

　　白芨块茎、侧芽、茎杆等都是较为适宜的外植体。将白芨块茎在室内进行沙培,使其萌芽,再取其萌发的侧芽、块茎和茎杆作为外植体。用清水洗净外植体上的污物,再用洗衣粉水浸泡 20 min,清水冲洗后置于超净工作台上,用75%酒精浸泡 30 s,再用 0.1%升汞灭菌,灭菌时间分别为茎杆 8 min,侧芽 10 min,块茎 12 min。经灭菌后的外植体用无菌水冲洗 4～5 次,切去底端形成的新伤口,每个材料切成 4～6 份,分别接种于诱导愈伤组织的培养基上。

13.5.2　愈伤组织诱导培养

　　接种材料经消毒处理后,将白芨无菌组培苗的根、假鳞茎和叶分别切成长度为 0.5 cm 左右的小段,接种于 MS + 6-BA 1 mg/L + 2,4-D 2～3 mg/L 培养基中,培养基 pH 5.8。培养室保持温度(25 ± 1)℃、光照强度 1 500 lx、光照时间 10 h/d,培养 30 d 左右,可形成大量愈伤组织。采用相同的培养条件和方法可实现不断增殖。

13.5.3　丛生芽诱导培养

　　将诱导和增殖出的愈伤组织,转接到 MS + 6-BA 1.5 mg/L + NAA 0.1 mg/L 或 MS + 6-BA 1 mg/L + 2,4-D 2 mg/L + TDZ 0.5 mg/L 的培养基中,培养基 pH 5.8。在(25 ± 1)℃、光照强度 1 500～2 000 lx,光照时间 10 h/d 的条件下培养 40 d 左右,可诱导和分化出大量的丛生芽。

13.5.4 生根培养

将诱导出的丛生芽切成 2 cm 高的不定芽,接种于 1/2 MS + NAA 1 mg/L + 6-BA 0.1 mg/L 的生根培养基中,培养基 pH 5.8。在温度(25 ± 1)℃、光照强度 3 000 ~ 4 000 lx、光照时间 10 ~ 12 h/d 的条件下培养,30 d 左右可实现生根并形成新生鳞茎。

13.5.5 无菌播种

将采集的成熟未裂开的蒴果,先用 75% 酒精表面消毒 30 s,再用 0.1% 升汞消毒 10 min,无菌水冲洗 4 ~ 5 次,用无菌滤纸吸干表面水分。然后在无菌条件下,用消过毒的手术刀切开蒴果顶部,用无菌镊子将种子均匀抖落在 1/2 MS + 6-BA 1 ~ 2 mg/L 培养基上,立即盖上瓶盖。放在培养箱中进行暗培养 5 d,再移至培养室,培养温度为(25 ± 2)℃,光照强度 2 000 ~ 2 500 lx,光照时间 12 h/d,27 d 以后种子变为绿色的小球状体(原球茎),之后原球茎发出绿色的芽尖,并形成幼苗。当苗高 1 cm 时,可将单苗转接到丛生芽诱导培养基中进行培养。

13.5.6 移栽

当白芨组培苗在生根培养基上长有 3 条以上根时,将瓶苗置于室内炼苗 5 d,再打开瓶盖继续炼苗 2 d,然后将小苗从培养瓶中取出,洗去黏附在根部的培养基,假植到沙床中 3 个月,再移栽到大田中。

复习思考题

1. 简述药用植物组织培养的前景与发展趋势。
2. 简述利用红豆杉进行组织培养提取紫杉醇的关键技术。
3. 简述铁皮石斛组织培养的关键技术。
4. 简述金线莲组织培养的关键技术。
5. 简述番红花组织培养的关键技术。
6. 简述白芨组织培养的关键技术。

实　训

实训1　器皿的洗涤与环境消毒

1) 目的要求

掌握洗涤液的配制方法;熟悉各种器皿的洗涤方法;掌握环境的消毒方法;培养学生良好的卫生观念。

2) 材料与用具

(1) 药品

重铬酸钾、浓硫酸、甲醛、高锰酸钾、洗洁精、洗衣粉、肥皂、1% 盐酸、2% 新洁尔灭、75% 酒精、2% 来苏尔。

(2) 用具

培养皿、三角瓶、容量瓶、烧杯、量筒、移液管、胶头滴管、试管刷、晾瓶架、小喷雾器、紫外灯等。

3) 内容及方法

(1) 洗涤液的配制

铬酸洗液:称取 25 g 重铬酸钾加水 500 ml,加温溶解,冷却后再缓缓加入 90 ml 浓硫酸。铬酸洗液可重复使用,直至溶液变为绿色。

(2) 各种器皿的洗涤

①新购置的玻璃器皿:新购置的玻璃器皿因其表面附有碱性物质,使用前应先用 1% HCl 浸泡过夜,然后用洗涤液洗净,清水反复冲洗,最后用蒸馏水冲洗 1~2 次,干后备用。

②已用过的玻璃器皿:先将残渣除去,用清水洗净,再用热肥皂水或洗衣粉水洗净,清水冲洗干净,最后用蒸馏水冲洗 1~2 次,干后备用。清洗时瓶内外、瓶底、瓶口都要刷洗干净,尤其是洗净瓶身记号笔作的标记。

③受杂菌污染的培养瓶:先经高压灭菌后,再按②洗涤,切不可直接打开瓶盖清洗,否则将造成环境污染。

④吸管、滴管等不易刷洗的玻璃器皿:先在铬酸洗液中浸泡若干小时,用夹子取出在自来水下冲洗干净,再用蒸馏水冲洗 1~3 遍,晾干备用。

⑤金属器具的清洗:组织培养所用金属器具主要有解剖刀、解剖剪、解剖针、镊子等,一般不宜用各种洗涤液洗涤,需要清洗时,用酒精擦洗,并保持干燥。

⑥胶皮塞、胶皮管的清洗:最好采用硅胶皮塞及硅胶皮管,塑料用品一般用洗涤液洗涤,因其吸附力较强,故须反复多次冲洗,最后再用蒸馏水冲洗。

(3)环境的清洁与消毒

①室内卫生:实验室必须随时保持干净,每天必须认真打扫室内外卫生。

②喷雾消毒:实验室地面,特别是接种室每隔 2 d 用 2%来苏尔消毒。墙壁、工作台用2%新洁尔灭喷雾消毒。喷雾要均匀,不留死角,并注意安全,在喷房顶时,注意防止药液雾滴落入眼睛。

③熏蒸消毒:当组织培养过程中出现多次污染,或实验室两个月一次的常规消毒,均可以用高锰酸钾 5~7.5 g,加 38%甲醛 10~15 ml,混合放入一个开放容器内,立即可见白色甲醛烟雾,消毒房间需封闭 24 h。然后向房间喷洒氨水,待中和完空气中的甲醛后,人员方可入内。

④紫外线消毒:进入接种室后,先用 75%酒精喷雾,使尘埃沉降,然后打开紫外灯照射,培养室的紫外灯应距地面 2.5 m,使每平方厘米有 0.06 mW 的能量照射,才能发生有效的消毒作用。消毒时物品要相互分开,避免遮挡紫外线的照射。注意:由于紫外线照射时会产生臭氧,且紫外线对细胞、培养液,包括人体都有一定的损伤作用,因此,不要一边照射一边操作,以免受伤,照射 30 min,即可达到灭菌效果。

4)作业

(1)将本次实验内容整理成实验报告。

(2)简述环境消毒的方法及注意事项。

实训 2　MS 培养基母液的配制

1)目的要求

学会根据 MS 培养基配方计算出所需药品用量;能根据培养基母液配制流程配制出各种母液;掌握培养基各种母液的保存方法。

2)材料与用具

(1)药品

大量元素:KNO_3、$CaCl_2 \cdot 2H_2O$、NH_4NO_3、$MgSO_4 \cdot 7H_2O$、KH_2PO_4。

微量元素:$MnSO_4 \cdot 4H_2O$、$ZnSO_4 \cdot 7H_2O$、$CuSO_4 \cdot 5H_2O$、H_3BO_3、$Na_2MoO_4 \cdot 2H_2O$、KI、$CoCl_2 \cdot 6H_2O$。

铁盐:Na_2-EDTA、$FeSO_4 \cdot 7H_2O$。

有机成分:甘氨酸、盐酸硫胺素、盐酸吡哆醇、烟酸、肌醇。

激素:2,4-D、6-BA、NAA、IBA、IAA 等。

其他:95%酒精、1 mol/L NaOH、1 mol/L HCl、蒸馏水等。

(2)仪器与用具

①仪器:电子分析天平、磁力搅拌器、冰箱、高压灭菌锅。

②用具：三角瓶、烧杯、容量瓶、量筒、试剂瓶、标签、移液管、记号笔、注射器、电磁炉、酸度计。

3）内容及方法

配制培养基前先要配制母液。母液分大量元素、微量元素、铁盐及有机物质四大类。

（1）计算

确定 MS 培养基的扩大倍数和配制量，根据 MS 培养基的标准配方计算出各种药品的称取量（表1）。

表1 MS 培养基母液配方

类　　别	化合物	培养基浓度/(mg·L^{-1})	母液扩大倍数	每升母液中药品称取量/mg	每升培养基取母液的量/ml
大量元素	KNO_3	1 900	10 倍	19 000	100
	$MgSO_4 \cdot 7H_2O$	370		3 700	
	NH_4NO_3	1 650		16 500	
	KH_2PO_4	170		1 700	
钙盐	$CaCl_2 \cdot 2H_2O$	440	10 倍	4 400	100
微量元素	$MnSO_4 \cdot 4H_2O$	22.3	100 倍	2 230	10
	$ZnSO_4 \cdot 7H_2O$	8.6		860	
	H_3BO_3	6.2		620	
	KI	0.83		83	
	$Na_2MoO_4 \cdot 2H_2O$	0.25		25	
	$CuSO_4 \cdot 5H_2O$	0.025		2.5	
	$CoCl_2 \cdot 6H_2O$	0.025		2.5	
铁盐	$Na_2\text{-}EDTA$	37.3	100 倍	3 730	10
	$FeSO_4 \cdot 7H_2O$	27.8		2 780	
有机物	甘氨酸	2	50 倍	100	20
	盐酸硫胺素	0.1		5	
	盐酸吡哆素	0.5		25	
	烟酸	0.5		25	
	肌醇	100		5 000	

（2）配制

①大量元素母液的配制：各成分按照表2.1配制，含量扩大 10 倍，用千分之一电子天平称量，蒸馏水分别溶解，按顺序逐步混合，最后用蒸馏水定容到 1 000 ml，装入试剂瓶中，即为扩大 10 倍的大量元素母液。

②微量元素母液的配制：MS 培养基的微量元素由 7 种化合物（除铁盐）组成。分别称取扩大 100 倍用量的微量元素无机盐，用蒸馏水分别溶解，按顺序逐步混合，最后加水定容

到 1 000 ml,装入试剂瓶中,即为扩大 1 000 倍的微量元素母液。

③铁盐母液的配制:目前常用的铁盐是硫酸亚铁和乙二胺四乙酸二钠的螯合物,配制铁盐母液时,$FeSO_4$ 和 Na_2-EDTA 应分别加热溶解后混合,并置于加热搅拌器上不断搅拌至溶液呈金黄色(加热 20~30 min),将 pH 调至 5.5,室温放置冷却后,装入棕色试剂瓶中。

④有机物质母液的配制:分别称取扩大 50 倍用量的各种有机物质,依次溶解于 400 ml 蒸馏水中,定容至 500 ml,装入棕色试剂瓶中。

⑤激素母液的配制:植物组织培养中使用的激素种类及含量需要根据不同的研究目的而定。一般激素母液配制的浓度以 0.5 mg/L 或 1 mg/L 为好。

a.生长素类:如 IAA、NAA、2.4-D、IBA,先用少量 95% 酒精或 1 mol/L NaOH 充分溶解,然后加蒸馏水定容到所需体积。

b.细胞分裂素类:如 6-BA,先用 1 mol/L HCl 溶解,再加蒸馏水定容。

(3)保存

将配制好的母液分别贴好标签,标签上要注明各培养基母液的名称、配制日期、浓缩倍数。所有的母液均应保存在 2~4 ℃冰箱中,若出现沉淀或霉团则不能继续使用。

4)作业

(1)配制培养基母液时应注意哪些事项?

(2)简述各种培养基母液的配制方法。

实训 3　MS 培养基的配制与灭菌

1)目的要求

了解配制 MS 培养基的原理,并掌握 MS 培养基的配制、分装和灭菌的操作方法;熟练掌握高压蒸汽灭菌锅的使用方法。

2)用具与材料

(1)材料与试剂

配制 MS 培养基所需要的各种营养成分母液、激素母液、蒸馏水、1 mol/L NaOH、1 mol/L HCl、精密 pH 试纸、蔗糖、琼脂等。

(2)仪器与用具

电子天平、烧杯、量筒、三角瓶、刻度搪瓷缸、移液管、玻璃棒、封口膜、洗耳球、电磁炉、记号笔等。

3)内容及方法

(1)确定培养基

根据实验需要确定培养基的配方。

(2)计算用量

根据配制培养基的量和母液的浓度计算需要吸取母液的量,计算公式:

吸取量(ml) = 培养基配方浓度(mg/L) × 培养基配制量 / 培养基母液浓度(mg/L)

（3）量（称）取

根据培养基配方，用量筒或移液器量取所需要的各种元素母液，移入刻度搪瓷缸内；用电子天平分别称取蔗糖和琼脂。

注意：

①在使用提前配制的母液时，应在量取各种母液之前，轻轻摇动盛放母液的瓶子，如果发现瓶中有沉淀、悬浮物或被微生物污染，应立即淘汰，并重新进行配制。

②量取母液时，最好将各种母液按将要量取的顺序写在纸上，量取 1 种划掉 1 种，以免出错。

③移液管不能混用。

（4）加热溶解

将装有各母液的搪瓷缸倒入配制量 60% 左右的蒸馏水中，置于电磁炉上加热，加入琼脂，边加热边用玻璃棒搅拌，直到液体呈半透明状将其取下，加入蔗糖，搅拌均匀，最后用蒸馏水定容到规定体积。

（5）调整 pH 值

用滴管吸取 1 mol/L 的 NaOH 或 HCl 溶液，逐滴滴入溶化的培养基中，边滴边搅拌，并随时用精密 pH 试纸（5.4～7.0）或酸度计测定培养基的 pH，一直到 pH 达到要求为止。在调制时要比目标 pH 值偏高 0.2～0.5 个单位，因为培养基在灭菌过程中由于糖等物质的降解，pH 值会下降 0.2～0.5 个单位。

激素应在调节 pH 之前加入，因为有些激素是用酸或碱溶解的，在调节 pH 后加入会改变 pH 值。pH 过酸或过碱均是不利的，会导致培养基过软或过硬，从而影响培养质量。

（6）分装

溶化的培养基应该趁热分装。一般 250 ml 的三角瓶可以装入 30～40 ml 培养基，每 1 000 ml 培养基，可分装 25～30 瓶。

（7）封口和标记

用线绳扎紧封口膜，用记号笔在三角瓶壁上写好标记，做好记录，等待灭菌。

（8）灭菌

将包扎好的培养基放入高压蒸汽灭菌锅中进行高压蒸汽灭菌。

若培养基中需要添加某些热不稳定的物质，须进行过滤灭菌。方法为先将无不耐热物质的培养基进行高压灭菌后置于超净工作台上，冷却至 40 ℃，再将过滤灭菌后的这些热不稳定物质按计划用量依次加入，摇匀，凝固后即可使用。

4）作业

写出 MS 培养基的配制流程和注意事项。

实训 4　外植体的消毒与接种

1）目的要求

通过在超净工作台上进行无菌操作训练，掌握外植体消毒和接种的无菌操作技术。

2）用具与材料

（1）材料与试剂

温室内植物、75%酒精、95%酒精、0.1% HgCl$_2$、无菌水、无菌滤纸等。

（2）仪器与用具

超净工作台、盛有培养基的培养瓶、解剖刀、剪刀、镊子、酒精灯等。

3）内容及方法

（1）外植体的预处理

从生长健壮、品种优良、无病虫害的植株上选取外植体，然后对这些外植体进行适当的预处理，除去不需要的部分，如刺、卷须等，将所需部分切割至适当大小，置于自来水下冲洗几分钟至几小时，时间主要视植物材料的清洁程度而定。

（2）接种前的准备

接种前，用水和肥皂洗净双手，穿上灭过菌的专用实验服、帽子和鞋子，进入接种室。用75%酒精棉球擦拭超净工作台，将培养基及接种用具放入超净工作台。房间用酒精喷雾降尘后打开超净工作台紫外灯及房间的紫外灯，照射约 30 min。然后关闭紫外灯，打开房间换气扇以及超净工作台的风机，并微启超净工作台的玻璃挡板，通风 20 min 后，即可进行无菌操作。

（3）接种工具消毒

把解剖刀、剪刀、镊子等器械浸泡在95%酒精中，在火焰上灭菌后，放在器械架上，冷却备用。

（4）外植体消毒

在超净工作台上，用75%酒精浸泡 30~50 s，用0.1%升汞浸泡 5~10 min，视外植体的幼嫩程度选择不同的消毒时间，最后用无菌水清洗 3~5 次，每次持续时间 2~3 min，吸干水分后备用。

（5）接种

接种时，将消毒后的外植体首尾切除（中间至少留有 1 个芽），再按极性方向用镊子接种到培养基上，每次操作完后将镊子等器械浸入75%酒精中，再将器械取出后置于酒精灯火焰上充分灼烧，待冷却后方可使用。

具体接种操作是左手拿培养瓶，在酒精灯火焰附近处，右手拇指与食指配合将瓶塞打开，再将培养瓶口在酒精灯火焰上轻转灼烧灭菌，以右手拇指与食指配合，用镊子夹紧 1 个外植体准确送入培养容器，按极性方向用镊子接种到培养基上，将培养瓶口在酒精灯火焰上小心地轻转灼烧数秒，扎好封口膜，将其置于超净工作台的适当位置。

（6）清理

接种结束后，清理和关闭超净工作台。

4）作业

（1）接种 1 周后，观察接种材料的污染情况，并分析污染原因。

（2）写出接种过程中的注意事项并完成实验报告。

实训5 矮牵牛叶片愈伤组织诱导及植株再生

1) 目的要求

矮牵牛多为播种繁殖,也可扦插繁殖,但由于杂交种结实率低,且用种子繁殖易引起后代性状的分离退化,扦插繁殖又受到材料的限制,因此组织培养是解决繁殖材料供不应求的最有效途径。本实训以矮牵牛幼叶为材料,要求学生掌握愈伤组织诱导的方法和步骤,熟悉愈伤组织分化的方式。

2) 用具与材料

(1) 用具

超净工作台、高压灭菌锅、电磁炉、不锈钢煮锅、酒精灯、接种器具消毒器、手术剪、长柄镊子、刻度搪瓷缸、解剖刀、培养皿、烧杯、滤纸、组培瓶、移液器等。

(2) 试剂

75%酒精、0.1%升汞($HgCl_2$)、1 mol/L NaOH、1 mol/L HCl、MS培养基母液、植物生长调节剂母液、无菌水等。

(3) 材料

矮牵牛幼嫩叶片。

3) 内容及方法

(1) 培养基的配制

诱导培养基为:MS + 2,4-D 1 mg/L + 蔗糖 30 g/L + 琼脂 7 g/L,pH 5.8;

分化培养基为:MS + 6-BA 0.5 mg/L + IBA 0.1 mg/L + 蔗糖 30 g/L + 琼脂 7 g/L,pH 5.8;

生根培养基为:1/2 MS + IBA 0.5 mg/L + 蔗糖 10 g/L + 琼脂 7 g/L,pH 5.8。

(2) 外植体的选择及预处理

于晴天选择生长健壮的矮牵牛植株,用剪刀剪取上部的幼嫩叶片,置于干净的塑料袋中,立即带回实验室放入 250 ml 三角瓶中,瓶口套一层纱布,用自来水冲洗 30 min,容器内外植体数量不宜过多,以免影响冲洗和消毒效果。冲洗完毕后倒掉自来水,留下外植体做进一步消毒处理。

(3) 消毒

提前 30 min 将诱导培养基、无菌水、消毒药品、酒精灯及接种工具放入超净工作台,同时把接种器具插入接种器具消毒器,并打开消毒器电源,然后立即开启紫外灯,照射 30 min后,打开风机通气 10 min 之后再进行材料消毒。

将已经冲洗干净的嫩叶连同装有叶片的玻璃瓶一起放入超净工作台内,用75%酒精处理 8~10 s;倒出酒精,用无菌水清洗材料 2 次;再用经酒精灯火焰灭过菌并冷却的镊子将叶片轻轻转入已提前灭过菌的干净玻璃瓶中,倒入 0.1%升汞溶液浸泡 8~10 min,倒出升汞,用无菌水漂洗材料 4~5 次,注意不可使材料随意接触其他物体,以免造成污染。

（4）接种

将已经灭菌的滤纸用无菌镊子小心夹出来放在超净工作台上,再分批将已消毒好的材料夹出来放在无菌滤纸上,用无菌解剖刀将嫩叶切成 0.5 cm × 0.5 cm 的小块,在无菌状态下将已切好的小块外植体轻轻接种于诱导培养基表面,叶面朝上,每瓶接入 5 块左右。盖好瓶盖,写好标签,置于培养室培养。

（5）培养及观察

培养室的温度为 (25 ± 2)℃,光照强度为 1 500 ~ 2 000 lx,光照时间为 14 h/d。3 ~ 5 d 后可从切口处开始形成愈伤组织,之后颜色逐渐转绿,并有小芽点出现,15 d 后即有丛生芽出现。

（6）分化及增殖

将培养 15 ~ 20 d 带有丛生芽的愈伤组织在无菌条件下切成小块,分接入分化培养基中,培养条件同上。待嫩茎长至 1.5 cm 左右时,即可剪下诱导生根。

（7）生根及移栽

将 1.5 cm 高的小苗剪下,接入生根培养基中培养 7 ~ 10 d,待长出 5 ~ 7 条长 1 ~ 1.5 cm 的新根,苗高 3.5 cm 左右,浓绿、粗壮、长势良好,便可移栽。

将生根的健壮小苗从瓶中取出,洗净根部培养基,用 500 倍甲基托布津或多菌灵消毒 5 ~ 10 s,移栽至珍珠岩:腐殖质 = 1:1 的基质中,保持相对湿度 85%,前期遮阴,后期逐渐增加光照,成活率可达 95% 以上。当苗长至 10 cm 高时,移至同样基质的花盆中,正常管理 3 ~ 4 个月后即可开花出售。

4）作业

（1）计算产生愈伤组织的比率和污染率。

产生愈伤组织的比率 = 产生愈伤组织的块数/接种总块数 × 100%

污染率 = 污染瓶数/接种总瓶数 × 100%

（2）分析本次实验的结果。

实训 6　葡萄茎段培养

1）目的要求

要求学生掌握植物茎段培养的一般技术,熟悉所需设备和实验条件;掌握茎段外植体材料的选择和消毒方法。

2）用具与材料

（1）用具

超净工作台、高压灭菌锅、电磁炉、不锈钢煮锅、接种器具消毒器、酒精灯、解剖刀、手术剪、长柄镊子、刻度搪瓷缸、培养皿、烧杯、滤纸、培养瓶、移液器等。

（2）试剂

75% 酒精、0.1% 升汞、1 mol/L NaOH、1 mol/L HCl、MS 培养基母液、植物生长调节剂母

液、无菌水等。

（3）材料

葡萄带芽嫩枝。

3）内容及方法

（1）培养基的配制

按照表 2 中的配方配制培养基，分装到组培瓶后，高压灭菌，备用。

表 2　葡萄茎段培养基

培养目的	基本培养基	生长调节物质	蔗糖	琼脂	其　他
诱导愈伤组织	MS	6-BA 0.5 mg/L	3%	7 g/L	pH 5.8
继代增殖	MS	NAA 0.1 mg/L + 6-BA 1 mg/L	3%	7 g/L	pH 5.8
生根	1/2 MS	IBA 1 mg/L	1%	7 g/L	活性炭 0.5%, pH 5.8

（2）取材及预处理

从优良植株上采集健壮、无病虫害的当年生带饱满而未萌动侧芽的枝条，用自来水冲洗干净，在洗涤剂或洗衣粉水中浸泡 30 min，然后用流水冲洗 4~6 h。

（3）消毒

提前 30 min 将诱导培养基、无菌水、消毒药品、酒精灯及接种工具放入超净工作台，同时把接种器具插入接种器具消毒器中，并打开消毒器的电源，然后立即开启紫外灯，照射 30 min 后，打开风机通风 10 min 即可进行外植体消毒。

采回的材料除去枝条上的叶片，剪成单芽茎段，在超净工作台上用 75% 酒精消毒 20 s，无菌水冲洗 1 次，在 0.1% 升汞中消毒 8~10 min。消毒时不断搅动消毒材料，最后用无菌水冲洗 4~5 次。也可在消毒剂中滴加几滴 Tween-20，消毒效果会更好。

（4）接种

剪去茎段两端截面，按照无菌操作要求，将 1~2 cm 带腋芽的茎段接种到芽诱导培养基上，注意要把芽露出培养基表面。

（5）培养条件

培养室适宜温度为 22~28 ℃，光照强度为 1 000~2 000 lx，光照时间为 16 h/d。

（6）继代培养

当腋芽萌发并长至 1 cm 左右时，把腋芽剪下转入继代培养基上培养，3~4 周后形成许多丛生芽。

（7）生根

当组培苗增殖到一定数量后，可将丛生芽中较大的苗接种到生根培养基上，1 个月后，有 5~6 条根长出。较小的苗继续在继代培养基上培养，进行壮苗和扩繁。

（8）移栽

小植株可进行大棚移栽，基质选用细沙，具有良好通透性，又有一定保水能力，不需要消毒。将生根小苗移栽在铺有细沙的苗床上，盖上塑料薄膜，适当遮阳。移栽后的 15 d 内，密封膜内空气相对湿度为 100%，沙的绝对含水量在 10% 以上。苗床内光照度控制在 2 500 lx 左右。移栽 15 d 后，逐渐揭开薄膜进行炼苗，并降低沙的含水量，加强光照度。1

个月后小苗成活,长出 3~4 片新叶,即可揭开薄膜,但仍需适当遮阳。

4) 作业

每隔 7 d 观察 1 次试管苗的生长情况,并做好记录。观察内容包括污染率、萌发时间、苗高、增殖系数、生根率和根长等。根据实训结果撰写实训报告。

污染率 = 污染瓶数/接种总瓶数 ×100%

萌发率 = 萌发数/接种总数 ×100%

繁殖系数 = 每瓶形成的有效苗数/接种苗数 ×100%

生根率 = 生根苗数/接种总苗数 ×100%

实训 7　胡萝卜离体根培养

1) 目的要求

掌握离体根培养的无菌操作流程;初步掌握离体根的培养条件;能有效地对离体根进行培养,并诱导出愈伤组织。

2) 用具与材料

(1) 用具

解剖刀、刮皮刀、不锈钢打孔器、超净工作台、高压灭菌锅、接种器具消毒器、电磁炉、不锈钢煮锅、酒精灯、手术剪、长柄镊子、刻度搪瓷缸、培养皿、烧杯、滤纸、显微镜、移液器等。

(2) 试剂

75% 酒精、2% 次氯酸钠、1 mol/L NaOH、1 mol/L HCl、MS 培养基母液、植物生长调节剂母液、无菌水、0.05% 甲苯胺蓝等。

(3) 材料

胡萝卜。

3) 内容及方法

(1) 培养基的配制

按照表 3 中的配方配制培养基,分装到组培瓶后,高压灭菌,备用。

表 3　胡萝卜根离体培养基

培养目的	基本培养基	生长调节物质	蔗糖	琼脂	pH
诱导愈伤组织	MS	2,4-D 1 mg/L	3%	7 g/L	5.8
分化芽	MS	NAA 0.1 mg/L + 6-BA 0.1 mg/L	3%	7 g/L	5.8
生根	1/2 MS	IBA 1 mg/L	1%	7 g/L	5.8

(2) 外植体的预处理

取健壮的胡萝卜,在流水中彻底洗净,用刮皮刀削去外层组织后,横切成大约 10 mm 厚的切片。之后各步骤均须在无菌条件下进行。

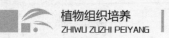
（3）消毒

提前 30 min 将诱导培养基、无菌水、消毒药品、酒精灯及接种工具放入超净工作台，同时把接种器具插入接种器具消毒器，并打开消毒器具电源，然后立即开启紫外灯，照射 30 min 后，打开风机通风 10 min 即可进行外植体消毒。

胡萝卜片经 75% 酒精处理 30 s 后，无菌水冲洗一遍，再用 2% 次氯酸钠浸泡 10 min，无菌水浸洗 3~4 次。

（4）切块

把胡萝卜片放入培养皿中，用镊子固定住材料，然后用灭过菌的打孔器垂直打孔，每个小孔打在靠近微管形成层的区域，务必打穿组织。然后从组织片中抽出打孔器，将胡萝卜组织片收集在装有无菌水的培养皿中。重复打孔步骤，直至收集到足够数量的组织原片。

（5）接种

用灼烧灭菌过的镊子取出组织原片，放入培养皿中，用刀片把组织原片切成 2 mm 长的小块，放入装有无菌水的培养皿中。把胡萝卜组织小块转移到灭过菌的滤纸上，吸干水分后接种在培养基表面。

（6）培养

将培养物一部分置于 25 ℃ 培养箱中进行暗培养，另一部分置于光照培养箱中进行培养，光照强度为 2 000 lx，光照时间为 14 h/d。比较光培养和暗培养对愈伤组织诱导的反应。

（7）愈伤组织观察

培养 1 周后，外植体表面开始变得粗糙，有许多光亮点出现，这是愈伤组织开始形成的症状。大约 3 周后，将长大的愈伤组织切成小块转移到新培养基上。用解剖针挑取一些愈伤组织细胞于载玻片上，在显微镜下观察其细胞的特征，也可先用 0.05% 甲苯胺蓝染色后再进行观察。

（8）分化培养

将形成的愈伤组织分别接入芽分化培养基和生根培养基中，置于温度 26 ℃、光照时间 14 h/d、光照强度 2 000 lx 条件下培养。观察记录愈伤组织的形态变化，并在 3~4 周后统计幼芽分化率和生根率。

4）作业

观察并记录胡萝卜接种后的变化情况。观察内容包括污染率、幼芽分化率和生根率。根据实验结果撰写实训报告。

污染率 = 污染瓶数/接种总瓶数 ×100%

愈伤组织诱导率 = 形成愈伤组织的材料数/接种材料总数 ×100%

幼苗分化率 = 分化形成芽的愈伤组织块数/接种的愈伤组织总块数 ×100%

生根率 = 生根的愈伤组织块数/接种愈伤组织总块数 ×100%

实训 8　君子兰花器官离体培养

1）目的要求

茎尖是大多数植物离体培养应用最普遍的外植体,但君子兰植株生长缓慢,生长点数量少,取茎尖后对母株造成的伤害无法恢复,而且取材难度大,易污染,因此,不宜取茎尖做离体培养的外植体。选用君子兰的花瓣、花丝、胚珠为外植体进行培养,具有取材方便、不损伤母本植株、能保持母本品种优良性状的特点,一旦取得成功,其应用前景广阔。

通过本实训,要求学生掌握花器官离体培养的方法和步骤,熟悉所需实验设备和条件;利用花器官诱导出愈伤组织,并进一步分化成苗。

2）用具与材料

（1）用具

超净工作台、高压灭菌锅、电磁炉、不锈钢煮锅、酒精灯、手术剪、长柄镊子、刻度搪瓷缸、培养皿、烧杯、滤纸、酒精灯、接种器具消毒器、移液器等。

（2）试剂

75% 酒精、0.1% 升汞、1 mol/L NaOH、1 mol/L HCl、MS 培养基母液、植物生长调节剂母液、无菌水等。

（3）材料

君子兰花蕾。

3）内容及方法

（1）培养基的配制

按照表 4 中的配方配制培养基,分装到组培瓶后,高压灭菌,备用。

表 4　君子兰花器官离体培养基

培养目的	基本培养基	生长调节物质	蔗糖	琼脂	pH
诱导愈伤组织	MS	2,4-D 2 mg/L + NAA 0.5 mg/L + 6-BA 1 mg/L	3%	7 g/L	5.8
分化芽	MS	NAA 0.1 mg/L + 6-BA 0.1 mg/L	3%	7 g/L	5.8
生根	1/2 MS	IBA 1 mg/L	1%	7 g/L	5.8

（2）外植体的采集和预处理

在君子兰刚刚抽箭时,于晴天选取幼小花蕾,用剪刀剪取置于干净的塑料袋中立即带回实验室。

（3）消毒

提前 30 min 将诱导培养基、无菌水、消毒药品、酒精灯及接种工具放入超净工作台,同时把接种器具插入接种器具消毒器中,并接通消毒器具电源,然后立即开启紫外灯,照射 30 min 后,打开风机通气 10 min 即可进行材料消毒。

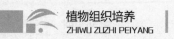

在超净工作台上用75%酒精棉球擦拭花蕾外部后,用剪刀剪下花瓣和花丝置于0.1%升汞中消毒3~5 min,之后用无菌水浸洗4~5次。注意不可使外植体随意接触其他物体,以免造成污染。

（4）接种

将已灭菌的滤纸用无菌镊子小心夹出来放在超净工作台上,再分批将已消毒好的材料夹出来放在无菌滤纸上,用无菌解剖刀将花瓣切成0.5 cm×0.5 cm的小块,花丝剪成1 cm左右长的小段轻轻接种于诱导培养基表面,每瓶接入5个左右。盖好瓶盖,写好标签,置于培养室培养。

（5）培养及观察

培养室的温度为(25±2)℃,光照强度为1 500~2 000 lx,光照时间为14 h/d。每隔7 d观察1次切口处是否形成愈伤组织。

（6）分化及增殖

将愈伤组织在无菌条件下切成小块,分接入分化培养基中,培养条件同上。待分化出嫩茎且嫩茎长至1.5 cm左右时,即可剪下诱导生根。

（7）生根及移栽

将1.5 cm小苗剪下,接入生根培养基中培养,待长出3~5条长1~1.5 cm的新根,苗高3.5 cm左右,浓绿、粗壮、长势良好,便可移栽。

4）作业

（1）计算产生愈伤组织的比率、污染率、幼苗分化率及生根率。

产生愈伤组织的比率 = 产生愈伤组织的总数/接种总数×100%

污染率 = 污染瓶数/接种总瓶数×100%

幼苗分化率 = 分化形成芽的愈伤组织块数/接种的愈伤组织总块数×100%

生根率 = 生根的幼苗数/接种的总幼苗数×100%

（2）比较花瓣培养与花丝培养结果的差异。

实训9　月季花药离体培养

1）目的要求

我国利用花药培养选育单倍体在粮食作物(如水稻)上已获得了成功,在园艺植物的单倍体育种上也有一定的成效。本实训的目的是培养学生掌握植物花药培养接种的一般技术,熟悉所需设备和实验条件。

2）用具与材料

（1）用具

生物显微镜、超净工作台、高压灭菌锅、电磁炉、不锈钢煮锅、酒精灯、盖玻片、载玻片、手术剪、接种环、长柄镊子、刻度搪瓷缸、接种器具消毒器、移液器、培养皿、广口瓶、滤纸、纱布、脱脂棉等。

（2）试剂

75%酒精、0.1%升汞、1% I_2-KI 溶液、无菌水、1 mol/L NaOH、1 mol/L HCl、MS 培养基母液、植物生长调节剂母液等。

（3）材料

开放前的月季花蕾。

3）内容及方法

（1）培养基的配制

按照表 5 中的配方配制培养基，分装到组培瓶后，高压灭菌，备用。

表 5　月季花药培养基

培养目的	基本培养基	生长调节物质	蔗糖	pH
诱导愈伤组织或花粉胚	MS	2,4-D 2 mg/L	6%	5.8
愈伤组织分化成苗	MS	KT 1 mg/L + 2,4-D 2 mg/L	3%	5.8
生根	1/2 MS	IBA 1 mg/L	3%	5.8

（2）花蕾采集

月季花药培养采用花粉发育处于单核靠边期的初花期成功率最高。月季的花药处于单核靠边期时一般为完全未开放的初花期花蕾。花蕾采集后基部用湿润纱布包好，放入塑料袋，带回实验室。

（3）花粉镜检

采集的花蕾去除表面几层花瓣后，用酒精擦拭里层花瓣，进行表面消毒。然后剥去花瓣，取出花药用显微镜检测花粉生活力及发育时期，每朵花取 1~2 个花药，置于载玻片上，加 1% I_2-KI 试剂 1 滴，用镊子或解剖针捣碎花药并将花药壁、花丝等残渣去掉，盖上盖玻片，过 10 min 左右在显微镜下观察。花粉粒呈现黄色的未积累淀粉，细胞核颜色深、清晰可辨、核已被大液泡挤向细胞一侧，即为单核靠边期。按照典型单核靠边期的花蕾形态，采集合适的花蕾。

（4）材料预处理

将装有花蕾的塑料袋口扎好，置于 10 ℃培养箱中处理 2~4 d 或更长，以提高花粉胚和愈伤组织诱导率。

（5）材料消毒

将采集的花蕾去除表面几层花瓣后，用酒精擦拭里层花瓣，进行表面消毒。然后在超净工作台上置于经高温灭菌的组培瓶中，用 0.1% $HgCl_2$ 浸泡 5 min（或用 2%次氯酸钠浸泡 10~20 min），倒出 $HgCl_2$，用无菌水洗涤 4~5 次后备用。

（6）接种

在超净工作台上用长柄镊子撕破花瓣，取出花药置于经高温灭菌过的滤纸或培养皿中，再用接种环或镊子蘸取花药转入经高温灭菌过的培养基上，每瓶培养基可放花药 15 个左右。每接完一瓶，将瓶口在酒精灯火焰上旋转灼烧一下，再盖紧瓶盖，标记好接种日期，培养基代号等。注意在接种过程中使用的滤纸最好用无菌水浸湿，以免花药失水过快。

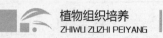

(7)培养

培养室温度 26~28 ℃,暗培养 5~7 d 后转为光照强度为 1 500~4 000 lx(2 支 40 W 日光灯),光照时间为 12 h/d。培养 15~20 d,花药开始产生愈伤组织,待愈伤组织长至 2~4 mm 后,即可转入分化培养基中。培养过程中要注意观察,记录材料生长、分化及污染情况等。

(8)分化成苗

将愈伤组织在无菌条件下切成小块,分接入分化培养基中,培养条件同上。待分化出嫩茎且嫩茎长至 1.5 cm 左右时,即可剪下诱导生根。将 1.5 cm 小苗剪下,接入生根培养基中培养,待长出 3~5 条长 1~1.5 cm 的新根,苗高 3.5 cm 左右,浓绿、粗壮、长势良好,便可炼苗。

(9)炼苗及移栽

将生根的小苗从瓶中取出,洗净根部培养基,用 500 倍甲基托布津或多菌灵灭菌 5~10 s 移栽至珍珠岩与腐殖质等量混合的基质中,保持相对湿度为 85%,前期遮阴,后期逐渐增加光照。当苗长至 10 cm 时,移至同样基质的花盆中,正常管理。

4)作业

(1)计算产生愈伤组织的比率、花粉胚发生率和污染率。

产生愈伤组织的比率 = 产生愈伤组织的花药总数/接种花药总数×100%

花粉胚发生率 = 形成花粉胚的花药总数/接种花药总数×100%

污染率 = 污染瓶数/接种花药总瓶数×100%

(2)分析本次试验的结果。

实训 10　柑橘杂种胚离体培养

1)目的要求

柑橘大多数品种具有多胚性,杂交授粉后,珠心胚生长旺盛,常常引起杂种胚败育甚至退化,这是柑橘杂交育种面临的一大难题。随着组织培养技术的日趋完善,在用多胚品种进行杂交育种时,胚挽救可在一定程度上弥补珠心胚干扰杂种胚发育这一缺陷,是克服柑橘珠心胚干扰的有效方法。通过本实训,让学生进一步了解杂种胚培养的意义,并掌握杂种胚培养的基本方法和技术。

2)用具与材料

(1)用具

解剖镜、超净工作台、高压灭菌锅、电磁炉、不锈钢煮锅、酒精灯、解剖针、解剖刀、手术剪、接种环、长柄镊子、刻度搪瓷缸、培养皿、广口瓶、滤纸、纱布、脱脂棉、接种器具消毒器、移液器等。

(2)试剂

75% 酒精、0.1% 升汞、无菌水、1 mol/L NaOH、1 mol/L HCl、MS 培养基母液、植物生长

调节剂母液。

（3）材料

以橙和橘为亲本配制的杂交组合。

3）内容及方法

（1）培养基的配制

萌发培养基：MS + IAA 0.5 mg/L + BA 0.25 mg/L + 蔗糖 8% + 活性炭 0.3%，pH 5.8；
生根培养基：1/2 MS + IBA 0.1 mg/L + 蔗糖 1% + 活性炭 0.5%，pH 5.8。

（2）杂种胚的获得

以橙为母本与橘杂交，授粉后的第 55 d 开始，每隔 5 d 取杂交后的幼果 1 次，剥取胚胎，纵剖后在解剖镜下观察胚的发育情况，直到观察到胚囊中有珠心胚形成后，开始进行幼胚离体培养。

（3）材料灭菌

观察到胚囊中有珠心胚形成开始，每隔 5 d 取 1 次幼果进行胚离体培养，共取样 4 次。幼果采集后用自来水冲洗干净，在超净工作台上经 75% 酒精表面消毒 1 min，无菌水漂洗 1 次，然后用 0.1% 升汞消毒 8 min，无菌水洗涤 4~5 次后备用。

（4）接种

接种在超净工作台上进行，在解剖镜下用解剖刀切开幼果，剥取幼嫩胚胎，切取珠孔端 2~3 mm 部分接种于胚萌发培养基上，一般每瓶接种 10 个左右。

（5）培养条件

培养室温度保持在（26 ±2）℃，光照强度为 1 500~2 000 lx，光照时间为 12 h/d，培养 15 d 左右，剥去外种皮，在相同条件下进行继代培养。观察统计不同批次离体培养胚胎中胚的生长情况和胚的数量。

（6）生根培养

继代培养小芽长至 3 cm 以上时，切取 2 cm 左右，转入生根培养基中暗处理 4 d 后，再转入正常培养，经 30 d 左右可形成良好的根系。经 10~15 d 炼苗后可移栽。

4）作业

统计离体胚培养的污染率和成活率，并撰写实训报告。

污染率 = 污染瓶数/接种总瓶数 ×100%

成活率 = 培养获得的杂种苗总数/接种的杂种胚总数 ×100%

实训 11　枸杞胚乳离体培养

1）目的要求

大多数被子植物的胚乳是精子和中央极核融合的产物，为三倍体，且胚乳细胞也具有一般植物细胞所具有的"全能性"，通过胚乳培养可以获得无籽、大果型的三倍体枸杞植株。通过本实训让学生加深对胚乳培养用途的了解，掌握胚乳培养的操作程序及方法。

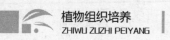

2）用具与材料

（1）用具

超净工作台、高压灭菌锅、电磁炉、不锈钢煮锅、酒精灯、解剖针、解剖刀、手术剪、接种环、长柄镊子、刻度搪瓷缸、培养皿、广口瓶、滤纸、纱布、脱脂棉、接种器具消毒器、移液器等。

（2）试剂

75%酒精、0.1%升汞、无菌水、1 mol/L NaOH、1 mol/L HCl、MS培养基母液、植物生长调节剂母液。

（3）材料

枸杞胚乳。

3）内容及方法

（1）培养基的配制

诱导培养基：2,4-D 1 mg/L + NAA 0.2 mg/L + 6-BA 0.1 mg/L + 3%蔗糖,pH 5.8；

分化培养基：MS + NAA 0.01 mg/L + 6-BA 0.2 mg/L + 3%蔗糖,pH 5.8；

生根培养基：1/2 MS + IBA 1 mg/L + 6-BA 0.01 mg/L + 1%蔗糖,pH 5.8。

（2）取材及灭菌

采回新鲜果实,在超净工作台上用75%酒精浸泡30 s,再用0.1% $HgCl_2$溶液浸泡并充分振荡6~7 min,无菌水冲洗4~5次,然后将果实放在覆有滤纸的灭菌培养皿中,选取饱满的种子,沿背腹切开,用解剖针将胚及其他组织去掉。胚乳分离的干净程度直接影响着培养效果。

（3）接种

用镊子或接种环把切下的胚乳组织接种于诱导培养基上,每瓶接种胚乳6个左右,诱导胚乳愈伤组织。

（4）培养条件

在温度为(25 ±1)℃,光照时间为12 h/d,光照强度为2 000 lx的条件下进行培养,培养周期为20~30 d,统计愈伤组织诱导率。

（5）植株再生

将胚乳愈伤组织转移至新配制的分化培养基上,在温度为26 ℃,光照强度2 000~2 500 lx下培养,每6周继代1次。当分化出的不定芽长至1.5 cm以上时,转入生根培养基中进行诱导生根。

（6）生根培养

当小苗长至1.5 cm时,用手术剪剪下,接种于生根培养基中,培养1~2周待长出5~7条长1~1.5 cm的新根,选择浓绿、粗壮、长势良好的小苗进行炼苗和移栽。

4）作业

统计胚乳培养中产生愈伤组织的比率、污染率、幼苗分化率及生根率,并撰写实训报告。

产生愈伤组织的比率 = 产生愈伤组织的总数/接种总数 × 100%

污染率 = 污染瓶数/接种总瓶数 × 100%

幼苗分化率=分化形成芽的愈伤组织块数/接种的愈伤组织总块数×100%

生根率=生根的幼苗数/接种的总幼苗数×100%

实训 12 植物单细胞的分离

1) 目的要求

能正确进行单细胞的分离、收集与计数；获得质量好的单细胞；能按照要求正确、熟练地进行操作。

2) 用具与材料

（1）用具

生物显微镜、超净工作台、高压灭菌锅、盖玻片、吸水纸、过滤器（各种规格的尼龙网）、离心机、旋转式摇床、三角瓶等。

（2）试剂

75%酒精、0.1%升汞、植物激素、MS 培养基、无菌水。

（3）材料

水稻或小麦种子。

3) 内容及方法

（1）愈伤组织的诱导

①外植体消毒：挑选饱满的种子，去掉种皮后，在超净工作台上，用 75% 酒精消毒 2 min，再用 0.1% 升汞消毒 15 ~ 20 min，最后用无菌水冲洗 3 ~ 4 次。

②接种和培养：将消毒的种子接种在培养基表面，每瓶接种 3 粒种子。在暗室中培养。

③愈伤组织转接：3 周后，将形成的愈伤组织切割并转移入继代培养基中。

④愈伤组织筛选：诱导形成的愈伤组织在质地和物理性状上有明显差异。有的坚硬，有的疏松，需要进行继代筛选。同时，应考虑基本培养基中铵态氮的比例，植物激素的含种及种类，添加的天然有机物对愈伤组织生长的影响等因素。一般，在培养基中加入酵母提取物 3 ~ 5 g/L 可获得生长好，质地疏松的愈伤组织。

（2）继代培养

挑选幼嫩的愈伤组织进行转接继代，一般继代培养的时间间隔为 2 周。

（3）单细胞的分离

①愈伤组织细胞的计数：用于分离单细胞的愈伤组织每克鲜重含若干细胞，可预先进行计数。称取 1 g 幼嫩新鲜的愈伤组织，加入 0.1% 果胶酶，放在 25 ℃ 的培养室中 12 ~ 16 h，然后用磁力搅拌器低速搅动 3 min，即可获得细胞悬浮液，用血细胞计数板计数。

②血细胞计数板的使用方法：

a. 在显微镜下检查计数板上的计数室是否干净，若有污物，须用乙醇擦洗，用蒸馏水冲洗干净，再用吸水纸吸干水分。

b. 将盖玻片盖在计数室上面，将细胞悬浮液滴在盖玻片一侧边缘，使它沿着盖玻片和

计数板的缝隙渗入计数室,直到充满计数室为止。

c. 将计数板放在显微镜的载物台上,计数时显微镜的载物台不能倾斜,必须保持水平。

d. 依次逐个计数中央大方格(0.1 mm³,即0.1 μl)内25个中方格里的细胞,然后根据公式计算出每毫升悬浮液中细胞的数目。

细胞数目(个/ml) = 1个大方格内悬浮液的细胞数 × 10 000

e. 计数完后,将计数板洗净,并用吸水纸吸干水分。

③单细胞的分离:参照所测得的愈伤组织细胞数,称取适量的愈伤组织细胞,放入含有适量液体培养基的三角瓶(125 ml)中,在110 r/min的旋转式摇床上振荡暗培养,温度保持在25~28 ℃。

④悬浮液的过滤:连续振荡3周后,用148 μm尼龙网过滤,除去愈伤组织碎片及较大的细胞团。经过滤后可获得95%的单个游离细胞。

⑤单细胞的收集:取过滤液200 g离心5 min,收集单细胞及小细胞团。

4)作业

(1)统计接种后的污染率、愈伤组织形成率。

(2)用血细胞计数板统计1 g愈伤组织处理后,细胞悬浮液中的细胞数目。

(3)在显微镜下观察收集的单细胞及小细胞团的形态特征。

实训13 植物细胞悬浮培养

1)目的要求

掌握细胞起始密度和活细胞检测的方法;熟悉悬浮培养的工艺流程;获得质量好的细胞悬浮培养产物。

2)用具与材料

(1)用具

生物显微镜、超净工作台、高压灭菌锅、玻璃过滤器(不同规格的尼龙网)、血细胞计数板、三角瓶等。

(2)试剂

二醋酸荧光素、酚藏红花或尹文思蓝等燃料、培养基(MS、B_5、N_6)。

(3)材料

水稻或小麦种子无菌培养得到的愈伤组织分离出来的单细胞悬浮液。

3)内容及方法

(1)计算细胞起始密度

将悬浮液的滤液200 g离心5 min后,将2/3的上清液倒掉,剩下1/3的大部分移入预先消毒的125 ml的三角瓶中待用,使离心管中剩余最后1 ml上清液。摇动离心管,使沉淀悬浮,吸取1滴放在血细胞计数板上计算细胞密度。

(2)测定活细胞率

用酚藏红花溶液和二醋酸酯荧光素溶液测定活细胞率。步骤如下：

①配制 0.1% 酚藏红花水溶液，溶剂为培养液。

②二醋酸酯荧光素要先用丙酮配成浓度为 5 mg/ml 的母液，贮藏在冰箱中备用。使用时用培养液稀释为浓度 0.01%。

③将培养物和二醋酸酯荧光素溶液在载玻片上混合后，用 0.1% 酚藏红花水溶液作染料，滴一滴在载玻片上，与上述溶液混合。在染料与细胞悬浮培养物混合后，在显微镜下观察，染上红色的为死细胞，未染色的为活细胞。

(3)细胞悬浮培养

将第一步中留在三角瓶中的上清液倒入离心管中，并根据需要的起始刻度，补充加入新鲜的培养基，然后将其倒入三角瓶中。在 110 r/min 的旋转式摇床上连续振荡培养，暗室的室温保持在 29 ℃，培养期间对悬浮培养的细胞定期计数细胞密度。

(4)细胞团和愈伤组织的再形成

悬浮培养的单个细胞在 3~5 d 内可见细胞分裂，大约 1 周后单个细胞和小细胞团不断分裂形成肉眼可见的愈伤组织细胞团。

(5)植株再生

大约培养 2 周后，将细胞分裂再形成的小愈伤组织团块及时转移到分化培养基上，连续光照，室温保持 25 ℃，3 周左右即可分化出试管苗。试管苗长至试管顶端时，取出并洗净琼脂，将根在 0.1% 烟酰胺水溶液中浸泡 1 h，然后移栽到营养钵中，成活后，可移栽入温室。

4)作业

(1)测定水稻或小麦种子无菌培养得到的愈伤组织分离出的单细胞悬浮液中的活细胞率。

(2)观察并记录细胞悬浮培养过程中单细胞的变化过程。

实训 14　马铃薯茎尖培养脱毒

1)目的要求

植物病毒在寄主体内的分布具有不均匀性，茎尖或根尖等分生组织不含或很少含有病毒粒子。因此，通过植物分生组织离体培养可获得无病毒植株。此外，某些病毒对热不稳定，在较高温度(35~40 ℃)条件下会被钝化而失活，其增殖速度会减缓或停止。

了解植物茎尖脱毒的基本原理；掌握马铃薯茎尖脱毒的实验过程及方法；学习应用指示植物法对马铃薯脱毒苗进行鉴定。

2)材料与用具

(1)材料

马铃薯块茎、指示植物等。

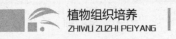

（2）药品

MS 培养基母液、各种植物生长调节剂母液、75% 酒精、0.1% 升汞、蔗糖、琼脂、蒸馏水等。

（3）用具

光照培养箱、超净工作台、镊子、酒精灯、封口膜、三角瓶、解剖刀、培养皿、解剖针、解剖镜等。

3）内容及方法

（1）室内催芽

选择表面光滑的优良马铃薯块茎,播种于湿润的无菌沙土中,适温催芽。

（2）高温处理

待芽长至 2 cm 时,将发芽块茎置于 38 ℃光照培养箱中,光照时间为12 h/d,处理 2 周左右。

（3）培养基的配制

初代培养基:MS + GA$_3$ 0.05 ~ 0.15 mg/L + NAA 0.1 ~ 1 mg/L + 6-BA 0.1 ~ 0.5 mg/L + 蔗糖3% + 琼脂 6 g/L,pH 5.8。

扩繁培养基:MS + 6-BA 1 mg/L + 蔗糖3% + 琼脂 6 g/L,pH 5.8。

生根培养基:1/2 MS + IBA 0.3 ~ 0.5 mg/L + 蔗糖 1.5% + 琼脂 6 g/L,pH 5.8。

（4）材料剪取与灭菌

剪取经过热处理的马铃薯茎尖 1 ~ 2 cm,自来水冲洗 30 min,剥去外层叶片。将茎尖置于超净工作台上,无菌条件下进行消毒。用75% 酒精浸泡 5 ~ 15 s,无菌水冲洗后,再用0.1% 升汞浸泡 8 ~ 10 min,无菌水冲洗 3 ~ 5 次,每次 5 min。然后将处理过的材料放入灭过菌的培养皿中待用。

（5）茎尖剥离与接种

在超净工作台上,把装有已消毒茎尖的培养皿放在解剖镜下,逐层剥去幼叶。直至出现圆滑生长点,用灭过菌的解剖刀切取长 0.1 ~ 0.5 mm 带 1 ~ 2 个叶原基的茎尖,直立接种到固体培养基上。培养条件为温度 23 ~ 27℃,光照强度 1 000 ~ 3 000 lx,光照时间 16 h/d。5 ~ 7 d 茎尖转绿,40 ~ 50 d 成苗。

待茎长到 3 cm 以上并生根时,便可移栽。初期保持高湿状态,使之能正常成活。对有些难以生根的品种,可将其嫁接到无病毒的砧木上。

（6）病毒检测

用指示植物法,指示植物有千日红和苋色藜等。将脱毒苗的叶片和少量金刚砂混合,研磨成粗液汁,然后摩擦指示植物的叶片,经清水清洗后,置于温室内待测。2 ~ 3 d 后观察指示植物叶片上是否出现了局部圆形的枯斑,若没有出现,则可证明脱毒成功。

（7）扩繁与生根培养

经检测无病毒后,可在无菌条件下,将马铃薯脱毒苗切割成带一个腋芽的茎段接种到扩繁培养基上培养,每瓶可接种 15 ~ 20 个单节茎段。培养至苗高 3 ~ 5 cm 时,转接到生根培养基上进行生根培养。

（8）驯化、移栽

移栽前,将长有 3 ~ 5 片叶,高 5 ~ 10 cm 的试管苗不开瓶从培养室移至温室进行炼苗。

炼苗条件为温度白天23~27 ℃,夜间不低于14 ℃,当试管苗具有5~7个浓绿的小叶时开盖炼苗,4~5 d后即可移栽。

移栽时,取出试管苗,洗净根部的培养基,移入温室内的珍珠岩基质中。先用镊子将基质压割成1~2 cm深的沟槽,将试管苗置于沟中,覆盖基质并浇水,以便根部与基质紧密接触。遮光保湿2~3 d,温室内的相对湿度保持在85%以上,气温白天控制在25~28 ℃,夜间不低于15 ℃。当植株高达10~15 cm,具有5片左右完全展开的浓绿复叶时移入田间。

4)作业

(1)观察接种后外植体的生长、分化及污染情况,及时统计并详细记录有关接种、培养、脱毒检测、试管苗移栽等过程中的相关数据。

(2)计算污染率、脱毒率、移栽成活率。

污染率 = 污染瓶数/接种总瓶数 ×100%

脱毒率 = 检测出的无毒苗植株数/被检测的试管苗总株数 ×100%

移栽成活率 = 移栽成活的植株数/移栽试管苗的总株数 ×100%

(3)对实训结果及实训过程中出现的问题进行分析讨论。

实训 15　种质资源的超低温离体保存

1)目的要求

能够按照超低温保存工艺流程正确操作;要求操作技术熟练,规范,离体保存的细胞生活力强。

2)用具与材料

(1)用具

解剖镜、荧光显微镜、无菌过滤器、超净工作台、旋转式摇床、振荡培养箱、水浴锅、烧杯、三角瓶、量筒、容量瓶、酒精灯、液氮冰箱、微孔滤膜、无菌移液器、培养皿、载玻片、解剖刀、聚丙烯安瓿瓶等。

(2)试剂

培养基(MS + 2,4-D 2 mg/L)、脯氨酸、95%乙醇、2%次氯酸钠、无菌水、0.5%二乙酸荧光素(FDA)贮备液、0.1%酚藏红花水溶液、冰块等。

(3)材料

玉米悬浮培养的细胞或种子。

3)内容及方法

超低温冷冻保存操作流程见图1,具体操作方法如下:

(1)玉米悬浮培养体系的建立

①将玉米种子用2%次氯酸钠消毒10 min 后,用无菌水漂洗3~5次。

②在超净工作台上,将消毒的种子置于无菌载玻片或培养皿上,借助解剖镜,用解剖针固定胚,用另一个解剖针将种子中未成熟的胚切为直径1~1.5 mm的小块。

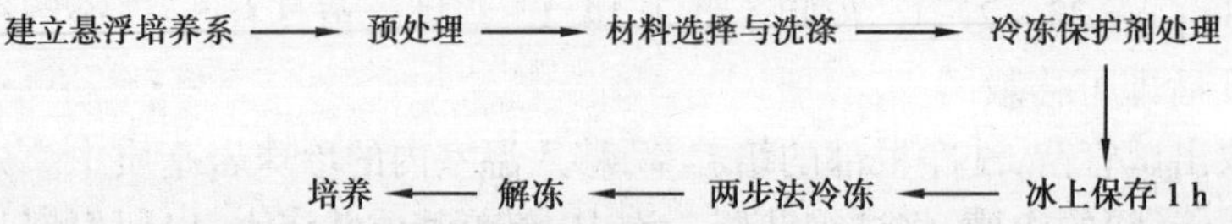

建立悬浮培养系 ⟶ 预处理 ⟶ 材料选择与洗涤 ⟶ 冷冻保护剂处理

培养 ⟵ 解冻 ⟵ 两步法冷冻 ⟵ 冰上保存 1 h

图 1 超低温冷冻保存操作流程

③在每个培养皿中放置 5~6 块未成熟胚,盾片朝上接种在 MS + 2,4-D 2 mg/L 的培养基上,在 25 ℃下暗培养。3~4 周盾片被诱导出愈伤组织。4~6 周后将愈伤组织切块转接,扩大愈伤组织的数量。

④将愈伤组织块转移到无菌的培养皿中,并分割为 20~30 个小块,每块愈伤组织分别转移到含有 15 ml 液体培养基的三角瓶中,在 125 r/min 旋转式摇床上培养。每周进行 1 次继代培养。开始的几次继代培养可吸取一部分旧的培养基,添加等量的新鲜培养基。当细胞群已经加倍时,用等体积的培养基把培养物分在两个三角瓶中,重复培养。为了保持细胞系,在培养 7~10 d 后,可以按照 1:4 或 1:10(旧培养基:新鲜培养基)的比例进行稀释。

(2)材料的预处理

将活跃生长的悬浮培养细胞在添加 10% 脯氨酸的新鲜培养基上进行继代培养。

(3)材料的选择与洗涤

3~4 d 后用不含有脯氨酸的冷培养基将上述预处理过的悬浮细胞洗净,重新悬浮培养在新鲜的培养基中。

(4)冷冻保护剂处理

在 0 ℃下将含有 20% 脯氨酸的冷培养基分成 4 份,并在 1 h 内逐渐加入到等量的冷细胞悬浮液中。将混合液在冰块上保存 1 h 后,转移到灭过菌的聚丙烯安瓿瓶中,盖好盖子。每个 2 ml 的安瓿瓶中用移液枪加入 1 ml 混合液。

(5)材料冷冻处理

用可控降温仪以 1 ℃/min 的速度将安瓿瓶冷却到 -30 ℃,保持 30~40 min 后,将安瓿瓶投入到液氮冰箱中进行贮藏。

(6)材料的解冻与培养

从液氮冰箱中取出安瓿瓶,直接放入 40 ℃的水浴锅中,停留 1~2 min。将解冻的混合液涂在平板培养基上进行重新培养,并检查细胞生活力。

4)作业

测定解冻后的细胞生活,撰写实训报告。

实训 16 组培苗工厂化生产的厂房和工艺流程设计

1)目的要求

通过实训进一步加深学生对组培苗生产的特点和生产模式的认识;依据组培生产特点

和规模,学会科学、合理地设计组培苗工厂化生产的厂房;掌握组培苗工厂化生产的工艺流程设计。

2)用具

绘图纸、绘图工具、相机、计算机等。

3)内容及方法

(1)设计组培苗生产工艺流程

根据植物组织培养的技术路线拟定工艺流程,如:采集茎尖→表面消毒→接种诱导培养基→茎尖生长→病毒鉴定→生根培养→完整小植株→炼苗→移栽成活。

不同品种的流程略有差异,例如进行果树育苗还需嫁接等操作流程,但对组培工厂化育苗而言,一般可根据上面的流程图来安排各项作业,只有相互衔接好、配合好,才能提高生产效益。

(2)设计组培苗工厂化生产厂房

①组培工厂空间及设备的确定:

a.所培养植物种类不同,其生长所需的时间和培养周期也不同。一般,木本植物比草本植物的培养周期长,设计时必须比草本植物多增加30%的空间和设备。

b.根据组培生产流程,组培苗工厂化生产厂房主要包括洗涤车间、培养基配制车间、灭菌车间、缓冲间与接种车间、培养车间、办公室、仓库、移栽苗圃等。

c.一个熟练的接种技术工,年接种量在10万~20万苗,若规划一个年生产量在20万株的组培工厂,需要配制2个无菌操作位置。通常每个无菌操作位置,均要配备净培养面积7~10 m^2。接种车间与培养车间的面积比约为1:3。

d.其他配套设备及操作用具的数量,以每个超净工作台的需求量计算,包括解剖刀、镊子、剪刀、刀片等常用工具,一定要配备充足。

e.室外的温室、栽培示范区的面积要根据不同的植物种类来确定,要认真规划,仔细计算,合理投资,必须具备系统性,还要有实用性。

②组培工厂的设计要求:

a.选址:安静、清洁,避开环境污染的地方,降低生产成本,保证工作顺利进行。

b.生产车间的设计:设计组培生产车间时,要按照工作程序的先后,安排连续的生产线,避免环节错位。每个车间的选址要因地制宜,符合该车间的技术特点,管线及电路设计要专人负责。

③组培工厂的机构设置:一般必须配备一名企业法人统领全局,设两名副厂长或副总经理协助法人进行行政和财务管理。工厂可设立生产部、质检部、技术开发部、市场营销部、后勤部等部门。根据每个部门的规模,配备不同数量的人员。

4)作业

(1)以小组为单位,按照指导教师提供的素材和要求,设计一个组培苗生产工厂及某种植物组织培养的工艺流程。

(2)对各小组提交的设计方案进行交流讨论。

附　录

附录1　植物细胞组织培养常用缩略词及英汉对照

缩略词	英文名称	中文名称
ABA	abscisic acid	脱落酸
AC	activated charcol	活性炭
BA	6-benzyladenine	6-苄氨基腺嘌呤
BAP	6-benzylaminopurine	6-苄氨基嘌呤
CaMV	cauliflower mosaic virus	花椰菜花叶病毒
CCC	chlorocholine chloride	矮壮素
CH	casein hydrolysate	水解酪蛋白
CM	coconut milk	椰子汁
CPW	cell-protoplast washing（solution）	细胞-原生质体清洗液
2,4-D	2,4-dichlorophenoxyacetic acid	2,4-二氯苯氧乙酸
DMSO	dimethylsulfoxide	二甲基亚砜
ELISA	enzyme-linked immunosorbent assay	酶联免疫吸附法
EDTA	ethylenediamine tetraacetic acid	乙二胺四乙酸
FDA	fluorescein diacetate	荧光素双醋酸酯
GA$_3$	gibberellic acid	赤霉素
GUS	β-glucuroidase	β-葡糖糖苷酸酶
IAA	indole-3-acetic acid	吲哚乙酸
IBA	indole-3-butyric acid	吲哚丁酸
2-iP	2-isopentenyladenine	二甲基丙烯嘌呤
KT	kinetin	激动素
LH	lactalbumin hydrolysate	水解乳蛋白
lx	lux	勒克斯（光照强度单位）

续表

缩略词	英文名称	中文名称
mol	mole	摩尔
NAA	α-naphthaleneacetic acid	萘乙酸
PCV	packed cell volume	细胞密实体积
PCR	polymerase chain reaction	聚合酶链式反应
PEG	polyethylene glycol	聚乙二醇
PVP	polyvinyipyrrolidone	聚乙烯吡咯烷酮
Ri	root-inducing plasmid	Ri 质粒
r/min	rotation per minute	转每分钟
Ti	tumor-inducing plasmid	Ti 质粒
TIBA	2,3,5-triiodobenzoic acid	三苯碘甲酸
YE	Yeast extract	酵母浸提液
ZT	zeatin	玉米素

附录2 一般化学试剂的分级

级 别	中文名称	英文名称	英文缩写	标签颜色	纯度	用 途
—	超高纯	superhigh-purity reagent	SR	—	≥99.99%	用于一些痕量分析
一级试剂	优级纯	guaranteed reagent	GR	绿色	≥99.8%	用作基准物质,主要用于精密科学研究和分析实验
二级试剂	分析纯	analytical reagent	AR	红色	≥99.7%	用于一般科学研究和分析实验
三级试剂	化学纯	chemical pure	CP	蓝色	≥99.5%	用于要求较高的化学实验,或要求不高的分析检验
四级试剂	实验纯	laboratory reagent	LR	黄色	≥99%	用于一般的实验教学和要求不高的科学实验
—	生物试剂	biology reagent	BR	—	—	根据说明使用

附录3 组培常用化合物在不同温度下的溶解度

(g/100 ml 蒸馏水)

化合物名称	化合物分子式	温度/℃										
		0	10	20	30	40	50	60	70	80	90	100
硝酸银	$AgNO_3$	122	167	216	265	311	—	440	—	585	652	733
六水氯化钙	$CaCl_2 \cdot 6H_2O$	59.5	64.7	74.5	100	128	—	137	—	147	154	159
四水硝酸钙	$Ca(NO_3)_2 \cdot 4H_2O$	102	115	129	152	191	—	—	—	358	—	363
氯化钴	$CoCl_2$	43.5	47.7	52.9	59.7	69.5		93.8		97.6	101	106
硝酸铜	$Cu(NO_3)_2$	83.5	100	125	156	163	—	182	—	208	222	247
五水硫酸铜	$CuSO_4 \cdot 5H_2O$	23.1	27.5	32	37.8	44.6	—	61.8	—	83.8	—	114
氯化亚铁	$FeCl_2$	49.7	59	62.5	66.7	70	—	78.3	—	88.7	92.3	94.9
六水氯化铁	$FeCl_3 \cdot 6H_2O$	74.4	81.9	91.8	106.8	—	315.1	—	—	525.8	—	535.7
六水硝酸亚铁	$Fe(NO_3)_2 \cdot 6H_2O$	113	134	—	—	—	266	—	—	—	—	—
七水硫酸亚铁	$FeSO_4 \cdot 7H_2O$	28.8	40	48	60	73.3	—	100	—	79.9	68.3	57.8
硼酸	H_3BO_3	2.7	3.7	5	6.7	8.7	11.5	14.8	18.6	23.6	30.4	40.2
氯化氢	HCl	82.3	77.2	72.6	67.3	63.3	59.6	56.1	—	—	—	—
氯化钾	KCl	27.6	31	34	37	40	42.6	45.8	48.3	51.3	54	56.3
氯化汞	$HgCl_2$	3.63	4.82	6.57	8.34	10.2	—	16.3	—	30	—	61.3
硫酸钾	K_2SO_4	7.4	9.3	11.1	13	14.8	16.5	18.2	19.75	21.4	22.9	24.1
硝酸钾	KNO_3	13.9	21.2	31.6	45.8	63.3	85.5	106	138	167	203	245
碘化钾	KI	128	136	144	153	162	168	176	184	192	198	208
碘酸钾	KIO_3	4.6	6.3	8.1	10	12.6	—	16.3	—	24.8	—	32.3
高锰酸钾	$KMnO_4$	2.8	4.3	6.3	9	12.6	17	22.1	—	—	—	—
氢氧化钾	KOH	95.7	103	112	126	134	140	154	—	—	—	178
氯化镁	$MgCl_2$	52.9	53.6	54.6	55.8	57.5	—	61	—	66.1	69.5	73.3
硝酸镁	$Mg(NO_3)_2$	62.1	66	69.5	73.6	78.9	—	78.9	—	91.6	106	
硫酸镁	$MgSO_4$	22	28.2	33.7	38.9	44.5	—	54.6	—	55.8	52.9	50.4
氯化锰	$MnCl_2$	63.4	68.1	73.9	80.8	88.5	98.2	109	—	113	114	115
硝酸锰	$Mn(NO_3)_2$	102	118	139	206	—	—	—	—	—	—	—
硫酸锰	$MnSO_4$	52.9	59.7	62.9	62.9	60	—	53.6	—	45.6	40.9	35.3

化合物名称	化合物分子式	温度/℃										
		0	10	20	30	40	50	60	70	80	90	100
氯化铵	NH_4Cl	29.4	33.3	37.2	41.4	45.8	50.4	55.3	60.2	65.6	71.2	77.3
碳酸氢铵	NH_4HCO_3	11.9	16.1	21.7	28.4	36.6	—	59.2	—	109	170	354
磷酸二氢铵	$NH_4H_2PO_4$	22.7	29.5	37.4	46.4	56.7	—	82.5	—	118	—	173
磷酸氢二铵	$(NH_4)_2HPO_4$	42.9	62.9	68.9	75.1	81.8	—	97.2	—	—	—	—
硝酸铵	NH_4NO_3	118	—	192	242	297	344	421	499	580	740	871
硫酸铵	$(NH_4)_2SO_4$	70.6	73	75.4	78	81	—	88	—	95	—	103
氯化钠	$NaCl$	35.7	35.8	35.9	36.1	36.4	37	37.1	37.8	38	38.5	39.2
次氯酸钠	$NaClO_3$	79.6	87.6	95.9	105	115	—	137	—	167	184	204
硝酸钠	$NaNO_3$	73	80.8	87.6	94.9	102	104	122	—	148	—	180
碳酸钠	Na_2CO_3	7	12.5	21.5	39.7	49	—	46	—	43.9	43.9	—
碳酸氢钠	$NaHCO_3$	7	8.1	9.6	11.1	12.7	14.4	16	—	—	—	—
磷酸二氢钠	NaH_2PO_4	56.5	69.8	86.9	107	133	157	172	190	211	234	
磷酸氢二钠	Na_2HPO_4	1.7	3.5	7.8	22	55.3	50.2	82.8	88.1	92.3	102	104
硫酸钠	Na_2SO_4	4.9	9.1	19.5	40.8	48.8	46.7	45.3	—	43.7	42.7	42.5
七水硫酸钠	$Na_2SO_4 \cdot 7H_2O$	19.5	30	44.1	—	—	—	—	—	—	—	—
氢氧化钠	$NaOH$	—	98	109	119	129	—	174	—	—	—	—
六水氯化钙	$CaCl_2 \cdot 6H_2O$	59.5	64.7	74.5	100	128	—	137	—	147	154	159
硝酸锌	$Zn(NO_3)_2$	98	—	118.3	138	211	—	—	—	—	—	—
硫酸锌	$ZnSO_4$	41.6	47.2	53.8	61.3	70.5	—	75.4	—	71.1	—	60.5

附录4 常见植物生长调节剂的英文缩写及其主要性质

名　称	分子式	分子量	溶解性质
吲哚乙酸(IAA)	$C_{10}H_9NO_2$	175.19	溶于醇、醚、丙酮,在碱性溶液中较稳定,遇热酸后失去活性
吲哚丁酸(IBA)	$C_{12}H_{13}NO_2$	203.24	溶于醇、醚、丙酮,不溶于水、氯仿
α-萘乙酸(NAA)	$C_{12}H_{10}O_2$	186.2	易溶于热水,微溶于冷水,溶于丙酮、醚、乙酸、苯
β-萘乙酸(NOA)	$C_{12}H_{10}O_2$	186.2	微溶于水,溶于乙醇、乙醚、氯仿、乙酸乙酯、石油醚

续表

名　称	分子式	分子量	溶解性质
2,4-二氯苯氧乙酸 （2,4-D）	$C_8H_6Cl_2O_3$	221.04	难溶于水,溶于醇、丙酮、乙醚等有机溶剂
赤霉素（GA）	$C_{19}H_{22}O_6$	346.4	难溶于水,不溶于石油醚、苯、氯仿,而溶于醇类、丙酮、乙酸
4-碘苯氧乙酸 （增产灵,PIPA）	$C_8H_7O_3I$	278	微溶于冷水,易溶于热水、乙醇、氯仿、乙醚、苯
对氯苯氧乙酸 （防落素,PCPA）	$C_8H_7O_3Cl$	186.5	溶于乙醇、丙酮和乙酸等有机溶剂和热水
腺嘌呤（Ad）	$C_5H_5N_5 \cdot H_2O$	189.13	溶于酸和碱,微溶于醇,不溶于醚及氯仿
激动素（KT）	$C_{10}H_9N_5O$	215.21	易溶于稀盐酸、稀氢氧化钠,微溶于冷水、乙醇、甲醇
玉米素 （异戊烯腺嘌呤,ZT）	$C_{10}H_{13}N_5O$	219.21	溶于水和醇
6-苄基腺嘌呤 （6-BA）	$C_{12}H_{11}N_5$	225.25	溶于稀碱和稀酸,不溶于乙醇和水
2iP （N_6-异戊烯氨基嘌呤）	$C_{10}H_{13}N_5$	2.3.25	溶于稀盐酸、稀碱溶液
脱落酸（ABA）	$C_{15}H_{20}O_4$	264.3	溶于稀碱和碱性溶液（如$NaHCO_3$）、三氯甲烷、丙酮、乙醇
2-氯乙基膦酸 （乙烯利,CEPA）	$ClCH_2PO(OH_2)$	144.5	易溶于水、乙醇、乙醚
2,3,5-三碘苯甲酸 （TIBA）	$C_7H_3O_2I_3$	500.92	微溶于水,可溶于热苯、乙醇、丙酮、乙醇
青鲜素（MH）	$C_4H_4O_2N_2$	112.09	难溶于水,微溶于醇,易溶于乙酸、二乙醇胺
缩节胺 （助壮素,Pix）	$C_7H_{16}NCl$	149.5	可溶于水
矮壮素（CCC）	$C_5H_{13}NCl_2$	158.07	易溶于水,溶于乙醇、丙酮,不溶于苯、二甲苯、乙醚
比久（B_9）	$C_6H_{12}N_2O_3$	160	易溶于水、甲醇、丙酮,不溶于二甲苯
多效唑（PP_{333}）	$C_{15}H_{20}ClN_3O$	293.5	溶于水、甲醇、丙酮
三十烷醇（TAL）	$CH_3(CH_2)_{28}CH_2OH$	438.38	不溶于水,难溶于冷甲醇、乙醇,可溶于热苯、丙酮、乙醚、氯仿

附录5 培养基中常用化合物的分子量

	化合物	分子式	相对分子质量
大量元素	硝酸铵	NH_4NO_3	80.04
	硫酸铵	$(NH_4)_2SO_4$	132.15
	氯化钙	$CaCl_2 \cdot 2H_2O$	147.02
	硝酸钙	$Ca(NO_3)_2 \cdot 4H_2O$	236.16
	硫酸镁	$MgSO_4 \cdot 7H_2O$	246.47
	氯化钾	KCl	74.55
	硝酸钾	KNO_3	101.11
	磷酸二氢钾	KH_2PO_4	136.09
	磷酸二氢钠	$NaH_2PO_4 \cdot 2H_2O$	156.01
微量元素	硼酸	H_3BO_3	61.83
	氯化钴	$CoCl_2 \cdot 6H_2O$	237.93
	硫酸铜	$CuSO_4 \cdot 5H_2O$	249.68
	磷酸锰	$MnSO_4 \cdot 4H_2O$	223.01
	碘化钾	KI	166.01
	钼酸钠	$Na_2MoO_4 \cdot 2H_2O$	241.95
	硫酸锌	$ZnSO_4 \cdot 7H_2O$	287.54
	乙二胺四乙酸二钠	$Na_2\text{-EDTA} \cdot 2H_2O$	372.25
	硫酸亚铁	$FeSO_4 \cdot 7H_2O$	278.03
	乙二胺四乙酸铁钠	EDTA-FeNa	367.07
糖和糖醇	果糖	$C_6H_{12}O_6$	180.15
	葡萄糖	$C_6H_{12}O_6$	180.15
	甘露醇	$C_6H_{14}O_6$	182.17
	山梨醇	$C_6H_{14}O_6$	182.17
	蔗糖	$C_{12}H_{22}O_{11}$	342.31

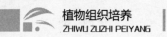

续表

化合物		分子式	相对分子质量
维生素和氨基酸	抗坏血酸(维生素 C)	$C_6H_8O_6$	176.12
	生物素(维生素 H)	$C_{10}H_{16}N_2O_3S$	244.31
	泛酸(维生素 B_5)	$(C_9H_{16}NO_5)Ca$	476.53
	维生素 B_{12}	$C_{63}H_{90}CoN_{14}O_{14}P$	1357.64
	L-盐酸半胱氨酸	$C_3H_7NO_2SHCl$	157.63
	叶酸(维生素 M)	$C_{19}H_{19}N_7O_6$	441.40
	肌醇	$C_6H_{12}O_6$	180.16
	烟酸(维生素 B_3)	$C_6H_5NO_2$	123.11
	盐酸吡哆醇(维生素 B_6)	$C_8H_{11}NO_3HCl$	205.64
	盐酸硫胺素(维生素 B_1)	$C_{12}H_{17}ClN_4OSHCl$	337.29
	甘氨酸	$C_2H_5NO_2$	75.07
	L-谷氨酰胺	$C_5H_{10}N_2O_3$	146.15
其他	秋水仙素	$C_{15}H_{20}O_4$	399.43
	间苯三酚	$C_6H_6O_3$	123.11

附录6　常用培养基配方补充

培养基成分	几种常用培养基/$(mg \cdot L^{-1})$												
	LS[1]	Heller	ER[2]	Miller	NT	MT[3]	SH[4]	McCow & Lloyd	Athanasios & Read[5]	MIS[6]	MO[7]	Lyrene	H[8]
NH_4NO_3	1 650	—	1 200	1 000	825	1 900	—	400	400	—	—	—	720
KNO_3	1 900	—	1 900	1 000	950	1 650	2 500	556	202	80	125	190	950
$NH_4SO_4 \cdot 4H_2O$	—	—	—	—	—	—	—	—	132	—	—	—	—
$CaCl_2 \cdot 2H_2O$	400	75	440	—	220	440	200	96	440	—	—	—	166
$MgSO_4 \cdot 7H_2O$	370	250	370	35	1 233	370	400	370	370	35	125	370	185
$NaNO_3$	—	600	—	—	—	—	—	—	—	—	—	—	—
$Ca(NO_3)_2 \cdot 4H_2O$	—	—	—	347	—	—	—	—	—	100	500	1 140	—
KH_2PO_4	170	—	340	300	680	170	—	170	408	37.5	125	170	68
$NaH_2PO_4 \cdot H_2O$	—	125	—	—	—	—	—	—	—	—	—	—	—
$NH_4H_2PO_4$	—	—	—	—	—	—	300	—	—	—	—	—	—

续表

培养基成分	几种常用培养基/(mg·L⁻¹)												
	LS[1]	Heller	ER[2]	Miller	NT	MT[3]	SH[4]	McCow & Lloyd	Athanasios & Read[5]	MIS[6]	MO[7]	Lyrene	H[8]
KCl	—	750	—	—	—	—	—	—	—	65	125	—	—
H_3BO_3	6.2	1	0.63	—	6.2	6.2	5	6.2	6.2			—	10
$MnSO_4 \cdot 4H_2O$	22.3	0.1	2.23	4.4	22.3	22.3	10	29.7	22.3	4.4	—	22.3	25
$ZnSO_4 \cdot 7H_2O$	8.6	1	—	1.5	10.6	8.6	1	8.6	8.6	1.5	0.05	8.6	10
$Fe(CH_3COO)_2$	—	—	—	—	—	—	—	—	—	1.6	0.025	6.2	—
$Na_2MoO_4 \cdot 2H_2O$	0.25	—	—	0.025	0.25	—	0.1	0.25	0.25	—	—	0.25	0.25
KI	0.83	0.01	—	1.6	0.83	0.83	—	—	—	0.75	0.25	0.83	0.025
$CuSO_4 \cdot 5H_2O$	0.025	0.03	—	0.0025	0.025	0.025	0.2	0.25	0.025	—	0.025	0.02	—
$CoCl_2 \cdot 6H_2O$	0.025	—	0.0025	—	—	0.025	0.1	—	0.025	—	0.025	0.02	—
$CoSO_4 \cdot 7H_2O$	—	—	—	—	0.03	—	—	—	—	—	—	—	—
K_2SO_4	—	—	—	—	—	—	—	990	—	—	—	—	—
$Fe_2(SO_4)_3$	—	—	—	—	—	—	—	—	—	—	—	2.5	—
$AlCl_3$	—	0.03	—	—	—	—	—	—	—	—	—	—	—
$NiCl_2 \cdot 6H_2O$	—	0.03	—	—	—	—	—	—	—	—	0.025	—	—
$FeCl_3 \cdot 6H_2O$	—	1	—	—	—	—	—	—	—	—	—	—	—
Na-Fe-EDTA*	—	—	—	32	—	—	—	—	—	—	—	—	—
Zn-Na₂-EDTA	—	—	—	15	—	—	—	—	—	—	—	—	—
$FeSO_4 \cdot 7H_2O$	27.8	—	27.8	—	27.8	27.8	15	27.8	—	—	—	55.6	27.8
Na₂-EDTA	37.3	—	37.3	—	37.3	37.3	20	37.3	—	—	—	74.6	37.3
Fe·Na-DPTA**	—	—	—	—	—	—	—	—	—	56	—	—	—
TiO_2	—	—	—	0.8	—	—	—	—	—	—	—	—	—
肌醇	100	—	—	—	100	100	1 000	100	100	—	—	100	100
烟酸	0.5	—	0.5	—	—	5	5	0.5	—	0.5	1.0	0.5	5.0
盐酸吡哆醇	—	—	0.5	—	—	10	0.5	0.5	—	0.5	1.0	0.5	0.5
盐酸硫胺素	0.4	—	0.5	—	1	10	—	1	0.4	0.5	10	0.1	0.5
生物素	—	—	—	—	—	—	—	—	—	—	0.01	—	0.025
叶酸	—	—	—	—	—	—	—	—	—	—	—	—	0.5
甘氨酸	—	—	2	—	—	2	—	2	—	2	0.1	2	2
蔗糖	30 000	—	—	30 000	10 000	30 000	30 000	20 000	20 000	20 000	20 000	30 000	20 000

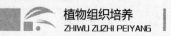

续表

培养基成分	几种常用培养基/(mg · L⁻¹)												
	LS¹	Heller	ER²	Miller	NT	MT³	SH⁴	McCow & Lloyd	Athana-sios & Read⁵	MIS⁶	MO⁷	Lyrene	H⁸
水解酪蛋白	1 000 ~ 3 000	—	—	—	—	—	—	—	—	—	—	—	—
D-甘露糖醇	—	—	—	—	12.7%	—	—	—	—	—	—	—	—

注:1. LS 培养基是由 Linsmaier & Skoog 两人在 1965 年共同设计的,与 MS 培养基的成分基本相同,只是维生素略有差异。

2. ER 培养基为 Eriksson 在 1965 年设计的。

3. MT 培养基是由 Murashige & Tucher 在 1969 年设计的。

4. SH 培养基是由 Schenk & Hilderbran 于 1972 年共同设计的。

5. Athanasios & Read 培养基常用于杜鹃花茎切段培养。

6. MIS 培养基是由 Miller & Skoog 两人在 1953 年共同研制的。

7. MO 培养基是由 Motel 在 1948 年研制的。

8. H 培养基是由 Bourgin 在 1967 年研制的。

* EDTP 中文名:二乙烯三胺五乙酸。

** DTPA-5Na:能迅速与钙、镁、铁、铅、铜、锰等离子生成水溶性络合物,尤其对高价态显色金属络合能力强,因此广泛用于过氧化氢漂白稳定增效剂、软水剂、纺织印染工业助剂、分析化学的基准试剂、螯合滴定剂等。

附录7 其他培养基配方

附表 7.1 Kyte & Briggs(1979)培养基(用于杜鹃花茎切段培养)

成 分	启动与增殖用量 /(mg · L⁻¹)	生根用量 /(mg · L⁻¹)	成 分	启动与增殖用量 /(mg · L⁻¹)	生根用量 /(mg · L⁻¹)
NH_4NO_3	400	133.3	$CoCl_2 · 2H_2O$	0.03	0.01
KNO_3	480	160	$FeSO_4 · 7H_2O$	55.7	18.56
$CaCl_2 · 2H_2O$	440	146.6	Na_2-EDTA	74.5	24.83
$MgSO_4 · 7H_2O$	370	123.3	肌醇	100	33.3
$NaH_2PO_4 · H_2O$	380	126.6	盐酸硫胺素	0.4	0.133
KI	0.83	—	硫酸腺嘌呤	80	26.66
H_3BO_4	6.2	2.06	2-ip	5	—
$MnSO_4$	16.9	5.63	IAA	1	—
$ZnSO_4 · 7H_2O$	8.6	2.86	活性炭	—	600
$Na_2MoO_4 · 2H_2O$	0.25	0.083	蔗糖	30 000	30 000
$CuSO_4 · 5H_2O$	0.03	0.01	琼脂	6 000	6 000

附表 7.2 Kim 等(1970)培养基(用于石斛兰属微型繁殖)

成 分	用量/(mg · L^{-1})	成 分	用量/(mg · L^{-1})
KNO_3	525	$MnSO_4 · 4H_2O$	7.5
$MgSO_4 · 7H_2O$	250	$Fe(C_4H_4O_6)_3$	28
$(NH_4)_2SO_4$	500	蔗糖	20 000
KH_2PO_4	250	椰子乳	150 ml/L
$Ca_3(PO_4)_2$	200	琼脂	0.6%

附表 7.3 Kytoto 培养基

成 分	用量/(mg · L^{-1})	成 分	用量/(mg · L^{-1})
复合肥*	3 000	蔗糖	35 000
15% 苹果汁	1 000 ml	pH	5.5

* $K : P_2O_5 : K_2O = 7 : 6 : 19$。

附表 7.4 兰属微繁殖培养基*

成 分	培养基/(mg · L^{-1})			成 分	培养基/(mg · L^{-1})		
	Wimber	Fonnesbech	KnudsonC		Wimber	Fonnesbech	KnudsonC
KNO_3	525	—	—	$FeSO_4 · 7H_2O$	—	27.9	—
$MgSO_4 · 7H_2O$	250	250	250	Na_2-EDTA	—	37.8	25
KH_2PO_4	250	250	250	肌醇	—	100	—
K_2HPO_4	—	212	—	烟酸	—	1	—
$(NH_4)_2SO_4 · 4H_2O$	500	300	500	盐酸吡哆醇	—	0.5	—
$Ca(NO_3)_2 · 4H_2O$	—	400	1 000	盐酸硫胺素	—	0.5	—
$CaHPO_4$	200	—	—	甘氨酸	—	2	—
H_3BO_3	—	10	0.056	KT	—	0.215	—
$MnSO_4 · 4H_2O$	—	25	7.5	NAA	—	1.86	—
$ZnSO_4 · 7H_2O$	—	10	0.331	水解酪蛋白	—	2 500	—
$Na_2MoO_4 · 2H_2O$	—	0.25	—	色氨酸**	2 000	3 500	—
$CuSO_4 · 5H_2O$	—	0.025	0.04	椰子乳	—	125 ml/L	—
MoO_3	—	—	0.016	成熟的香蕉	—	—	1%
$Fe_2(C_4H_4O_6)_3$	300	—	—	蔗糖	20 000	35 000	20 000

* 以茎尖为外植体,3 种培养基均可用于兰属微繁殖的各个阶段。KnudsonC 在此处为改良后的配方。Wimber 培养基为液体培养基。

** 在配制 Fonnesbech 培养基时,水解酪蛋白与色氨酸任选一种即可。

附表 7.5　兰属植物微繁殖常用 Vacin & Went 培养基

成　分	用量/(mg·L^{-1})	成　分	用量/(mg·L^{-1})
$Ca_3(PO_4)_2$	200	$MnSO_4 \cdot 4H_2O$	7.5
KNO_3	525	酒石酸铁	28
KH_2PO_4	250	蔗糖	20 000
$MgSO_4 \cdot 7H_2O$	250	琼脂	1 600
$(NH_4)_2SO_4 \cdot 4H_2O$	500	pH	7.8

附表 7.6　卡特兰微繁殖培养基

成　分	各个阶段的培养基/(mg·L^{-1})			成　分	各个阶段的培养基/(mg·L^{-1})		
	启动	增殖	生根		启动	增殖	生根
$MgSO_4 \cdot 7H_2O$	120	120	250	烟酸	—	—	—
KH_2PO_4	135	135	250	盐酸吡哆醇	—	—	—
$Ca(NO_3)_2 \cdot 4H_2O$	500	500	1 000	盐酸硫胺素	—	—	—
$(NH_4)_2SO_4 \cdot 4H_2O$	1 000	1 000	500	叶酸	—	—	—
KCl	1 050	1 050	—	生物素	—	—	—
KI	0.099	0.099	—	泛酸钙	—	—	—
H_3BO_3	1.014	1.014	0.056	谷氨酸	—	—	—
$MnSO_4 \cdot 4H_2O$	0.068	0.068	7.5	天门冬酰胺	—	13	—
$ZnSO_4 \cdot 7H_2O$	0.565	0.565	0.331	鸟苷酸	—	182	—
MoO_3	—	—	0.016	胞苷酸	—	162	—
$CuSO_4 \cdot 5H_2O$	0.019	0.019	—	KT	0.2	0.22	—
$CuSO_4$	—	—	0.040	NAA	0.1	0.18	—
$AlCl_3$	0.031	0.031	—	GA_3	—	—	0.35
$NiCl_2$	0.017	0.017	—	椰子乳	150	100	—
$FeSO_4 \cdot 7H_2O$	—	—	25	水解酪蛋白	—	100	—
$Fe_2(C_4H_4O_6)_3$	5.4	5.4	—	蔗糖	5 000	20 000	20 000
肌醇	—	18	—	琼脂	—	—	12 000

附表7.7　文心兰微繁殖培养基

成　分	培养基/(mg·L^{-1})		成　分	培养基/(mg·L^{-1})	
	改良 KnudsonC	改良 MS		改良 KnudsonC	改良 MS
KNO_3	—	1 900	$FeSO_4·7H_2O$	25	25
$MgSO_4·7H_2O$	250	370	$CaCl_2·2H_2O$	—	440
KH_2PO_4	250	170	KT	—	0.05
KCl	250	—	NAA	—	0.5
$(NH_4)_2SO_4·4H_2O$	1 000	1 650	蛋白胨	—	1 000
$Ca(NO_3)_2·4H_2O$	500	—	蔗糖	20 000	20 000
KI	0.01	0.01	番茄或香蕉浆	—	50 000 ~ 100 000
H_3BO_3	1	1	肌醇	—	1
$ZnSO_4·7H_2O$	1	7	烟酸	—	0.5
$AlCl_3$	0.03	0.03	盐酸吡哆醇	—	0.5
$CuSO_4·5H_2O$	0.03	0.03	pH	5.5	5.5
$NiCl_2·2H_2O$	0.03	0.03			

附表7.8　石斛兰微繁殖培养基

成　分	培养基/(mg·L^{-1})		成　分	培养基/(mg·L^{-1})	
	阶段（改良 Knop）	生根（改良 MS）		阶段（改良 Knop）	生根（改良 MS）
KNO_3	125	1 900	$FeSO_4·7H_2O$	—	27.8
$MgSO_4·7H_2O$	125	370	$FeC_6H_5O_7·3H_2O$	10	—
KH_2PO_4	125	170	$CuCl_2·2H_2O$	0.54	—
$Ca(NO_3)_2·4H_2O$	500	—	KI	—	0.83
NH_4NO_3	—	1 650	IAA	—	0.1
$CaCl_2·2H_2O$	—	440	6-BA	2	—
$MnCl_2·2H_2O$	0.036	—	肉桂酸	150[a],15[b],1.5[c]	—
$ZnCl_2$	0.152	0.01	盐酸硫胺素	0.4	—
H_3BO_3	0.056	6.2	肌醇	—	100
$Na_2MoO_4·2H_2O$	0.025	7	盐酸吡哆醇	—	—
$FeCl_3·6H_2O$	0.5	0.03	蔗糖	20 000	30 000
$CoCl_2·6H_2O$	0.02	0.025	琼脂	1 300	1 300
Na_2-EDTA	0.8	74.5	pH	5.5	5.5

* a:取自基部的茎;b:取自中部的茎;c:取自顶部的茎。

附表7.9　马铃薯微繁殖培养基

成　分	用量/(mg·L^{-1})	成　分	用量/(mg·L^{-1})
KNO$_3$	1 000	KCl	350
MgSO$_4$·7H$_2$O	125	盐酸硫胺素	110
Ca(NO$_3$)$_2$·4H$_2$O	100	马铃薯汁	10%
KH$_2$PO$_4$	200	蔗糖	90 000
(NH$_4$)$_2$SO$_4$	500	琼脂	6

附录8　常用标准缓冲液的配制

1.磷酸缓冲液

(1)母液 A:0.2 mol/L Na$_2$HPO$_4$溶液(称取28.4 g Na$_2$HPO$_4$充分溶解于1 000 ml 蒸馏水中)。

(2)母液 B:0.2 mol/L NaH$_2$PO$_4$溶液(称取24 g NaH$_2$PO$_4$充分溶解于1 000 ml 蒸馏水中)。

(3)0.1 mol/L磷酸缓冲液的配法:x ml A + y ml B 稀释至200 ml。

x	y	pH	x	y	pH
6.5	93.5	5.7	55.0	45.0	6.9
8.0	92.0	5.8	61.0	39.0	7.0
10.0	90.0	5.9	67.0	33.0	7.1
12.3	87.7	6.0	72.0	28.0	7.2
15.0	85.0	6.1	77.0	23.0	7.3
18.5	81.5	6.2	81.0	19.0	7.4
22.5	77.5	6.3	84.0	16.0	7.5
26.5	73.5	6.4	87.0	13.0	7.6
31.5	68.5	6.5	89.5	10.5	7.7
37.5	62.5	6.6	91.5	8.5	7.8
43.5	56.5	6.7	93.0	7.0	7.9
49.0	51.0	6.8	94.7	5.3	8.0

2.Tris-HCl 缓冲液

(1)母液 A:0.2 mol/L 三羟甲基氨基甲烷(Tris)(24.2 g Tris 充分溶解于1 000 ml 蒸

馏水）。

（2）母液 B：0.2 mol/L HCl（量取 17.2 ml 市售 36% 盐酸加蒸馏水稀释至 1 000 ml）。

（3）配法：50 ml A + x ml B，稀释到 200 ml。

x	5.0	8.1	12.2	16.5	21.9	26.8	32.5	38.4	41.4	44.2
pH	9.0	8.8	8.6	8.4	8.2	8.0	7.8	7.6	7.4	7.2

3. 醋酸缓冲液

（1）母液 A：0.2 mol/L 醋酸溶液（取 11.5 ml 冰醋酸加蒸馏水稀释至 1 000 ml）。

（2）母液 B：0.2 mol/L 醋酸钠溶液（称取 16.4 g $C_2H_3O_2Na$ 充分溶解于 1 000 ml 蒸馏水）。

（3）0.1 mol/L 醋酸缓冲液的配法：x ml A + y ml B 稀释至 100 ml。

x	y	pH	x	y	pH
46.3	3.7	3.6	20.0	30.0	4.8
44.0	6.0	3.8	14.8	35.2	5.0
41.0	9.0	4.0	10.5	39.5	5.2
36.8	13.2	4.2	8.8	41.2	5.4
30.5	19.5	4.4	4.8	45.2	5.6
25.5	24.5	4.6	—	—	—

4. 柠檬酸缓冲液

（1）母液 A：0.1 mol/L 柠檬酸溶液（称取 19.2 g $C_6H_8O_7$ 充分溶解于 1 000 ml 蒸馏水中）。

（2）母液 B：0.1 mol/L 柠檬酸三钠溶液（称取 25.8 g $C_6H_5O_7Na_3$ 充分溶解于 1 000 ml 蒸馏水中）。

（3）0.05 mol/L 柠檬酸缓冲液的配法：x ml A + y ml B 稀释至 100 ml。

x	y	pH	x	y	pH
46.5	3.5	3.0	23.0	27.0	4.8
43.7	6.3	3.2	20.5	29.5	5.0
40.0	10.0	3.4	18.0	32.0	5.2
37.0	13.0	3.6	16.0	34.0	5.4
35.0	15.0	3.8	13.7	36.3	5.6
33.0	17.0	4.0	11.8	38.2	5.8
31.5	18.5	4.2	9.5	40.5	6.0
28.0	22.0	4.4	7.2	42.8	6.2
25.5	24.5	4.6	—	—	—

5. 磷酸盐缓冲液(0.01 mol/L PBS,pH 7.2~7.4)

组份浓度:137 mmol/L NaCl、2.7 mmol/L KCl、4.3 mmol/L Na_2HPO_4、1.4 mmol/L KH_2PO_4。

配制方法:准确称取 7.9 g NaCl、0.2 g KCl、0.24 g KH_2PO_4 和 1.8 g K_2HPO_4(或 1.44 g Na_2HPO_4),溶于 800 ml 蒸馏水中,用 1 mol/L HCl 或 NaOH 调整至 pH 7.2~7.4,最后加蒸馏水定容至 1 000 ml,保存于 4 ℃冰箱中即可。

注意:通常所说的浓度 0.01 mol/L 指的是缓冲液中所有磷酸根的浓度,而非 Na^+ 或 K^+ 的浓度,Na^+ 和 K^+ 只是用来调节渗透压的。

6. TE 缓冲液

组份浓度:10 mmol/L Tris-HCl 缓冲液,1 mmol/L EDTA(pH 8.0)。

配制方法:量取 1 mol/L Tris-HCl 缓冲液(pH = 8.0)5 ml 和 0.5 mol/L EDTA(pH = 8.0)1 ml 于 500 ml 烧杯中,并向烧杯中加入约 400 ml 双蒸水混匀,将溶液定容到 500 ml,高温高压灭菌,室温保存。

7.50 × TAE(Tris-醋酸-EDTA)电泳缓冲液

组份浓度:2 mol/L Tris-醋酸、100 mmol/L EDTA(pH 8.0)。

配制方法:取 242 g Tris、37.2 g Na_2-EDTA · $2H_2O$,用 800 ml 去离子水充分溶解后,再加入 57.5 ml 冰乙酸,定容至 1 000 ml,pH 8.0,用时稀释 50 倍。

8.10 × TBE(Tris-硼酸-EDTA)电泳缓冲液

组份浓度:890 mmol/L Tris-硼酸、20 mmol/L EDTA(pH 8.0)。

配制方法:取 108 g Tris、55 g 硼酸、7.44 g Na_2-EDTA · $2H_2O$,用 800 ml 去离子水充分溶解,定容至 1 000 ml,pH 8.0,用时稀释 10 倍。

附录9 常用市售酸碱的浓度换算

名称	分子式	分子量	比重	百分浓度/%	质量浓度/$(g \cdot L^{-1})$	摩尔浓度/$(mol \cdot L^{-1})$	配制 1 mol/L 的吸(称)取量	主要性质
盐酸	HCl	36.47	1.18	37	425	12	83.3 ml	无色透明液体,强酸,强腐蚀性
硝酸	HNO_3	63.02	1.42	65~68	1 008	16	62.5 ml	无色透明液体,强酸,有腐蚀性
硫酸	H_2SO_4	98.08	1.84	98	1 766	18	55.5 ml	无色透明的黏稠液体,强酸,有腐蚀性
磷酸	H_3PO_4	98	1.71	85	1 445	14.7	68 ml	无色透明的黏稠液体,中强酸,有腐蚀性
高氯酸	$HClO_4$	100.47	1.75	70	1 169	11.6	86.2 ml	无色液体,强酸,有腐蚀性

续表

名　　称	分子式	分子量	比重	百分浓度/%	质量浓度/(g·L⁻¹)	摩尔浓度/(mol·L⁻¹)	配制 1 mol/L 的吸(称)取量	主要性质
甲酸	HCOOH	46.02	1.22	90	1 080	23.7	42.2 ml	有刺激性气味的无色液体,强酸,强腐蚀性
冰乙酸	CH_3COOH	60.05	1.05	99.5	1 045	17.4	57.5 ml	有刺激性气味的无色液体,有腐蚀性
乙酸	CH_3COOH	60.05	1.04	36	376	6.3	158.7 ml	无色透明液体,有酸味
硼酸	H_3BO_3	61.83	—	—	—	—	61.8 g	无色透明鳞片状结晶或白色粉末,弱酸性
三氯乙酸	CCl_3COOH	116.4	—	—	—	—	116.4 g	无色结晶,强腐蚀性
柠檬酸	$C_6H_8O_7 \cdot H_2O$	210.14	—	—	—	—	210.1 g	无色柱状或白色结晶
草酸	$C_2H_2O_4 \cdot 2H_2O$	126.08	—	—	—	—	126.1 g	无色或白色结晶,易溶于水
氨水	NH_4HO	35.05	0.9	27	251	14.3	69.9 ml	无色液体,强碱性,有腐蚀性
氢氧化钠	NaOH	40	2.1	—	—	—	40 g	白色固体,强碱性
氢氧化钾	KOH	56.11	2	—	—	—	56.1 g	白色固体,强碱性
氢氧化钙	$Ca(OH)_2$	74.09	2.3	—	—	—	—	白色固体,微溶于水,碱性
氢氧化钡	$Ba(OH)_2$	171.35	4.5	—	—	—	171.3 g	白色固体,溶于水,碱性,有毒
碳酸钠	$NaCO_3$	105.99	2.5	—	—	—	106 g	白色粉末,溶于水,呈强碱性

参考文献

[1] 曹春英. 植物组织培养[M]. 北京:中国农业出版社,2006.

[2] 曹福祥. 次生代谢产物及其产物生产技术[M]. 北京:国防科技大学出版社,2003.

[3] 曹善东. 草莓脱毒苗组培快繁技术研究[J]. 山地农业科技,2002(5):19-21.

[4] 曹孜义,刘国民. 实用植物组织培养技术教程[M]. 兰州:甘肃科学技术出版社,2003.

[5] 曹伟杰,陈崇顺,王轶,等. 月季离体培养植株高效再生体系的建立[J]. 江苏农业科学,2008(1):102-104.

[6] 常美花,金亚征,王莉. 铁皮石斛快繁技术体系研究[J]. 中草药,2012,7(43):1412-1416.

[7] 陈发棣,陈滨. 非洲菊组织培养中 La^{3+} 的应用初探[J]. 园艺学报,2002,29(4):383-385.

[8] 陈世昌. 植物组织培养[M]. 北京:高等教育出版社,2011.

[9] 陈学军,邢国明. 大蒜组织培养进展与展望[J]. 长江蔬菜,1997(6):1-2.

[10] 陈为民. 大花君子兰子房、花托和花丝培养再生植株[J]. 植物生理学通讯,1986(3):46.

[11] 陈振光. 园艺植物离体培养学[M]. 北京:中国农业出版社,1996.

[12] 陈正华. 人工种子[M]. 北京:高等教育出版社,1990.

[13] 陈雪,张金柱,潘兵兵,等. 月季愈伤组织的诱导及植株再生[J]. 植物学报,2011,46(5):569-574.

[14] 崔德才,徐培文. 植物组织培养与工厂化育苗[M]. 北京:化学工业出版社,2003.

[15] 催凯荣,戴若兰. 植物体细胞胚发生的分子生物学[M]. 北京:科学出版社,2000.

[16] 邓才生,胡启灿,等. 柑橘组织培养与茎尖微芽嫁接试验初探[J]. 福建农业科技,2009(4):54-55.

[17] 邓小敏,雷家军,薛晟岩. 君子兰种子离体培养的研究[J]. 北方园艺,2008(2):201-203.

[18] 方文娟,韩烈保,曾会明. 植物细胞悬浮培养影响因子研究.[J] 生物技术通报,2005(5):11-15.

[19] 高莉萍,包满珠. 月季萨蔓莎不定芽的直接诱导和植株再生的研究[J]. 中国农业科学,2005,38(4):784-788.

[20] 高亚,于丽杰. 植物细胞培养技术生产次生代谢产物的研究进展[J]. 牡丹江师范学院学报:自然科学版,2008(1):25-27.

[21] 高山林. 草莓改良热处理分生组织脱毒培养及脱毒苗应用[J]. 江苏农业科学,1999(3):63-64.

[22] 高山林,卞云云. 生姜组织培养脱病毒、快繁和高产栽培[J]. 中国蔬菜,1999(3): 40-41.

[23] 高山林. 草莓分生组织培养脱毒技术及应用[J]. 北方园艺,2000(4):34-35.

[24] 耿明清,胡春霞. 仙客来的组织培养与快速繁殖[J]. 生物学通报,2010,45(10):47.

[25] 郭月玲,解振强,王永平. 我国草莓组织培养生产研究现状及前景[J]. 浙江农业科学,2010(6):1211-1215.

[26] 郭仲琛. 水稻未受精子房离体培养的初步研究[J]. 植物学报,1982(24):33-37.

[27] 胡涛,吕春茂,王新现,王博. 植物细胞培养生物反应器研究进展[J]. 安徽农业科学,2010,38(4):1702-1705.

[28] 暨淑仪,严学成,王毅军. 茶叶片愈伤组织形成的细胞组织学观察[J]. 茶叶,1995,21(2):11-13.

[29] 江丽丽,赵红艳,马淼. 濒危药用植物天山雪莲的根段组织培养与植株再生[J]. 石河子大学学报:自然科学版,2011,29(3):343-346.

[30] 何凯. 藏红花球茎的快繁研究及柱头 cDNA 文库的构建[D]. 四川大学,2003.

[31] 黄卫. 东北红豆杉繁育技术研究[J]. 辽宁林业科技,2009(3):24-29.

[32] 黄冬华,谢启鑫,李宝光,等. 蝴蝶兰种子胚组织培养优化技术研究[J]. 江西农业学报,2009,21(7):64-67.

[33] 赖钟雄,陈振光. 四季橘离体胚培养种质资源[J]. 作物品种资源,1997(4):44-46.

[34] 李军,柴向华,等. 蝴蝶兰组培工厂化生产技术[J]. 园艺学报,2004,31(3):413-414.

[35] 李进,阮颖,刘春林,等. 月季组织培养和遗传转化体系的研究进展[J]. 西北植物学报,2007,27(7):1479-1483.

[36] 利容千,王明全. 植物组织培养简明教程[M]. 武汉:武汉大学出版社,2004.

[37] 李桂峰. 铁皮石斛组培快繁工艺及规范化生产体系研究[D]. 广州中医药大学,2008.

[38] 李红梅,张侠,宋莉璐,等. 生姜茎尖的组织培养及试管苗快繁体系的研究[J]. 山东科学,2008,21(5):36-38.

[39] 李丽琴,付春华,赵春芳,等. 红豆杉细胞稳定生产紫杉醇中的同步化协同诱导作用[J]. 植物生理学通讯,2009,3(45):253-257.

[40] 李浚明. 植物组织培养教程[M]. 北京:中国农业出版社,2002.

[41] 李梦玲,李嘉瑞,陶正平,等. 杏叶片离体繁殖研究[J]. 中国农业通报,2001,17(2):8-10.

[42] 李修庆. 植物人工种子研究[M]. 北京:北京大学出版社,1990.

[43] 李胜,李唯. 植物组织培养原理与技术[M]. 北京:化学工业出版社,2007.

[44] 李曙辉,万其发,管怀骥,等. V_B 对番茄根尖离体培养的效应[J]. 安徽农业科学,2002,30(3):418-419.

[45] 陆广欣,毛碧增. 生物技术在马铃薯产业中的应用及其研究进展[J]. 浙江农业科学,2011(2):243-246.

[46] 吕春茂,范海延,姜河,孟宪军. 植物细胞培养技术合成次生代谢物质研究进展[J]. 云南农业大学学报,2007,22(1):1-7.

[47] 林顺权,雷建军,何业华. 园艺植物生物技术[M]. 北京:高等教育出版社,2005.

[48] 刘芳,王晓丽,张彦妮,等. 垂花百合花器官离体培养[J]. 草业科学,2012,29(2): 1894-1898.

[49] 刘庆昌,吴国良. 植物细胞组织培养[M]. 2版. 北京:中国农业大学出版社,2010.

[50] 刘真华,葛红,郭绍霞,等. 蝴蝶兰组织培养中的褐化控制研究[J]. 园艺学报,2005, 32(4):732-734.

[51] 刘振祥,廖旭辉. 植物组织培养技术[M]. 北京:化学工业出版社,2007.

[52] 潘增光,邓秀新. 苹果织培养培养再生技术研究进展[J]. 果树科学,1998,15(3): 261-266.

[53] 齐俭,章红,孙德林,等. 银中杨组培工厂化生产繁殖系数的确定及成本核算[J]. 吉林林业科技,2012,41(6):4-6.

[54] 曲复宁,由翠荣,龚雪琴,等. 仙客来组织培养中再生器官类型及增殖稳定性比较[J]. 植物学通报,2004,21(5):559-564.

[55] 屈云慧,熊丽,张素芳. 情人草组培苗无糖培养应用研究[J]. 华中农业大学学报, 2004(35):192-193.

[56] 权宏,齐莹,施和平. 紫色大花矮牵牛组织培养与植株再生[J].亚热带植物科学. 2004,33(1):51-52.

[57] 裘文达. 园艺植物组织培养技术[M]. 上海:上海科学技术出版社,1986.

[58] 尚小红,周生茂. 生姜组织培养的影响因子[J]. 北方园艺,2012(1):173-176.

[59] 石云平,赵志国,唐凤鸾,等. 白芨愈伤组织诱导、增殖与分化研究. http://www.cnki. net/kcms/detail/ 12.1108. R. 20130108.0949.005. html.

[60] 孙敬三,桂耀林. 植物细胞工程实验技术[M]. 北京:科学出版社,1995.

[61] 孙敬三,朱至清. 植物组织细胞工程实验技术[M]. 北京:化学工业出版社,2006.

[62] 谭文澄,戴策刚. 观赏植物组织培养技术[M]. 北京:中国林业出版社,1991.

[63] 汤月丰,周泉,马陆平. 无籽西瓜组织培养与嫁接育苗技术研究[J]. 湖南农业科学, 2006(5):43-44.

[64] 朱至清. 植物细胞工程[M]. 北京:化学工业出版社,2003.

[65] 王大元. 从胚乳培养再生三倍体柑橘植株[J]. 中国科学,1978(4):452-455.

[66] 王国平. 我国果树病毒病发生危害现状与防治对策[J]. 北方果树,1997(1):8-10.

[67] 王蒂. 应用生物技术[M]. 北京:中国农业科技出版社,1997.

[68] 王蒂. 植物组织培养[M]. 北京:中国农业出版社,2004.

[69] 王引权,古勤生,陈建军,等. 葡萄病毒病研究进展[J]. 果树学报,2004,21(3): 258-263.

[70] 王玉英,高新一. 植物组织培养技术手册[M]. 北京:金盾出版社,2006.

[71] 王振龙. 植物组织培养[M]. 北京:中国农业大学出版社,2007.

[72] 文锦芬,邓明华,施卫省. 丽格海棠离体培养植物再生影响因素的研究[J]. 北方园艺,2006(2):110-111.

[73] 吴昭平,詹雪娇,卢丽芬. 菠萝幼果的诱导和植株的再生[J]. 亚热带植物通讯,1982 (1):22-28.

［74］肖玉兰,张立力,张光怡. 非洲菊无糖组织培养技术的应用研究［J］. 园艺学报, 1998,25(4):408-410.

［75］向太和. 菊花组织培养植株再生及其后代的变异［J］. 杭州师范学院学报:自然科学版,2006,5(1):42-44.

［76］谢志亮. 广东省李品种遗传多样性 SRAP 标记分析及其离体培养研究［D］. 华南农业大学,2009.

［77］邢桂梅,毕晓颖,雷家军. 君子兰花器官离体培养［J］. 园艺学报,2007,34(6): 1563-1568.

［78］胥学峰. 金线莲种苗繁育及栽培技术的研究［D］. 延边大学,2007.

［79］许志刚. 普通植物病理学［M］.2 版 北京:中国农业出版社,2000.

［80］杨弘远,周嫦. 植物有性生殖实验研究四十年［M］. 武汉:武汉大学出版社,2001.

［81］杨凯,王荔,杨艳琼,等. 灯盏花不定芽无糖生根培养的微环境调控技术研究［J］. 云南农业大学学报:自然科学版,2007,22(3):319-322.

［82］杨雪芹,向本春,施磊. 马铃薯脱毒及脱毒苗检测技术的研究进展［J］. 安徽农学通报,2007,13(8):98-100.

［83］杨武振,王荔,侯典云. 无糖组织培养技术研究进展［J］. 云南农业大学学报,2004,19 (3):239-242.

［84］杨永刚,代汉萍,胡新颖,等. 郁金香器官离体培养再生小鳞茎的研究［J］. 园艺学报, 2006,33(5):1133-1136.

［85］杨尧,任雪,杜兴翠,等. 非洲菊的组织培养研究［J］. 农学学报,2012,2(3):31-35.

［86］杨玲,牛祖林,陈虎庚. 云南红豆杉组织培养条件研究［J］. 林业科学,2012(11): 143-146.

［87］叶贻勋,黄青峰,黄瑞方. 月季的离体快速繁殖技术［J］. 福建农业大学学报,2000,29 (2):172-175.

［88］叶静,郑晓君,管常东,等. 白芨的无菌萌发与组织培养［J］. 云南大学学报,2010,32 (S1):422-425.

［89］袁成志,李波,杨蔚然. 菊花组织培养技术研究［J］. 北方园艺,2010(16):154-156.

［90］袁雪,钟雄辉,李晓昕,等. 铁炮百合的胚性愈伤组织诱导和植株再生［J］. 核农学报, 2012,26(3):454-460.

［91］由翠荣,曲复宁,崔龙波,等. 仙客来(*Cyclaman persicum*,Mill)组织培养中不定芽形态发生的组织细胞学研究［J］. 烟台大学学报:自然科学与工程版,2002,15(4): 273-279.

［92］赵军良,李昌华. 结球甘蓝组织培养再生植株及玻璃苗的防治［J］.山西大学学报:自然科学版,1995,18(1):52-58.

［93］赵青华. 红瑞木的组织培养与快速繁殖［J］. 植物学通报,2008,25 (2):220-220.

［94］占艳,王荔,陈疏影,等. 微环境调控对半夏无糖组培苗根、叶显微结构的影响［J］. 云南农业大学学报, 2009,24(3):374-379.

［95］曾斌. 植物无糖组织培养技术［J］. 经济林研究,2005,23(2):67-71.

［96］张亚飞. 苹果脱毒组培快繁技术试验［J］. 陕西林业科技,2008(3):141-143.

[97] 张丽,石磊,等. 葡萄脱毒培养与病毒检测技术研究进展[J]. 北方园艺,2012(4): 174-177.

[98] 张玉君,彭兴龙,等. 草莓组织培养与脱毒技术[J]. 河南林业科技,2009,29(3): 73-75.

[99] 张玉满. 田砚亭. 葡萄生物技术研究的进展[J]. 北京林业大学学报,1997,19(1): 71-76.

[100] 郑玉忠,张振霞,陈泽华. 蝴蝶兰组织培养研究进展[J]. 亚热带植物科学,2006,35 (1):71-74.

[101] 邹迎春,覃大吉,帅超群,等. 仙客来组织培养快繁技术研究[J]. 湖北民族学院学报:自然科学版,2011,29(1):23-27

[102] 周维燕. 植物细胞工程原理与技术[M]. 北京:中国农业大学出版社,2001.

[103] 朱保华. 番红花离体快繁及无病毒植物的培育[D]. 西南大学,2009.

[104] 朱建华,彭士勇. 植物组织培养实用技术[M]. 北京:中国计量出版社,2002.

[105] 朱至清. 植物细胞工程[M]. 北京:化学工业出版社,2003.

[106] 朱昱. 番红花球茎脱毒、快繁及药效果研究[D]. 第二军医大学,2007.

[107] Bacchetta L, Remotti P C, Bernardini C, et al. Adventitious shoot regeneration from leaf explants and stem nodes of Lilium[J]. Plant Cell, Tissue and Organ culture, 2003, 74: 37-44.

[108] Engelmann F. Importance of desiccation for the cryopreservation of recalcitrant seedand vegetatively propagated species. Plant Genet. Res. Newsl, 1997(112): 9-18.

[109] Guha S, Maheshwari S C. In Vitro production of embryos from another of Datura[J]. Nature, 1964(204):397-498.

[110] Hao Yujin, Deng Xiuxin. Stress treatment and DNA methylation affected the somatic embryogenesis of citrus callus[J]. Acta Botanica Sinica, 2002, 44(6): 673-677.

[111] Hammerschlag F A. Somaclonal variation (A). In: Hammerschlag F A, Litz R E, eds. Biotechnology of Perennial Fruit Crops (C)[J]. Wallingford: CAB Internationnal. 1992:35-55.

[112] Hashmi G P, Hammerschlag F A, Huettel R N, et al. Growth, development, and responses of peach somaclones to the root-knot nematode, Meloidogy neincognita [J]. J Am Soc Hortic Sci, 1995(120): 932-937.

[113] Hu K L, Sachiko M, Kenji M. Haploid plant production by another culture in Carrot (*Daucus carota* L.)[J]. Japan Soc. Hort. Sci., 1993, 62(3):561-565.

[114] Kyo Wakasa, Joshlakl Koya. Differentiation from in vitro culture of *Ananas comosus*[J]. Japanese Journal of Breeding, 1978, 28(2): 113-121.

[115] Latta R. Preservation of suspension culture of plant cells by freezing[J]. Canadian Journal of Botany, 1971(40): 1253-1254.

[116] Lydia Bouza, Monique Jacques, Emile Miginiac, et al. In vitro propagation of Paeonia suffruticosa Andr. cv Mme de Vatry: developmental effects of exogenous hormones during the proliferation phase[J]. Sciatica horticulture in vitro, 1994,57(3):241-251.

[117] Parthasarathy V A, Bose T K, Deka P C, et al. Biotechnology of horticultural crops (Volume 1)[M]. Naya Prokash Publisher, 2001.

[118] Raghavan V. Totipotency of plant cells: Evidence for the totipotency of male germ cells from anthor and pollen culture studies[J]. Plant cell and tissue culture peinciples and application. Columbus: Ohio State University Press, 1977: 155-157.

[119] Raghavan V. Embryo culture in experiment embryology of vascular plants[M]. Edited by Johri. B. M. Springer-verlag, Berlin Heidelberg, 1982.

[120] Robert N T, Dennis J G. Plant tissue culture concepts and laboratory exercises[M]. 2nd ed. CRC Press LLC, 2000.

[121] Stasolla C, Yeung E C. Recent advances in conifer somatic embryogenesis: improving somatic embryo quality[J]. Plant Cell, Tissue and Organ Culture, 2003(74): 15-35.

[122] Suzuki M, Ketterling M G, Li Q B, McCarty. Viviparous 1 alters global gene expression patterns through regulation of abscisic acid signaling[J]. Plant Physiology, 2003(132): 1664-1667.

[123] Turner S R, Senaratna T, Touchell D H, et al. Stereochemical arrangement of hydroxyl groups in sugar and polyalcohol molecules as an important factor in effective cryopreservation[J]. Plant Science, 2001, 160(3): 489-497.

[124] Zuo J, Niu Q W, Frugis G, Chua N H. The *WUSCHEL* gene promotes vegetative-to-embryonic transition in *Arabidopsis*[J]. The Plant Journal, 2002, 30(3): 349-359.